154

新 知
文 库

XINZHI

The Unexpected Truth
About Animals:
A Menagerie of
the Misunderstood

The Unexpected Truth About Animals: A Menagerie of the Misundrstood.

Copyrigt © 2017 by Lucy Cooke.

树懒是节能，
不是懒！

出人意料的动物真相

[英] 露西·库克 著

黄悦 译

生活·讀書·新知 三联书店

图书在版编目（CIP）数据

树懒是节能，不是懒！：出人意料的动物真相／（英）露西·库克著；
黄悦译．—北京：生活·读书·新知三联书店，2022.10
（新知文库）
ISBN 978 - 7 - 108 - 07349 - 5

Ⅰ．①树…　Ⅱ．①露…②黄…　Ⅲ．①真兽亚纲　Ⅳ．①Q959.83

中国版本图书馆 CIP 数据核字（2022）第 010272 号

责任编辑　李静韬
装帧设计　陆智昌　刘　洋
责任校对　陈　明
责任印制　卢　岳
出版发行　生活·讀書·新知 三联书店
　　　　　（北京市东城区美术馆东街 22 号 100010）
网　　址　www.sdxjpc.com
图　　字　01-2018-4005
经　　销　新华书店
制　　作　北京金舵手世纪图文设计有限公司
印　　刷　山东新华印务有限公司
版　　次　2022 年 10 月北京第 1 版
　　　　　2022 年 10 月北京第 1 次印刷
开　　本　635 毫米 × 965 毫米　1/16　印张 21.5
字　　数　259 千字　图 37 幅
印　　数　0,001 - 6,000 册
定　　价　59.00 元
（印装查询：01064002715；邮购查询：01084010542）

新知文库

出版说明

在今天三联书店的前身——生活书店、读书出版社和新知书店的出版史上，介绍新知识和新观念的图书曾占有很大比重。熟悉三联的读者也都会记得，20世纪80年代后期，我们曾以"新知文库"的名义，出版过一批译介西方现代人文社会科学知识的图书。今年是生活·读书·新知三联书店恢复独立建制20周年，我们再次推出"新知文库"，正是为了接续这一传统。

近半个世纪以来，无论在自然科学方面，还是在人文社会科学方面，知识都在以前所未有的速度更新。涉及自然环境、社会文化等领域的新发现、新探索和新成果层出不穷，并以同样前所未有的深度和广度影响人类的社会和生活。了解这种知识成果的内容，思考其与我们生活的关系，固然是明了社会变迁趋势的必需，但更为重要的，乃是通过知识演进的背景和过程，领悟和体会隐藏其中的理性精神和科学规律。

"新知文库"拟选编一些介绍人文社会科学和自然科学新知识及其如何被发现和传播的图书，陆续出版。希望读者能在愉悦的阅读中获取新知，开阔视野，启迪思维，激发好奇心和想象力。

生活·讀書·新知三联书店
2006年3月

谨以此书　纪念我的父亲，
他开拓了我的眼界，
让我看到了自然世界的万千奇观。

目　录

　　　　树懒是节能，不是懒！——出人意料的动物真相

序 言

"树懒这样的'废物',到底是怎么活到现在的？"

我是专业研究动物的人，又创办了"树懒观赏协会"（Sloth Appreciation Society），所以经常有人问我这个问题。有些提问的人会把"废物"说得更具体一点儿——"懒""笨""迟钝"是出现频率最高的词，有时还附带着补充一句——"我以为进化的本质是'适者生存'"。如果纯粹只是困惑倒也还好，糟糕的是有些人语气里透着一丝高等物种的自命不凡。

每次遇上这种事，我都要深吸一口气，然后尽可能平心静气地解释说，树懒绝对不是废物。它们是自然选择过程中诞生的怪异产物，不只是怪，还怪得极其成功。它们偷偷摸摸地在林梢活动，速度比蜗牛快不了多少，身上覆满藻类，爬满虫子，一个星期排便一次——这恐怕不会是你理想中的生活。可是，你并非住在中美洲的丛林里，要在激烈的生存竞争中想办法活下来——而树懒在这件事上做得非常出色。

要想看懂动物的行为，了解它们身处的环境是关键。

树懒坚韧异常，秘诀就在于它们懒洋洋的性情。它们是低能耗

我爱树懒。这样一种天生带着微笑、渴望与人拥抱的动物，让人怎能不爱

生活的模范，历经几百万年的适应和调整，拥有了一套别出心裁、节省能量的生存技能，称得上是最有天分的古怪发明家。关于它们，我在这里就不详细讲了，你可以在本书的第三章全面了解树懒的各种创新以及它们倒挂的生活。一句话，大家都看不起的动物在我眼里格外有魅力。

树懒的名声被抹黑太多，我觉得必须建立一个树懒观赏协会。（我们的口号："行动迅速并没有那么了不起。"）我开始了一次巡回演讲，在节庆活动上、在学校里介绍这种饱受污蔑的动物，讲述出人意料的真相。我谈到从根源上讲，种种诋毁树懒的说法源自16世纪的探险家圈子，那些人自以为是，把这种安安静静、与世无争的食草动物定义为"天下最蠢笨的动物"[1]。这本书就是在这些演讲的基础上，为动物正名而写的一本书——不单单是为树懒，也为其他动物正名。

我们总是通过人类自身有限的生存体验去看动物的世界。树懒在树上的生活方式的确很古怪，所以人们对它的误解也最多。不过，被人误解的动物绝非只有这一种。世间的生命有千奇百怪的形态，即便是最简单的生命体，了解起来也极不简单。

进化在自然界搞了一些绝妙的恶作剧，塑造出匪夷所思的生物，看起来完全不合逻辑，而且很难找出线索来解释它们为什么会变成这样。蝙蝠身为哺乳动物，其实一心想做鸟。企鹅外表是鸟，内心却是鱼。鳗鱼倒是鱼，只是神秘的生命周期点燃了人们的好奇心，一场寻找鳗鱼性腺的研究持续了两千年，多少人为此费尽苦心——相关专家直到现在也没有十足的把握。动物们不会轻易吐露自身的秘密。

* * *

以鸵鸟为例。1681 年 2 月，英国的大学问家托马斯·布朗爵士写信给时任宫廷医师的儿子爱德华，请他帮忙办一件不太寻常的事儿。当时摩洛哥国王送给英王查理二世一群鸵鸟，爱德华分得了其中一只。托马斯爵士热衷博物学研究，自然对这只外国来的大鸟很感兴趣，非常希望儿子能来信讲讲它的行为习惯。它像鹅一样警觉吗？它是不是喜欢酸模，但讨厌月桂树叶？它吃铁吗？关于最后一个问题，他好心建议儿子说，可以试试把铁包在面团里——类似于铁馅儿香肠卷——因为鸵鸟"也许不肯直接吃铁"[2]。

这个偷换馅料的动物食谱其实有着非常明确的科学目的。布朗想借此验证自古流传下来的一桩奇谈：无论什么东西，鸵鸟全都能消化，就连铁也没问题。据中世纪的一位德国学者说，鸵鸟喜欢吃硬东西，它的一顿正餐包括"一把教堂大门钥匙和一块马蹄铁"[3]。

欧洲各国宫廷不时收到伊斯兰国家首脑和非洲探险家赠送的鸵鸟，所以一代又一代自然哲学家满腔热情地展开实验，怂恿这种异国来的鸟吃剪刀、吃钉子，吃各种各样的铁制品。

做这样的实验表面看来像是脑筋不正常，实际上再多了解一点儿就会发现，疯狂的举动背后有一套（科学的）方法。鸵鸟消化不了铁，不过，有人看到过它们吞食大块尖利的石头。为什么？地球上最大的鸟类渐渐进化成了一种特殊的食草动物，日常吃的草和灌木非常不好消化。非洲平原上的长颈鹿和羚羊也吃草，可鸵鸟和它们不一样，没有反刍胃。鸵鸟甚至连牙齿都没有，它们只能用喙把粗硬的草拔出来，整棵吞下去。它们在强壮的砂囊里储备了一堆有棱有角的石头，用来把富含纤维的食物磨碎，便于消化。它们就这样带着一肚子哐当哐当作响的石头漫步在非洲大草原，有时这堆石块足有一公斤重。（科学家给它们取了个好听的名字，叫"胃石"。）

正如前面所讲，要理解鸵鸟的行为，不能不看它们的生存环境。对于千百年来想尽办法探索动物真面目的科学家，我们也必须了解他们当时所处的环境。所以在这本书里，我们会见到一大批痴迷于研究的怪人，布朗只是其中之一。比如，有一位17世纪的医师把一只鸭子放在粪堆上，想看看这样能不能自然繁殖出蟾蜍（这是一个创造生命的古方）。还有一位意大利的天主教神父，他的名字和他做的事儿都有点儿像007电影里的反派：这位拉扎罗·斯帕兰扎尼以科学之名挥动着一把阴森森的剪刀，为那些听他摆布的动物剪裁小小的特制裤子，或是剪下它们的耳朵。

以上两位都是启蒙运动初期的人物，不过，近代的科学家在探寻真相的过程中，也采用了各种怪诞的，而且往往是错误的方法——比如20世纪的一位美国精神药理学家按捺不住好奇，把一群大象灌得酩酊大醉，得到了预料之中的疯狂结果。过去的每一个

中世纪的人们普遍相信，陆地上的每一种动物，在海洋里都有与其相对应的动物：马和海马，狮和海狮，主教和……海主教。康拉德·冯·格斯纳在《动物史》（1558年）中提到了这位外形似鱼的牧师，据说有人在波兰附近的海上见过他（但从描述来看，那像是刚从《神秘博士》^②的拍摄现场溜出来的一个人）

世纪都有古怪的动物实验，往后肯定还会有不少。人类虽然成功分裂了原子，登上了月球，找到了希格斯玻色子，但说到对动物的了解，我们还有很长的路要走。

在我看来，我们在探索道路上犯过的错，以及古人为填补认知的空白而虚构的神话故事都非常有意思，从中可以了解很多信息，了解发现新知的过程和探寻新知的人。老普林尼^①曾在书中提到一头河马的皮肤里渗出猩红色液体，他根据自己熟悉的知识——古罗马时代的医学知识——解释了这种现象，认为这是河马为保养身体主动放一点儿血。他有这样的亲身体验，毕竟他是那个时代的人。

---

① 盖乌斯·普林尼·塞孔都斯（约23—79），古罗马作家，代表作《自然史》曾是自然科学领域的权威著作。本书中的脚注均为译注，后文不再说明。
② 英国广播公司出品的一部科幻电视剧，1963年首播。

他的说法固然不对，但是关于河马体表的猩红色液体，正解和古老的传说一样不可思议——而且的确与自我治疗有关系。

我发现流传最广的动物神话中，大多深藏着一种有趣的思维方式，让人想起过去那个奇妙的天真年代，那时几乎一切都是未知，万事皆有可能。鸟儿迁徙到月亮上，鬣狗随着季节改变性别，鳗鱼从淤泥里生长出来——这些有什么不可能呢？再说我们后来发现的正确答案也如同传说般神奇。

罗马帝国覆灭之后出现的一些动物传说最是荒诞。在中世纪，新兴的自然科学被基督教绑架，造就了一个动物寓言风行的时代。讲述动物世界的早期作品集配有大量华丽的插图，有鼻子有眼地描绘了各种奇异生物，有雀驼（其实是鸵鸟），有驼豹（长颈鹿），有海主教（半鱼半人的奇幻牧师）。不过，这些动物寓言并不是潜心研究动物习性的成果。它们全都是在同一部资料的基础上，添枝加叶编出来的故事——那是公元4世纪的一部书稿，名为《自然哲学》（*Physiologus*），书中内容融合了民间传说、很少的事实以及很多的宗教寓言。《自然哲学》可以说是中世纪超级热卖的畅销书（其销量在当时仅次于《圣经》），有数十种语言的译本，从埃塞俄比亚到冰岛，荒唐的动物传说就这样传播到了世界各地。

这些寓言写得十分粗俗，有不少关于两性和罪恶的内容。修士们为教会图书馆抄写并添加插图的时候想必觉得很好玩儿。故事里有各种异兽：鼬由嘴巴受孕，由耳朵分娩；野牛（那时人们叫它"博纳肯"）抵挡攻击者的绝招是放屁，"臭得让敌人头晕脑涨，不得不逃开"[4]（大家都有过这种经历）；公鹿纵欲之后，生殖器便会掉下来。从这类故事里可以提炼出很多训诫材料，向教区居民宣讲。上帝创造了世间万物，那么多生灵当中只有一种——人类——丧失了纯真本性。在辑录寓言的人眼里，动物世界的作用在于树立榜样，让人类引以为鉴，所以他们没有去质疑《自然哲学》中的描述是否与事实相符，而是专注于发掘动物与人类相通的一面，在它们的行为表现中寻找上帝暗藏的道德寓意。

这样一来，寓言中的一些动物与它们的真实形象相去甚远。比如大象被誉为百兽之中最正直睿智的一种，那样的"温和驯良"[5]，甚至有自己的信仰。据说它们对老鼠"深恶痛绝"[6]，对故土怀有一份深沉的爱，想起家乡就会流泪。在两性关系上，它们"无比忠贞"[7]，一旦结合便是终生相守——而且是很长的一生，足有三百年。它们非常反对通奸，发现这种行为就会予以惩罚。这些对现实中的大象来说简直闻所未闻，它们一向快快活活坚守着一夫多妻式的生活。

* * *

我们总想在动物身上寻找自己的影子，用人类的道德标准去评判它们，直到思想已经比较开明的时代仍是如此。从这一点来讲，或许可以说贻误后世最深的人，也是这本书里最大名鼎鼎的人，就是著名的法国博物学家乔治－路易－勒克莱尔，即布封伯爵。这位行事浮夸的伯爵是科学革命的领军人物，为了让自然科学摆脱教会的影响，他付出了不懈的努力，实际的行动却与他的目标有点儿自相矛盾。他写了一部百科全书式的巨著，共计四十四卷，但内容矫揉造作得简直可笑。他采用了当时写科普文章流行的华丽散文风格，读起来不像科学论述，倒像是爱情小说。他看不上一些动物的生活方式，便用刻薄的词句贬低它们，比如我们的朋友树懒（这位法国贵族把树懒称作"最低等的生物"[8]）；对于他欣赏的动物，文中则是极尽溢美之词。不过不管好话还是坏话，几乎都是一样的错误百出。他最宠爱的一种动物是河狸，你会发现他被河狸的勤劳表现迷得思维混乱，了解真相之后便会觉得，了不起的布封这时变得像小丑一样。

直到今天，我们依然忍不住把动物拟人化。大熊猫无敌可爱，很容易激发人们内心里呵护它的欲望，干扰了理性的判断。我们把大熊猫看作憨头憨脑、遇到两性问题就害羞的毛熊，没有我们帮忙就没法繁衍下去，却忘记了它们其实在漫漫生存路上久经考验，撕咬起来相当凶悍，而且喜欢聚在一处交配，场面十分热烈。

20 世纪 90 年代初，我在杰出的进化生物学家理查德·道金斯博士门下学习动物学，跟随导师掌握了一套思维方法，通过各物种间的基因关系去看世界——看关系的远近亲疏如何影响它们的行为。我当时学到的部分理论现在已经落伍，近年来的研究成果表明，从细胞层面解读基因组，解读方式的重要性不亚于基因组包含的信息本身（这样才能解释为什么人类与橡实虫有 70% 的 DNA 相同，却能成为晚宴上更有趣的客人）。我讲这件事是想说明，每一代人——包括我这一代——都认为自己比前辈更了解动物，可实际上还是经常出错。动物学研究其实有很大一部分都是学术性猜测。

在现代科技的帮助下，我们的猜测水平正逐步提高。我的工作是制作并担任自然科学类纪录片的主持人。为此我走遍了世界各地，也有幸接触一些全身心投入研究、在前沿阵地探索真知的科学家。我认识了一个在马赛马拉为动物测智商的人、一个在中国兜售大熊猫性爱资料的人、一个发明了树懒"屁屁测量仪"（这东西真的有科研意义）的英格兰人，以及编纂了世上第一部黑猩猩词典的苏格兰人。我追过喝醉的驼鹿，吃过河狸"蛋蛋"，尝过两栖动物的春药，曾经跳下悬崖与兀鹫一起飞翔，还试着讲了几句河马话（当然不是一次做了这么多事）。五花八门的经历开拓了我的眼界，关于动物、关于动物研究的现状，我看到了许多意想不到的真相。我写这本书，一方面是为与各位分享这些真相，另一方面是总结人类对动物王国的种种误解、犯过的错以及杜撰的奇谈，不管讲故事的人是伟大的哲学家亚里士多德，还是继承了沃尔特·迪士尼风格的好莱坞影人，同时我也希望借文字建一座特殊的动物园，收容被世人误解的动物们。

　　综上所述，对于那些不可思议的传说，大家不妨抱着开放的心态去听，只是不要全部信以为真。

第一章
鳗 鱼

鳗鲡属（Genus *Anguilla*）

世上再没有哪种动物，

围绕其生命起源和生存方式

竟会有那么多错误的认知和荒诞的传说。[1]

利奥波德·雅各比：《鳗鱼之谜》（1879 年）

亚里士多德因为鳗鱼的问题很头痛。

这位伟大的希腊思想家剖开了无数条鳗鱼，可是怎么也找不到它们的性器官，一点儿痕迹也没有。他在莱斯沃斯岛上研究了其他鱼类，每一种都有一眼就能看到的（而且多半是美味的）卵，精巢虽藏在体内，但也很明显。鳗鱼却似乎完全没有性腺。公元前 4 世纪，亚里士多德撰写了一部具有开创性意义的动物志，在谈到鳗鱼时，这位极有条理的自然哲学家无奈之下得出结论说，鳗鱼的繁衍"不靠交配，也不靠产卵"[2]，而是由"大地的腹中"出生，直接从泥里钻出来，他把潮湿沙地上的蚯蚓粪当成了刚从地底冒上来的鳗鱼苗。

亚里士多德是第一位真正的科学家，也是动物学之父。他以

　　　　树懒是节能，不是懒！——出人意料的动物真相

敏锐的科学眼光观察、研究了数百种动物，却上了鳗鱼的当，对此我倒是并不觉得意外。这种滑溜溜的生物把身世的秘密隐藏得格外好。从地里生出来的说法当然是无稽之谈，不过，现实情况说起来一样离奇。生活在淡水里的欧洲鳗（*Anguilla anguilla*）在生命之初，还是一颗鱼卵的时候，悬浮在大西洋最幽深、盐度最高的一片区域——马尾藻海的水下丛林里。这个轻飘飘的小生命只有米粒大小，它从这里开始长达三年的漂泊之旅，直到进入欧洲的河流。漫漫征程中，它彻底改头换面，样貌变化之大，简直就像从老鼠变成了麋鹿。它在泥里生活几十年，慢慢把自己养胖，做好准备之后便重新踏上 6000 公里的艰辛旅途，返回茫茫海上的出生地，在大陆架的黑暗深处产下卵，而后死去。

如此奇特的一生中，欧洲鳗要等到生命临近尾声，在完成第四阶段，也就是最后一个阶段的形态变化之后才进入性成熟期，所以新生命的孕育让人难以捉摸，它们也因此蒙上了一层谜一样的色彩。千百年来，这道谜题挑起了国家间的竞争，还有人不惜冒险到最偏远的海域寻找线索，动物学研究史上的一些一流专家也曾为此伤透脑筋，大家好像在较劲似的，看谁能想出最耸人听闻的理论，解释鳗鱼的繁殖问题。但这些理论再怎么怪，也怪不过欧洲鳗的真实经历，它们的一生极不平凡：这个奇妙的故事里有贪恋鳗鱼味道的纳粹分子，有痴迷于寻找鳗鱼性腺的人，有持枪的渔夫，有全球最著名的精神分析学家——还有我。

* * *

小时候，我也很迷鳗鱼。大约 7 岁那年，我父亲在院子里埋了一个维多利亚式的旧浴缸，没多久，我最热衷的游戏就成了把这个人类洗澡用的大盆改造成完美的池塘生态系统。我是个怪小孩，把这项任务看得非常重。每到星期天，父亲都会陪我去罗姆尼湿地。他用一对旧纱帘为我做了一个捕捉水下生物的捞网，我在小水沟里玩得很开心，拿着网子碰上什么就捞什么。当一天终了，我们战果累累，犹自沉醉在维多利亚时代的探险激情里，从水中收获的战利品在父亲那辆老旧的小皮卡上活蹦乱跳，稍后我会一一辨别，再把它们送进我的水生王国。这些动物都是成双成对而来：湖蛙、欧螈、刺鱼、豉甲、水黾都住进了我的澡盆。不过，没有鳗鱼。我的捞网倒是没让我失望，捞到过鳗鱼，可是把这些滑不溜丢的家伙转移到水桶里的时候，就如同想要用手抓住水一样难。我每次抓起一条，它都会溜掉，滑过地面逃回水里——那样子更像蛇，不像是一条离开水的鱼。它们行踪隐秘，很难找，抓住鳗鱼成了我的最高目标。

当时我并不知道，如果这个目标真的达成了，我那可爱的小池塘也就迎来了末日，鳗鱼会把那里的其他客人全部吃掉。在淡水中生活的日子里，鳗鱼像大赛来临前的极限拳击手一样猛吃增重，做好准备迎接漫长的旅行，回马尾藻海去繁殖后代。为了把自己养胖，它们什么活物都吃——包括同类。20 世纪 30 年代末，两位法国科学家在巴黎做了一项让人毛骨悚然的实验，揭示了鳗鱼的恐怖胃口。研究人员在一个水箱里放了一千条幼鳗，也就是鳗鱼苗，身长约有 8 厘米。他们每天给这些鱼喂食，虽然不缺食物，一年过后，鳗鱼还是只剩下了 71 条，长度足有原先的三倍。又过了三个月，经过当地一位记者形容的"日常同类相食"[3]，水箱里仅仅剩下一个最终的胜利者：一条雌性鳗鱼，身长达到了三分之一米。它孤零零地又活了四年，直到纳粹在不经意间杀死了它，因为他们占领巴黎之后，鳗鱼就断了口粮。

过去的博物学家要是听到这个可怕的故事，一定会非常震惊，他们认为鳗鱼是性情温和的素食动物，尤其喜欢吃豌豆——真的是特别喜欢，据说它们会从水里跑到陆地上来，专程去找水嫩嫩的豆子吃。这种说法出自13世纪的多明我会修士大阿尔伯特，他在撰写《论动物》时提到，"晚间，鳗鱼也会离开水，去生长着豌豆、蚕豆和小扁豆的地方"[4]。直到1893年，鳗鱼吃素的说法依然流行，《斯堪的纳维亚鱼类历史》一书还为修士的"观察结论"配上了美妙的音效。据书中记述，当年鳗鱼入侵汉密尔顿伯爵夫人的庄园，风卷残云般吃掉了她的豆科植物，还"边吃边咂嘴，就像小乳猪吃东西时发出的声音"[5]。这位贵妇园子里的鳗鱼或许餐桌礼仪差了点儿，但看样子相当有鉴赏力，"只吃鲜嫩的豆荚"，其余部分一概舍弃。的确，鳗鱼有一种神奇的本事，离开水还能存活48小时，这是因为它们的皮肤覆有一层黏液，而且能呼吸——有了这项适应性变化，它们在遇到旱灾的时候可以转移到其他水塘去找水。不过，鳗鱼咂着嘴偷吃豌豆的怪异行径，恐怕就是人们的臆想了。

鳗鱼栖居淡水期间因为贪吃，体形增长十分惊人，但也没有早期博物学家向人们形容的那么夸张。鱼类本身就是吹牛的好题材，常有人把"脱钩跑掉的那条鱼"讲得神乎其神。话虽如此，伟大的罗马博物学家老普林尼在他的巨著《自然史》中声称，恒河里的鳗鱼身长可达"三十英尺"[6]——10米——虽然这类不实的传言传了很久，但这也未免太夸大其词了。7世纪有一本被奉为"钓鱼圣经"的书，叫《垂钓大全》，作者艾萨克·沃尔顿算是相对克制，他讲到在彼得伯勒的河流里捕到的一条鳗鱼时，说它"足有一又四分之三码长"[7]，也就是大约160厘米。沃尔顿似乎生怕有人对此提出质疑，稍显急切地补充，"若不相信我的话，可以去威斯敏斯特国王

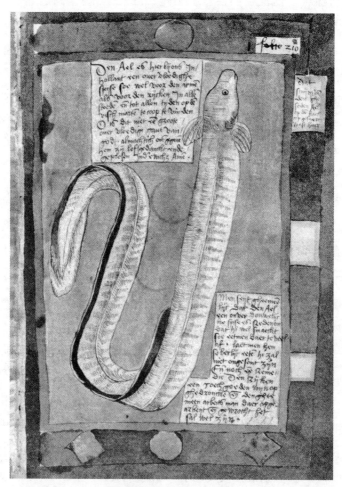

阿德里安·克嫩编纂的《鱼鉴》（1577 年）中收录的鳗鱼真可谓巨兽，身长竟达"40 英尺"（相比古罗马博物学家老普林尼的描述，又长了 10 英尺）

树懒是节能，不是懒！——出人意料的动物真相

大街的一家咖啡馆亲眼看看"[8]（鳗鱼想必正在那里愉快地喝着卡布奇诺，与客人们分享自己年轻时在海上的冒险经历）。哥本哈根动物博物馆的约恩·尼尔森博士给出了比较准确的测量数据，他仔细查看了丹麦乡间池塘里一条死去的鳗鱼，告诉《鳗鱼之书》的作者汤姆·福特，这个漂亮的样本长到了125厘米长。[9]可惜这条滑溜溜的大鱼突然死于非命，因为池塘主人发现它在欺负自己心爱的观赏水禽，转头就找来铁锹结果了它。

我小时候抓到的鳗鱼要小很多，长度、粗细都和铅笔差不多。它们显然刚刚开始淡水里的生活，这一时期少则六年，多则三十年。从已知的资料来看，有些鳗鱼的寿命远不止这么多年。有一条瑞典的鳗鱼，小名叫普特，1863年，幼小的它在赫尔辛堡附近被人抓住，送进当地一家水族馆养了起来，在那里活到八十八岁。众多媒体争相报道它的死讯，它打破了长寿纪录，因而受到明星般的关注，一般又长又滑的鱼类可没有这样的待遇。

像这样高龄的鳗鱼都无法遵循本能迁徙回到海里去，它们被人豢养，多半是当作宠物。选择鳗鱼陪在身边似乎不太寻常——享受不到与动物伙伴相依相偎的乐趣——不过，据说古罗马演说家昆图斯·霍滕修斯在自家鳗鱼死去时落了泪，"他养了很久，非常疼爱它"[10]。知道了这些事之后，我有点儿庆幸自己始终没能抓到鳗鱼，不然我的人生恐怕到现在还跟它纠缠在一起。

鳗鱼要在淡水里度过贪吃而漫长的时光，但这只是它一生诸多阶段中的一个（也是我和千百年来无数博物学研究者唯一了解的一个）。这一阶段没有提供任何线索，帮助我们了解鳗鱼生命周期的其余部分——它的出生、繁殖和死亡——这一切都隐藏在海中，而且有极不寻常的伪装保护，所以引发了一场世界范围的执着探索，持续约两千年，目标就是找到神秘莫测的鳗鱼性腺。

　　　　　　　　　　＊　＊　＊

　　这种看似没有性别的鱼到底是怎么繁殖出来的？亚里士多德是最早被这个问题难倒的人之一。他把鳗鱼的生命起源归入自然生成论，这套理论被他用在了苍蝇、青蛙等五花八门的各种生物身上——都是繁殖方式看似无法解释的生物。几百年后，老普林尼不再抄袭希腊先贤的理论，就鳗鱼的繁衍发挥想象，提出了自己的观点。他认为鳗鱼在石头上蹭来蹭去，"蹭下来的碎屑化为了新的生命"[11]。这位古罗马博物学家希望这能成为最终的定论，于是以权威的口吻总结道："这是它们生育后代的唯一方式。"然而，老普林尼的无性摩擦繁殖理论也不过是他一厢情愿的想象。

　　此后几个世纪里，有关鳗鱼繁衍的荒唐传言层出不穷，增长速度堪比兔子。有的说鳗鱼是从其他鱼类的鱼鳃里生出来的，有的说是甘甜的晨露孕育了它们（但只是在特定的月份里），还有的说它们出身"神秘的电力扰动"[12]。一位"受人尊敬的主教"[13]告诉英国皇家学会，他曾亲眼见到小鳗鱼在茅草屋顶上出生。他说鱼卵黏在茅草上，被太阳晒着，就孵化了。研究博物学的神职人员当中，也有一些人不大接受这类值得怀疑的传言。托马斯·富勒在他的《英国名流史》中嘲笑了剑桥郡沼泽地区流传的说法，当地人普遍相信，教士的非法妻子和私生子可以变成鳗鱼逃脱天谴。他说，这显然是"谎言"。为强调问题的严重性，他接着批评道："不管是哪位第一个讲出如此可恶的谎言，他肯定早已经得到报应。"[14]那个人大概是变成鼻涕虫度过了余生吧。

　　到了启蒙运动时期，优秀的科学研究者抛开奇奇怪怪的传说，提出了自己的理论——虽然还谈不上正确，但毕竟不再那么愚蠢可笑。安东尼·范·列文虎克是荷兰的微观世界研究先驱，发现了细菌和血细胞。1692年，他犯了一个危及信誉的错误：他大胆假设，鳗鱼和哺乳动物一样，是胎生，也就是卵子在体内受精，雌鱼直接生下小鱼。列文虎克在实际观察的基础上提出了这一假设，从这一点来说，他起码采用了现代的科学研究方法。他通过放大镜仔细观察，在他认为是雌鱼子宫的部位，看到了像是鳗鱼宝宝的东西。但是很遗憾，他所谓的小鱼苗实际上是藏在鳗鱼膀胱里的寄生虫，而且早在近两千年前，亚里士多德就得出了这样的结论。

18世纪的瑞典动植物学家卡尔·林奈也曾说鳗鱼是胎生，因为他自信在一条成年雌性体内看到了小鱼苗。他是分类学之父——一个极度学究气的人，连名字都改成了拉丁文写法，当时自然没人质疑他的观点。可后来大家发现，这位生物分类学专家竟然把物种搞错了。真相有点儿尴尬，原来林奈解剖的那条根本不是鳗鱼，只是看上去很像鳗鱼，现在被称作锦鳚——一种不寻常的胎生鱼类，但与鳗鱼没有半点儿亲缘关系。不过，林奈固然错了，反对他的人也没有比他正确。有一位权威人士看了林奈的研究，批评他辨识有误——但这位权威受亚里士多德的影响，说瑞典人发现的幼鳗其实应该是寄生虫，胎生理论就这样被各种错误信息搞得越来越混乱。

就在学术权威们吵得不可开交的时候，一个勇敢的外行人忽然站了出来。1862年，苏格兰人戴维·凯恩克罗斯向世界宣告，他，邓迪工厂里的一名普通工程师，终于破解了困扰历代哲学家和博物学家的鳗鱼之谜。"我可以开门见山地告诉各位读者……银鳗的祖先是一种小甲虫。"[15]他以无知者无畏的勇气阐明了自己的观点。这是他满怀热情总结出的理论，从科学角度来说根本说不通。他把这份自行摸索研究六十年的成果写成了一本薄薄的书，名为《银鳗起源》。

论述开始前，他先向读者致歉，表示自己没兴趣学习现代科学研究的规则和标准。"在动物分类方面，我不可能像博物学家那样熟知各种名称和专业用语，我对这类书籍的了解十分有限。"[16] 他辩解道。他于是想出了一个有违常规，但很便利的解决办法，就是"用我自己的一套名称和术语"[17]。为此他推翻已有的动物分类，重新划分出毫无道理的三大类别，林奈地下有知，恐怕会气得跳起来。这位苏格兰人的理论本来就有点儿莫名其妙，这样一来更是让人想要看懂都难了。

凯恩克罗斯的探索之旅始于 10 岁那年，当时他在排水沟里看到了几条"毛细鳗鱼"[18]（他自创的名词）。"它们是从哪里来的呢？"他不禁好奇。一位朋友给他讲了民间很流行的一种说法，据说小鳗鱼是"马来饮水的时候，从马尾巴里掉下来的，遇到水就活了过来"[19]。少年凯恩克罗斯觉得这种解释太荒谬了，简直可笑。后来，他在同一条水沟里看见几只甲虫的尸体沉在水底，脑子里冒出了一个同样荒谬的念头。说不定，这两种动物之间有关联？整整 20 年，他像着了魔一样忘不掉这一幕。"我常常想起这道谜题。"[20] 他回忆说。

成年以后，有一年夏天，凯恩克罗斯在邓迪的自家院子里发现了一只很面熟的甲虫。他目不转睛地盯着这只虫子，恨不得看穿它的想法。甲虫在他的注视下坚定地爬向一个小水坑，一头扎了进去。他描述说，甲虫"朝四周看了看"，然后"非常不安地"从水里爬了出来。[21] 至于凯恩克罗斯如何看透了甲虫的心思，我们无从得知。不过，书里唯一的一幅插图很有帮助，让读者看明白了这只虫子"极不寻常的下一步举动"[22]。图片题为《正在分娩的甲虫》，凯恩克罗斯故事中的奇特主角仰躺着，身体下方伸出两根套索一样的东西。据这位苏格兰人解释，甲虫正在产下两条鳗鱼。

对凯恩克罗斯而言，这是茅塞顿开的一刻。就是在这一刻，他决定认真展开进一步的研究，解剖甲虫，取出"毛细鳗鱼"养起

假如你想象不出一只甲虫如何产下一对鳗鱼，没关系，《银鳗起源》里有这样一幅漂亮的插图，用画面佐证了作者不着边际的观点。这是个好办法，凯恩克罗斯，可我还是没办法相信

来，它们存活的时间长短不一，但都很有限。他坦承他的理论"可能有点儿怪"[23]，然而观察"植物王国的成员"之后，他坚定了自己的想法。既然一种树可以嫁接到另一种树上，"那么，伟大的造物主也可以把外来物嫁接到一只虫子身上吧？"[24] 他陷入沉思。

现代实验室像小说里的科学怪人一样，尝试过创造各种古怪生物：比如把人的耳朵嫁接到老鼠身上，或是恰到好处地用一点水母基因，培养出能在黑暗里荧荧发光的鱼。不过，"伟大的造物主"与这些事没有任何关系。

凯恩克罗斯如果向学术界提出他的疑问，专业人士会告诉他，他所谓的"毛细鳗鱼"其实是另一种讨厌的寄生虫，而不是新生的鳗鱼。但这位工程师没有向同行求证的习惯。有了非比寻常的发现之后，他没有提交给皇家学会审查，却告诉了某天偶然遇到的两位农夫，那两人正觉得奇怪，不知为什么农田的一条水渠里出现了很多银鳗。凯恩克罗斯当即搬出了自己的理论，解释说这一大群鳗鱼都是从甲虫肚子里产出来的。农夫的反应让他很开心。"他们认为我说得对，"他自豪地宣布，"而且很高兴能解开这个谜。"[25]

凯恩克罗斯的理论得到了当地农民的认同，但是没能改变鳗鱼研究的大方向。他在学术领域里孤军奋战 60 余年，一味埋头苦干，却不知寻找鳗鱼性腺的工作终于取得了突破性进展。在离邓迪很远的地方，被"鳗鱼之谜"困住的科学界即将迎来漫漫探索路上的一个小高潮——勉强算是小高潮吧。

* * *

在这场探索中，意大利人冲在了最前面。外人可能很难想象，在这个处境艰难的国家，寻找鳗鱼生殖器官是一件关乎公民自豪感的事。

意大利人与鳗鱼早已建立起长久稳固的关系，简单来说，就是他们要吃掉很多的鳗鱼。鳗鱼是一种少有的肥腻的鱼——这是进化过程中的一项适应性变化，它们以这种方式储备足够的能量，然后踏上 6000 公里的艰苦旅程，返回马尾藻海深处的繁殖地。可是很不幸，鳗鱼身体脂肪含量很高，所以格外美味，这一点不会没人发现。古罗马美食家马库斯·加维乌斯·阿皮修斯被认为是世界上第一本食谱的创作者，他曾在书中提到，庆祝恺撒大帝出战获胜的宴席上，供宾客享用的鳗鱼足有 6000 条。他建议说，"要让鳗鱼更美味"[26]，应该搭配一种酱汁，原料包括"干薄荷、芸香果、熟蛋黄、胡椒、欧当归、蜂蜜酒、醋汁儿以及食用油"[27]。这听起来不像是很好吃的样子，但在英国，人们直到现在仍喜欢把鳗鱼简单煮一煮，做成鳗鱼冻。大家都知道英国人有糟蹋食材的悠久历史，这道菜在其中称得上是反美食的一个极致代表。不过，虽然烹煮方法这么粗糙，但鳗鱼从很久以前就经常出现在盛宴上，也是人们贪食的佳肴。列奥纳多·达·芬奇在《最后的晚餐》中描绘了门徒享用鳗鱼的场景。恶名昭著的教皇马丁四世很贪吃，相传最终是因为吃了太多滑溜溜的鳗鱼而一命呜呼。

据说最肥美的鳗鱼产自科马基奥及其周边波河三角洲的广袤湿地。这里有欧洲最大的鳗鱼渔场，旺季一个夜晚就能捕捞 300 吨鳗鱼。在鳗鱼的性腺问题上，一些最轰动的消息、最激烈的争论也是出自这个地方。这件事要从 1707 年讲起。当地一名外科医生发现捕捞上来的几千条鳗鱼中，有一条看上去胖得不寻常。医生解剖了这条鱼，看到它的身体里有一块东西，很像是塞满成熟鱼卵的卵巢。"怀孕的鳗鱼"于是被送交给医生的朋友、受人敬重的博物学家安东尼奥·瓦利斯内里，结果他等不及仔细研究便匆匆宣布，千百年来大家苦苦寻找鳗鱼的生殖器官，现在终于找到了。有一种俗称"鳗鱼草"的水生植物，在正式分类时就借用了这位大学问家的名字做学名。不过，这次雌性鳗鱼的性腺没法为他再添一项成就了。深入研究之后，这项发现被彻底否定，原来那不过是一个染病肿胀的鱼鳔。

瓦利斯内里与成功擦肩而过，这件事刺激了意大利科学界，认为"真正找到鳗鱼的卵巢是一项至关重要的任务"[28]。当时的意大利尚不成熟，正处在一个动荡不安的时期，整个半岛被外来势力控制。许多意大利人把国家的希望寄托于革命，而这一小群学者梦想着找到美味鳗鱼的神秘性腺，以这项成就为同胞注入民族自信心。

教授们制订了一个计划。在科马基奥一带，每天有数以千计的鳗鱼被捕捞上来。他们要做的事很简单，就是拿出足够诱人的奖赏，哪位渔民第一个捕到肚里有鱼子的鳗鱼给他们送来，就能得到这份赏金。在德国，有人实施了一项类似的计划，结果和预想的完全不一样。做这件事的博物学家收到了各处邮寄来的鳗鱼内脏，多到令他难以招架，最后只得"哭求大家手下留情"[29]。意大利人的计划倒是很快取得了喜人的成果——起码表面看来是这样。他们正为此庆祝时，却发现狡猾的渔民其实是把另一种鱼的卵塞进了鳗鱼肚子里。

意大利学者觉得很丢人，研究鳗鱼的热情一下子冷却下来，一下就过了五十来年。然后，1777 年，一条鲜活、肥硕、滑溜溜的鳗鱼出现在科马基奥水岸边。附近博洛尼亚大学的一位教授——解剖学家卡洛·蒙迪尼马上着手研究，忽然灵光一现想通了一件事：鳗鱼腹腔里那些皱边的带状物，过去一直被认定为脂肪组织，但实际上应该就是隐秘的雌鱼卵巢。

意大利的科学家们因而欢欣鼓舞，只是可能稍早了一点儿，毕竟鳗鱼的精巢还没找到，也没有人能清楚地解释这种神秘鱼类的繁殖方式。鳗鱼的生殖之谜犹如一个拼图游戏，寻找缺失部分的任务落到了一个意想不到的人头上：这是一个学医的年轻人，满怀壮志，后来因为找到了人类，而非鳗鱼的欲望之源名扬天下。他的名字叫西格蒙德·弗洛伊德。

*   *   *

这位精神分析学派创始人当时是一名 19 岁的学生，就读于维也纳大学。开启生平第一个研究课题后，1876 年，他带着找到鳗鱼精巢的艰巨任务前往意大利的亚得里亚海岸边，住进了设在的里亚斯特的一个野外工作站。

确定鳗鱼性别的办法只有一个，就是把鱼剖开。"因为鳗鱼自

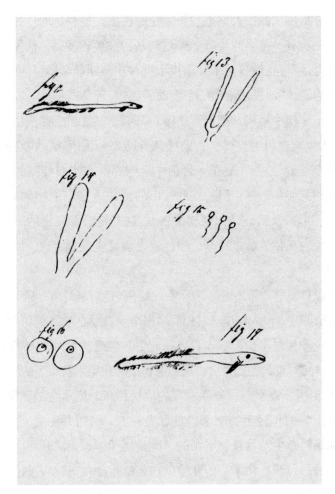

西格蒙德·弗洛伊德在写给友人的信中随手留下的涂鸦，折射出他在徒劳寻找鳗鱼精巢期间的心理状态。纸上有折磨他的谜一样的鳗鱼，还有草草勾勒的精子和卵子（精神分析专家或许会认为，这看上去像一对乳房）

己没有记录。"[30]弗洛伊德在写给朋友的一封信中自嘲说。一连几个星期,这是他唯一的工作,每天从早上8点到下午5点,在一间闷热的、臭烘烘的实验室里埋头做这一件事。他肩负的任务是查证一种说法:有一位名叫希蒙·瑟尔斯基的波兰教授说,他发现了鳗鱼的睾丸。"可是他显然不知道世上有种东西叫显微镜,"弗洛伊德在信里抱怨,"他没法给出一个准确的描述。"

苦干了四个星期,把四百条鳗鱼开膛破肚之后,弗洛伊德放弃了。"我一直在折磨自己,折磨鳗鱼,结果一无所获,我切开的所有鳗鱼都是雌性。"[31]他在一封信中哀叹,并在空白处随手画了些面带嘲讽的鳗鱼。弗洛伊德据此写出的论文题为《疑为鳗鱼睾丸的环状器官形态及精确结构观察报告》。这是他公开发表的第一篇作品。他倾向于相信瑟尔斯基,但他没办法证实或否定这位波兰人说的话。

那段日子里,弗洛伊德一天又一天不停地解剖鳗鱼,徒劳地寻找雄性生殖器官,没人知道这对他后来提出人类性心理发育中的阳具嫉羡期理论产生过多少影响。总之在此后,他把注意力转向了不那么滑腻的研究对象,比如人类心灵,取得了远比第一次辉煌的成果。

20年后,终于有一条孤零零的雄性鳗鱼暴露了它的私密部位。碰巧遇上它的年轻生物学家也是意大利人,名叫乔瓦尼·格拉西。当时那条鳗鱼生殖器官鼓胀胀的,满是精子,正要离开西西里海岸远行时被格拉西抓住了。他此前就白蚁的生理构造发表过论著,虽称不上耀眼,但也有一定的影响力,他还曾用妻子的名字命名了一个蜘蛛新种(这才叫爱情)。但在鳗鱼研究领域,格拉西可以说是运气奇佳。他不仅为意大利摘得了全球鳗鱼精巢搜寻大赛的桂冠,而且一年前,他取得了一项同等重要的发现,在鳗鱼神秘莫测的生命周期中明确了一个关键阶段。

树懒是节能,不是懒!——出人意料的动物真相

19 世纪 50 年代以来不时有文件记载，意大利沿海有大群透明的小鱼被冲上岸，它们的身体形状和厚度与一片柳叶大致相当，长着圆球似的黑眼睛和吓人的龅牙。有人很草率地用林氏命名法给这些微型小恶魔取了个学名——*Leptocephalus brevirotris*——大意是"细头短吻"[32] 鱼，但没过多久又推翻了这种分类，小鱼们被归为幽暗海洋里平凡无奇、多得数不清的生物之一。格拉西对这些小生灵非常感兴趣，怀疑它们可能是幼体，而不是已经长成的鱼，为此他想出一个巧妙的办法。他数了数小鱼的稚嫩椎骨——平均为 115 节，然后开始寻找与之相匹配的鱼类。他果真找到了——是欧洲鳗。这是一项很不得了的重大发现，鳗鱼神秘一生中缺失的环节找到了。

有几位博学的人在这之前就曾提出，欧洲鳗肯定是在遥远的海上繁殖后代。这是一个新奇的观点——完全是逆向迁徙。鲑鱼之类的长途洄游鱼，在海洋及淡水栖息地之间往来的方向全都与之相反。可如果不是这样，为什么每到秋天就有大群鳗鱼头也不回地往下游走，每到春天又有大群尚未长大的鳗鱼逆流而上？这是合理的假设，可惜没有证据能够证实。从来没人在海上见过年幼的鳗鱼。现在，格拉西不但找到了失踪的幼鱼，还揭开了鳗鱼的一个秘密：它们其实堪称世界级变形大师。

格拉西准备了一个水族箱，要亲自观察、亲眼见证鳗鱼的神奇蜕变。这是很明智的做法，不然恐怕没人会相信他说的话。几个星期的时间里，柳叶似的小鱼身体两端渐渐变粗，明显有了鳗鱼的样子。它的身长缩短了近三分之一，锯齿状的牙慢慢不见了，另外，不知消化系统的什么原因，它的肛门换了位置。又过了几天，水族箱里游来游去的小家伙蜕变成了一条通体透明、眼睛凸出的纤长小鱼，俗称"玻璃鳗"。格拉西高兴得昏了头，宣布西西里附近的墨西拿海峡是所有欧洲鳗的繁殖地，因此这种令人垂涎的鱼是新近统一的意大利王国的物产，也是在这里完成它们不同寻常的生命循环。

然而急于求成会出问题，意大利很快发现这份荣耀和鳗鱼栖息地一样，并不属于自己。格拉西忽略了一个事实：他捕到的幼鳗身长都在 7 厘米左右。所以，除非它们是从大到难以想象的鱼卵里孵化出来的，否则这些小鱼在抵达海峡时已相当成熟。这样说来，它们真的会是在意大利海岸附近出生的吗？

有一个人认为，鳗鱼之谜不可能这么轻松就被破解。

* * *

海洋学家约翰内斯·施密特和许多前辈一样，有种近乎偏执的狂热劲头，一心要找到欧洲鳗的繁殖地。将近 20 年里，这位"怀着病态雄心"[33]的丹麦人在茫茫大西洋上一点一点地搜索，寻找松针大小的新生鱼苗。他的海上行动声势浩大，技术要求极高——而且结局完全出乎意料，最终他在扑朔迷离的鳗鱼故事中超越意大利，将解谜的荣耀献给了丹麦。

他的行动始于 1903 年，当时年轻的施密特作为渔业生物学研究者，在丹麦的考察船"雷神号"上谋到一份工作，研究鳕鱼、鲱鱼等食用鱼的繁殖习性。这年夏季的一天，他们正在法罗群岛以西的大西洋上航行，船上的巨型细孔拖网里，出现了一条弱小的鱼苗。施密特认出这条不起眼的小鱼是欧洲鳗——在地中海以外发现的第一条欧洲鳗。这次"意外的好运"[34]让他想到，鳗鱼的出生地或许不在意大利近海，而是在向北大约 4000 公里的海域，除非这条幼鳗严重迷路了。

施密特从此有了执念，一门心思想要找到鳗鱼真正的出生地，甚至比其他执着于鳗鱼的人——亚里士多德、凯恩克罗斯、弗洛伊德、蒙迪尼、格拉西等等在他之前沦陷的人——还要狂热。好在这位锲而不舍的科学家很幸运，就在一年前，他与嘉士伯啤酒公司的女继承人订下了婚约。对于一个立志寻找小鳗鱼的人，能与嘉士伯结缘应该说是最理想的，因为这家企业一直在慷慨资助海洋科研工作。没人知道新娘是否满意这桩婚事，毕竟她的新婚丈夫将会抛下她二十年，像着了魔一样在海上寻找一种很小的小鱼。

施密特满怀年轻人的热忱，开始了一场非比寻常的探索。他的目标是找到尽可能小的幼鳗，他觉得从逻辑上讲，越小的鱼苗越有可能指引他找到它们出生的地方。"当时我对这件事的困难程度并没有什么概念，"他后来写道，"一年一年找下来，发现事情越来越不简单，完全超出了我们的想象。"[35] 他拖着细密的渔网"从美洲找到埃及，从冰岛找到加那利群岛"[36]，报废了四艘大船，其中一艘在维尔京群岛附近触礁沉没，险些把他的宝贝幼鳗样本一起拖下海底。然后，第一次世界大战爆发了，很多与他建立了合作关系的船只不幸被德国潜艇击沉。

与大海搏斗的同时，施密特还被迫与一个学术机构抗争，他们一直不肯承认他付出的艰辛努力，态度很让人气愤。1912 年，他发表了自己的第一项调查结果：他离开欧洲海岸越远，找到的幼鳗就越小，由此可见，鳗鱼的出生地肯定在大西洋某处。英国皇家学会提出了异议，表示在这个问题上，格拉西的成果"已相当完善"[37]。施密特无奈之下回到了船上，再度出海。

1921 年 4 月 12 日，施密特迎来了突破。在马尾藻海南部海域，施密特捕到了行动开始以来最小的鳗鱼幼体：身长只有 5 毫米，据他估计出生顶多一两天。苦寻近二十载，这个丹麦人终于胜利在望。现在他可以自信地宣告："这里就是鳗鱼的繁殖地。"[38]

这是非常难以置信的结果，就连施密特都被自己的发现惊呆了。"从来没有哪种鱼类需要跋涉地球周长四分之一的距离，才能完成它们的生命旅程，"他在 1923 年写道，"像鳗鱼这样，幼年时期的迁徙距离如此之长、历时如此之久，在动物王国里绝对是独一无二的。"[39] 格拉西和意大利人被打败了，找到鳗鱼繁殖地的荣耀将永远属于施密特和他的祖国丹麦。

不过，"永远"这个词还是永远不用为好——在科学领域、在现实生活中都是如此。

近一百年后，我们对鳗鱼一生的了解依然只是花费不菲的推测。虽然投入数十亿美元，动用最先进的现代技术，但还是没有人成功追踪过成年欧洲鳗，从欧洲的河流一路跟到马尾藻海；没有人看到过鳗鱼在野生环境中的交配；没有人找到过鳗鱼卵。

基姆·奥勒斯楚普是丹麦科技大学的高级研究员，也是鳗鱼研究领域的世界级专家，我曾问他，我们是不是能百分之百确定欧洲鳗的出生地是马尾藻海。他有点儿不好意思地回答：不能。

这并不是因为大家不够努力。现代科考队尝试过借助声呐追踪成年鳗鱼。研究人员追着深海里模模糊糊的影子跨越大西洋，但无从确定目标是否正确——只知道它大概应该是这个样子。还有研究人员给数以百计的鳗鱼装上了最先进的卫星追踪标签。结果，很多昂贵的标签落进了鲨鱼和鲸的肚子，随着这些掠食动物在海洋里遨游，还持续不断地送出信号，离鳗鱼通常栖息的海域越来越远，接到位置信息的科学家被搞得困惑不已。一位很有鬼主意的研究员想抓住正在交配中的鳗鱼，于是在马尾藻海深处布设了陷阱，作为诱饵的雌鱼在人工激素作用下尽显成熟魅力，格外渴望交配。可即便是这样欲望高涨的雌鱼发出邀请，成年雄性却依然不肯出现。笼子带着滑溜溜的诱饵悄然消失在海中，活捉好色雄鱼的希望也随之沉入水底。

这道谜题之所以难解，部分原因在于马尾藻海本身的特殊性。它深得吓人，在海底大陆架上的峡谷区域，深度足有将近7公里。目前的观点认为，欧洲鳗是一个有着超过4000万年历史的古老物种，它们刚开始在这片幽深海域繁殖后代时，欧洲与美洲大陆从地理位置上讲，彼此间的距离要比现在近得多。后来两块大陆渐渐漂移，离得越来越远，鳗鱼为了回到自己出生的地方，迁徙的距离也越来越长。交配中的鳗鱼很难找，不仅是因为海太深，危险的涌浪也是一个原因——马尾藻海是世上唯一一片没有海岸线的海洋，它是一个500万平方公里的漩涡，四周环绕着顺时针方向的强劲洋流，叫作北大西洋环流。鳗鱼产卵的季节正巧赶上每年的飓风季，而且，正如奥勒斯楚普说的，马尾藻海"刚好位于百慕大三角洲的正中央"。

我的脑子里一直回响着巴里·曼尼洛[1]在20世纪70年代演唱的《百慕大三角》。这片恶名远扬的海域是世上最凶险的海难多发区，吞噬了无数过往船只，这一点更是给鳗鱼的奇特一生增添了几分神秘，让人不由得怀疑海神波塞冬暗中帮了一点儿忙，隐藏起鳗鱼的私密生活，也给那位70年代的歌手提供了金曲的后续好素材，或许他可以再唱唱鳗鱼不畏艰险，长途跋涉去求偶的浪漫故事。

* * *

破解鳗鱼之谜已不仅关乎学术荣誉，还关系到大笔财富。鳗鱼是一项大产业。这种中石器时代的佳肴如今已从大部分国家的餐桌

---

① 巴里·曼尼洛（1943—　　），美国创作歌手和唱片制作人。

上消失，在日本却依然供不应求，形成了一个一年 10 亿美元的大市场。富含脂肪的鳗鱼在这里是一道传统菜，炎热的夏季里尤其受欢迎，因为人们普遍认为鳗鱼肉有消暑祛燥的功效，有助于补充体力。据说日本有鳗鱼冰激凌和鳗鱼味儿的可乐，不过大多数人还是喜欢传统的甜酱汁烤鳗鱼配白米饭。每年，日本人要吃掉十多万吨河鳗。这可是相当可观的捕捞量。

世界各地的鳗鱼种群数量正急速下降，有些地方甚至减少了99%。这其中有很多方面的原因，包括过度捕捞、污染以及其他环境问题——比如巨型水坝阻断了它们钟爱的河流。鳗鱼危机蔓延全球，欧洲鳗等许多过去常见的淡水鳗鱼都成了极度濒危的动物，被世界自然保护联盟（IUCN）列入红色名录。这样一来吃鳗鱼简直是犯罪，几乎等同于用大熊猫肉做寿司。虽说这样一种裹着黏液、长得像蛇的鱼，很难像毛茸茸的大熊猫一样激起人们的同情心，但是研究人员一样在非常努力地展开工作，尝试让鳗鱼在人工环境下繁殖后代——只不过媒体对这件事没有太多兴趣。经过数十年研究，花费数十亿美元之后，日本人终于取得了初步的成果，实现了人工繁育本地品种——原本在太平洋深处的一道海沟产卵的日本鳗。他们找到了一种方法，借助激素迫使成年鳗鱼生育，还用磨成粉状的鲨鱼卵调配了特殊食物，养活了几条娇气挑剔的幼鳗。可是投入大量劳力，用一种濒危动物的卵喂养另一种濒危动物，这并不是一个很实用的解决方法。鳗鱼专家基姆·奥勒斯楚普告诉我，平均来讲，在日本实验室里成功培育出一条玻璃鳗要花费大约 1000美元。这要是用来做寿司可就贵得离谱了。

所以目前日本人仍完全依赖日渐稀少的野生鳗鱼，在玻璃鳗溯流而上、准备开启淡水生活的时候把它们捕捞上来，在亚洲的养鱼场用人工方式养肥。这些鳗鱼有一部分来自日本或欧洲，但大部分都来自美洲，因为鳗鱼在那里乏人问津，直到近年销路才渐渐好起来。美洲鳗（*Anguilla rostrata*）是欧洲鳗的近亲，同样在马尾藻海孕育出生，但幼年时迁徙到美国东部海岸的淡水河流中。据说当年清教徒乘坐"五月花号"来到这里，原住民好心教给他们捕捉鳗鱼的技巧，这成了支撑他们活下来的重要食物之一。然而有了火鸡之后，人们曾经赖以生存的肥腻鱼类就被冷落了，没人会在感恩节端出一条填满馅料的鳗鱼。几百年后，刚刚就任美国总统的乔治·布什引领时尚潮流，穿了一双装饰有蓝色总统徽章的鳗鱼皮靴子。那段时间他很喜欢把这种靴子送给朋友——但徽章装饰换成了他的名字缩写（免得朋友们忘记是谁送的礼物）。不过，虽有上层这样帮忙做宣传，美国的鳗鱼市场还是没有什么起色。

如今情况大不相同了，捕捞玻璃鳗的人只要找对了河段，把25美元的网笼放到水里，一个夜晚的收入就能达到10万美元。在美国，只有缅因州允许捕捞幼鳗，价值4000万美元的玻璃鳗产业在这里掀起了一股名副其实的淘金热。一些阴暗勾当也随着这股热潮出现，有不法商人在停车场里悄悄塞给掮客几百万美元的现金，有捕鱼的人挥着 AK-47 步枪对峙，争抢最好的捕捞地点。据当地媒体报道，中美洲的帮派势力正准备来分一杯羹，因为渔民拿到这笔意外之财后，大半都花在了违禁药品上——有一位女士除外，她赶上了大丰收，于是决定挥霍一次，拿着她的"鳗鱼钱"去做了胸部整形。

* * *

1879 年，德国海洋生物学家利奥波德·雅各比向美国鱼类及渔业委员会呈交了一份关于美洲鳗的报告，他在文中坦言：

这对科学界来说的确有点儿丢人，像这样一种鱼，在全世界很多地方都算是相当常见……人们每天都能在市场里、在餐桌上见到它，我们虽有现代科学的强大支持，却依然搞不明白它的繁殖方式、它的出生和死亡，这些问题现在还无人能解。世上自从有了自然科学，就有了鳗鱼之谜。[40]

一个多世纪过去了，这种状况并没有太多改变，只是时间所剩无几，鳗鱼之谜亟待破解。

有些专家担心，淡水鳗鱼的生存可能与数量息息相关。种群的延续取决于每年有足够数量的鳗鱼回到马尾藻海，在它们的特定海域里交配产子。如果回来的鳗鱼太少，它们也许找不到交配对象，最终无声无息地被这片巨大的海上漩涡吞噬。这样的话，鳗鱼繁殖的秘密也将随它们一同消失在深不可测的海底坟墓。

鳗鱼在深海里的日子依然保持着神秘。不为外界所知的生活往往会成为神话的好素材。如果是观察起来比较方便的动物，了解它们的可能性也会更高一点。下一个登场的动物——河狸看起来比鳗鱼更好追踪，可是，它们的生活习惯多半隐藏在水下或防护严密的窝里，所以还是很容易引起人们的胡乱猜想。河狸和鳗鱼一样，用秘密的"小花招"骗过了世人的眼睛，关于这种水陆两栖的大型啮齿动物，也流传着一些可笑至极的古老传说。

第二章
河　狸

河狸属（Genus *Castor*）

有一种名为河狸的动物，性情温和，

其睾丸是极为有效的药材。

据《动物哲学》介绍，一旦发现猎人紧追不舍，

河狸会咬下自己的睾丸，扔到猎人面前，

如此一来便能保全性命。[1]

《中世纪的动物书》（12世纪）

　　为了写这本书，我在调研过程中有过不少古怪的经历，但其中最让朋友们诧异的，或许是我一门心思要揭开河狸真面目这件事。这要从一个秋日的清晨说起。我约了一个人在路边的临时停车带会合，他身高六英尺，很瘦，车子的后备厢里放着一杆步枪，上了膛，还装了消音器。他叫米卡埃尔·兴斯塔德，是一名猎捕河狸的职业猎手。

　　兴斯塔德受雇于斯德哥尔摩市政府——在我走访过的各国首都中，斯德哥尔摩可以说是最干净、绿化最好的一座城市。历史悠久的老城中心色彩淡雅，往城外走不多远就是森林，林中栖息着各种

动物，不时跑出去体验一下城市生活。兴斯塔德的工作就是管束这些溜进城里的动物。他处置过兔子（"麻烦的家伙"）、老鼠（他的头号死敌）和大雁（"它们的排泄物太多了"），还有看样子是喝醉了酒的驼鹿。必要时，他也会瞄准忙着捣乱的河狸。

我们相处得很好，不过，我其实很少跟专职猎杀动物的人打交道。这次约米卡埃尔见面是因为我必须找一位货真价实的河狸猎人，问一个重要的问题："你有没有遇到过哪只河狸咬掉自己的睾丸，扔到你面前？"

米卡埃尔笑出了声。我可不是在跟他开玩笑。促使我来到这里的首要原因就是河狸自宫的传说。但我没想到，这次调查揭开了一个罪恶的故事，关系到基督教宣扬的伦理道德，有关河狸睾丸的错误认知、乱跑的子宫，以及河狸在欧洲河流几近灭绝的遭遇。

*　　*　　*

世间流传的各种动物奇谈中，河狸的故事大概算得上是最荒诞的一个。这种勤劳的啮齿动物在古时候就很出名，但不像一般人料想的那样，不是因为它们伐木的干劲和技术，也不是因为它们拥有出众的建筑天赋。河狸出名是因为古代医师认为它们的睾丸有珍贵的药用价值。

中世纪动物寓言里的河狸是一种狡诈的动物。据说遭到猎人追击时，河狸会迅速采取行动，用泛黄的大牙咬下自己的睾丸，把传宗接代的宝贝扔给敌人（也许还附赠一小块船桨似的尾巴），由此保住小命，这堪称一气呵成的脱身巧计。但在多数古代记载中，河狸可不是只有这一点儿小聪明。威尔士的杰拉尔德是 12 世纪的教士、编年史作家，那时有很多人讲述河狸的诡计多端，他便是其中

德文版伊索寓言（1685 年）中的这幅木版画，很好地呈现了河狸自己咬下睾丸送给猎人的情景

之一。"假如一只早先丢掉睾丸的河狸发现有猎狗追过来，"杰拉尔德写道，"它会很聪明地跑到一块比较高的地方，抬起腿来让猎人看，他想要的东西没有了。"[2]

如此夸张的自我阉割行为听起来就很假，但中世纪的动物寓言作者才不管这是不是真的。只要能写出尖锐的宗教寓言，事实怎样从来都不重要。这个展现啮齿动物智慧的下流故事很生动地告诫世人：一个人要想拥有一生安宁，必须斩断自己身上的一切恶习，把它们交给魔鬼。基督教道德卫士们很喜欢这个宣扬禁欲和苦修的寓言。难怪河狸的故事代代流传，传遍欧洲各地。

河狸的"自宫"妙计不仅仅记录在动物寓言集里。从古希腊时代开始，凡是有关河狸的文字资料基本都提到了这个传说。编纂百科全书的克劳迪乌斯·埃里亚努斯更是添油加醋地描述说，河狸想出了一个深受异装男子喜爱的小花招。在那部介绍动物的巨著里，他写道："河狸常常把自己的私密部位藏起来。"埃里亚努斯告诉我们，这样一来聪明的河狸就可以轻松逃到远处，同时"保住自己的宝贝"。[3]

后来，列奥纳多·达·芬奇在他的笔记里，也写下了河狸对自身性腺价值的惊人认知："我们从书中了解到，河狸遭遇追捕时，知道猎人的目标是具有药用价值的睾丸，也知道自己逃不过这一劫，于是干脆停下脚步。为了与猎人和解，它用尖利的牙齿咬下睾丸，送给它的敌人。"[4]可惜这位艺术大师没有给他的笔记配上插图，我们只能猜想，列奥纳多的河狸大概也带着蒙娜丽莎式的神秘微笑吧。

直到1670年，苏格兰制图师约翰·奥吉尔比还在他的《美国：一部关于新世界的准确描述》中谈到河狸如何"咬下自己的生殖器扔给猎人"[5]。这个故事完美融合了低俗趣味和正义的训诫，让一代代人忍不住讲了又讲。

在这种形势下，需要有人以冷静的头脑搞清楚河狸传说的真相，也好帮助这种可怜的动物摆脱一次次被阉割的命运。堪称17世纪"奇谈终结者"的托马斯·布朗爵士正是这样一个人。虽说他有个执着的怪念头，想用铁馅儿的点心喂鸵鸟，但在那个思想混乱的年代，他是少有的理性声音。这位医师及哲学家毕业于牛津大学，著有《世俗谬论》（1646年），他在书中以知识为武器，抨击了他归纳的"民间的误解"[6]，即中世纪广泛传播的动物寓言之类的故事，使其中的各种错误认知流传，这些奇谈怪论严重阻碍了当时新兴的自然科学的发展。

孤军奋战的过程中，布朗始终坚守"确定事实的三大要素"，他将其总结为"权威性、辨别力和理性思考"[7]——从这一点来讲，他是现代科学发展道路上的开拓者，走在了科学革命的前沿。"要获取清晰的、可靠的事实，"他写道，"我们必须忘掉、必须舍弃大部分现有的认知。"[8] 于是他秉持理性的态度，针对一系列谬论展开了调查，比如，据说獾一侧的腿比另一侧的短——他认为"这不符合自然规律"[9]。再比如，死去的翠鸟可以做成很好的风向标。（布朗用一对翠鸟尸体做了实验，结果证明不是这样。他用丝线将两只死鸟挂起来，观察发现"它们并不一定转向同一方向"[10]，而是各朝一方吊在那里，一点儿用也没有。）

以他揭穿无稽之谈的敏锐眼光，布朗认为河狸睾丸的传说也很值得怀疑。他说，有关河狸的谬论"非常古老，因而占据了传播的优势"[11]。据他推断，这种说法起源于有人误解了埃及的象形文字，不知出于什么缘故，古埃及人用河狸咬掉自己睾丸的符号[12]表示人类通奸所受的惩罚。伊索看到之后，把河狸的故事写进了他的寓言里，在世间广为流传，后来又被收录在古希腊和古罗马的早期科学文献中——作为事实呈献给读者。

布朗认为故事之所以能流传这么久，主要在于这种动物本身的古怪生理结构。河狸与大多数哺乳动物不一样，雄性的睾丸并非挂在体外晃来晃去，而是藏在身体里面。"蛋蛋"如此隐蔽，也难怪人们认为河狸以某种方式被阉割了。不过针对这一点，布朗讲得很有道理，他指出，既然河狸的生理结构是这样，那么就算它们想自己咬掉睾丸也办不到。"阉割这种尝试，"他说，"不只是白费力气，根本就是不可能"，"要是借同类之力"……甚至有可能"危及性命"[13]。

河狸传说的起源其实与词源学有一定的关系——在这方面，布朗有着常人料想不到的犀利眼光，毕竟他本身就是一个精于文字创作的人。他在科学萌芽时期阐述的观点思路清晰，文章中使用了大量华丽冗长的词，其中有许多是他自创的，比如讲到"阉割"时所

用的 "eunuchate"。布朗以一己之力为英语增添了近八百个新词。他创出来的 "hallucination（幻觉）" "electricity（电力）" "carnivorous（食肉的）" "misconception（错误概念）" 到现在仍是很常用的词。但是像 "retromingent"，意思是朝后小便之类，大家就不是那么认可了。[14]

布朗敏锐地发现，常常有人把河狸的拉丁文学名 *Castor* 与英语里的"阉割（castrate）"一词搞混。有很多写书的人犯过这个错误，塞维利亚大主教就是其中一位。"河狸（*Castor*）因为被阉割而得了这个名称。"[15] 大主教在 17 世纪的专著《词源学》中阐述了这样的错误观点。拉丁语的"河狸"与阉割没有关系，它其实源自梵语里的一个词，*kasturi*，意为麝香[16]——讲到这里，我们也就讲到了流传千百年的"河狸蛋蛋之谜"的核心。人们猎捕河狸是为了获取一种棕色的油性液体，叫作"海狸香"，但事实上，这种物质并非如传说所讲的那样，来自河狸的睾丸，而是由它们的外形足以以假乱真、位置也极为接近的腺囊分泌出来的。

有一个人比布朗早几年打破了有关河狸睾丸的误解。他是一位法国的医生，热爱生活，名叫纪尧姆·龙德莱，1566 年死于过量食用无花果。[17] 就在去世前不久，这位解剖专家拿起刀解剖了一对河狸，结果发现雄性和雌性都会分泌珍贵的海狸香，并储存在肛门旁边的一对梨形腺囊里，与尿路相连。多数哺乳动物都在肛门附近有一对气味腺，能够分泌一种带有麝香味的物质，用以吸引配偶、标记领地。龙德莱第一个发现河狸与众不同，它们额外拥有一对香腺，大小与鹅蛋差不多，看上去俨然是一对睾丸。

被称作河狸香囊的这对东西实在与睾丸太相像，经常有一些做解剖的人不够敏锐，误认为雌性河狸是雌雄同体，而雄性河狸竟然长有四个睾丸。但布朗以他特有的诙谐提醒读者，外表不一定可信。"判定睾丸的标准是其职能，而非所处的位置，它们在所有动物身上都是发挥同一种职能，但在很多动物身上的位置各不相同。"[18] 据他判断，"这对腺囊的外观和位置"就是"引发误解的根本原因"[19]。

* * *

海狸香的味道异常浓烈，因此在古代世界是一种备受推崇的药材。在那个年代，气味被认为是极为有效的治病良方——越是刺鼻，就越是有望治愈病痛。因为这个缘故，医生非常喜欢用粪便做药，病人不乐意也没办法。找医生看病的时候，患者有可能被迫接受强刺激，吸入多达三十种可入药的粪便（比如老鼠，甚至是人类的排泄物）混合在一起的气味。[20] 本来身体就不舒服的人，这样一来只会更不舒服。相比之下，河狸"睾丸"闻起来应该像是玫瑰花丛般芬芳吧。

17 世纪的英国教士、博物学家爱德华·托普赛尔写过一本大名鼎鼎的动物寓言集，叫作《四足兽的历史》，他在书中用好几页的篇幅介绍了海狸香的超强效力。"这种硬块，"他写道，"有一股浓烈难闻的味道。"[21] 河狸的分泌物包治百病，治得了牙疼（把加热后的海狸香灌进同侧耳朵里），也治得了肠胃气胀（具体方法就不要问了）。不过，它主要被用于治疗妇科病痛。这并不奇怪。从古代到中世纪，药典里充斥着各种与生殖器相关的药材[22]，葫芦、兽角和喷瓜（Ecballium *elaterium*）都是治疗欲求不满的常用药（当时的医生似乎认为女人生病只是因为缺少男人，所以给病人开出一种形似阳物的蔬菜应该就能解决问题）。依照这样的诊治思路，河狸"蛋蛋"入药也是很自然的事。

第二章 河狸

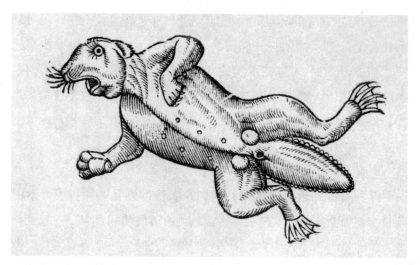

爱德华·托普赛尔在《四足兽的历史》(1607 年)中描绘的河狸看上去一脸惊讶。或许因为它是雌性，毛被剃光，在露出乳头的同时，也暴露了它的"蛋蛋"——据托普赛尔介绍，这是一种备受推崇的良药，从牙疼到胀气，各种病都能治

　　据说海狸香对女性生殖系统很有杀伤力。古罗马人把这种棕色的油性分泌物加在油灯里，用以引发孕妇流产。托普赛尔也在书中提到，"用海狸香、驴粪和猪油混合制成的香料可开启闭合的子宫"[23]。河狸"蛋蛋"的堕胎威力被传得神乎其神，甚至有很多人相信只要从河狸身上迈过去——不管是活的还是死的河狸，孕妇就会失去肚子里的宝宝。

　　但海狸香最常见的用途，其实是作为补药用于治疗癔症——一种概念模糊的女性疾病，其症状五花八门，可以列出一个超长的单子，诸如疑神疑鬼、情绪失控、焦虑、烦躁易怒等等，全都可以归为癔症。英语里的（"hysteria"）癔症源自希腊语，原义为子宫——据说发病的原因是有毒的子宫在身体里乱跑，损伤了女性的其他器官。这种"病"本身定义不清，所以从古埃及时代开始，女性的各种身体不适经常被笼统地诊断为癔症。[24] 据 17 世纪的英国医生托马斯·西德纳姆估计，癔症是患病率仅次于发烧的一种常见病，占到人类病患总和的六分之一。在女性当中，西德纳姆写道："很少有人完全不受其困扰。"[25]

千百年来，癔症的治疗方法数不胜数。骨盆按摩好像挺享受；作法驱邪听上去就差了一点儿。不过一直到 19 世纪前半叶，对着"河狸蛋蛋"深呼吸依然是治疗癔症的常规手段。1847 年，美国医生约翰·埃伯利还在大力宣传这种水栖啮齿动物的肛腺分泌物，认为这是女性癔症患者的终极解药，对"脆弱、易怒型"[26]病患的疗效格外显著。

紧张的写作工作中，我觉得自己也开始有点儿歇斯底里了，于是决定找点儿河狸的假睾丸来，亲自闻一闻试试效果。我写了一连串自己看着都有点儿怪的电子邮件，发送给我在网上搜到的职业猎人。我在信里很客气地做了自我介绍，然后问他们能不能把猎获的河狸香囊邮寄给我。没有一个人给我回复。接着，我找了一位熟悉"暗网"的朋友帮忙，在一个阴雨的周六，我们花了一下午搜索海狸香，结果一无所获。最后，我在 eBay 网上发现了一对——要价54.99 美元，算是相当便宜。通过这件事，我发现海狸香如今依然有市场，但不是用来治疗癔症，现在它的用途更加怪异。

八十多年来，河狸肛腺分泌的棕色油性物质一直被当作香料，为纸杯蛋糕、冰激凌等各种甜品添加香草味（说起来好笑，我感觉到情绪快要失控的时候，经常是用冰激凌来安抚自己）。[27]这种事最初是怎么被发现的，实在让人想不通，总之海狸香现在已被美国食品药物监督管理局列为一种 GRAS，即"一般认为安全"的食品添加剂。幸好河狸也不必太担心，这种原料并不常用。如果要用，生产厂商只需将其标注为"天然香草精"，因为它确实是一种"天然"物质，由河狸的私密部位"天然"产出。再喜欢冰激凌的人，知道了这件事大概也会有点儿倒胃口吧。

另外，海狸香也是"纪梵希三号""一千零一夜"等经典香水的重要成分之一。这倒是没有那么骇人听闻，长久以来，香水行业一直很喜欢用奇特的动物性原料。鲸吐出的东西（龙涎香），还有灵猫和麝的性腺分泌物，这些听起来都不讨人喜欢，可事实上它们却是香水诱惑力的精髓。

"用香水相当于明确地向外界发出一个邀请信号，"气味研究专家凯蒂·帕克里克说，"若有若无的一点动物下半身味道可以帮你达成这样的效果。"照此说来，这味道让我们忆起了老祖宗时代不常洗澡的性感体味。从香水的调制来说，动物分泌物也发挥着重要作用，混合在相对不稳定的成分中充当定香剂。"它们给最终的混合物增添了一点性感的野性力量，"凯蒂用他们的行话跟我解释说，"'恶香'（这是我们这些'香痴'的叫法）在鲜花和人类皮肤之间搭起了一座桥。香水里要是没有一点儿动物香，你还不如往身上喷点儿空气清新剂。"

过了一个星期，我的河狸"恶香"寄到了。一打开加厚的信封，我就明白了为什么会出现河狸"自宫"这样的传说：从信封里滚出来，俨然是一对干瘪的棕色睾丸。它们散发出的气味真的是威力十足。凡是碰到它们的东西，都会染上一种混合了木头和皮革味的古怪味道——有点儿像新世纪风格装饰、水晶闪烁的商场里，那种让人头昏脑涨的香薰味。爱德华·托普赛尔认为，从气味的浓烈程度就能分辨出海狸香的真假，据他说真货闻起来足以"让他流鼻血"[28]。我收到的河狸香囊的确很呛人，但还好，不至于呛到让我流鼻血。这种味道绝对谈不上难闻——这一点让我觉得挺意外，毕竟它离河狸的排泄部位如此之近。不过从根源上讲，河狸香囊不寻常的香气，其实与更不寻常的植物成分有关。

* * *

　　自然世界里有一场军备竞赛，对阵双方是植物和想要吃掉它们的动物。为保护自己，植物渐渐进化成了化学战大师，能够制造出各种各样的化合物，轻则味道苦涩，重则毒性致命。相应地，食草动物也进化出突破植物防线的本领，能够去除毒素，或是分解、吸收再利用这些有毒的化学物质。植物于是升级装备，合成了毒性更强的弹药。战斗就这样一直持续下去。

　　河狸所属的水陆两栖啮齿动物家族有着悠久的历史，它们啃断树木建设家园，用树皮、树根和植物嫩芽填饱肚子，成功生存了至少 2300 万年。漫长岁月里，它们逐步进化、积累了一系列手段，用以对付树木的化学武器，其中最有创意的一项是分离出毒素[29]，重新加以利用，纳入自身的防御系统。海狸香中含有大量植物化合物：生物碱、酚类、萜类、醇和酸，全都是由河狸从日常食用的植物中汲取，再融合在一起，制造出专属于自己的特殊气味。河狸能通过这种相当于化学指纹的味道分辨出邻居和家人。它们用香囊标记领地，用它们从植物那里获取的化学信息警告入侵者：走开！

　　这些化学物质对我们人类也很有用。海狸香有一股香草味是因为其中含有邻苯二酚，这是来自棉白杨的一种物质，常用于制作杀虫剂以及调味品——这两种用途放在一起看着有点儿吓人，其实在海狸香中发现的 45 种化合物里，很多都有意想不到的用途。从欧洲赤松中汲取的苯酚有麻醉功效，来自黑樱桃的苯甲酸可用于治疗真菌性皮肤病，河狸钟爱的柳树提供的水杨酸则是阿司匹林的有效成分。[30]

　　如此看来，以前的医师用河狸"蛋蛋"给人治病应该算是正确的做法吗？恐怕不能这样讲。就我们所知，吃一粒阿司匹林对击退"恶灵"没有任何帮助，或者说，对医师宣称能用海狸香治愈的任何真实或臆想的病症都没有帮助。就算海狸香真的是一种万能神药，由于量太少，对病人而言依然无济于事。我通过电子邮件咨询一位研究河狸肛腺的专家，治头痛需要吃多少，他回答说"很多"。

本着托马斯·布朗的探究精神，我决定还是亲自试一试。我特意等到感觉焦躁、有点儿发热的时候，找出邮寄来的河狸香囊，小心翼翼地吃了一点点。它很苦，那股特殊的味道一直留在我的嘴里，不管用多少牙膏，怎么刷都刷不掉。大约一小时后，我开始打嗝，喷出的气体有股刺鼻的皮革味，仿佛渗透到我的每一个毛孔里，久久不散，让我很不舒服。结果，那天晚上我不得不硬着头皮赴约，到英国广播公司的节目录制现场与雪莉·贝西女爵士 [①] 见面，强烈意识到自己浑身散发着河狸臀部的味道。

我早该知道不能这么做。18世纪有一位爱丁堡的外科医生，名叫威廉·亚历山大，他在亲自测试海狸香效果时有过类似的经历（除了会见女爵士）。他先是吃了一点点，跟我服用的剂量差不多，然后他渐渐加量，最后达到了8克（很不得了的剂量）。在这一个星期里，他没发现任何药效，身体上的唯一反应是"偶尔会打嗝"[31]（只是偶尔吗？）。他由此得出结论，认为这种难闻的神药"不应在当今药典中占据一席之地"[32]。

* * *

河狸的伪睾丸确实有一项功效，那就是诱惑其他河狸。我结识的那位瑞典猎人米卡埃尔·兴斯塔德说，河狸有相当强的领地意

识，假如把一只河狸的分泌物涂在另一只河狸用气味标记过的小土堆上，领地主人一定会忍不住跑出来用自己的味道重新标记一遍。猎人只需静静守在那里，等它自投罗网。这可是颠覆了传说中河狸精明狡猾的形象：河狸"蛋蛋"非但没有在敌人出现时解救它们，反而成了迷惑它们的诱饵，引诱河狸走向猎人的陷阱。

这对河狸来说当然是坏消息。几百年来，女性癔症患者对海狸香的需求造就一个巨大的市场。就因为人们到处搜罗这种难闻的神药，欧洲各地的河狸种群都陷入灭绝危机。英国和意大利仅存的河狸在 16 世纪被赶尽杀绝，其他地方的河狸数量也在急剧减少。不过河狸在欧洲日渐消失的同时，有人发现了一块新大陆，那里有数不尽的河狸，而且关于这种水陆两栖的动物，当地还有一套更夸张的观点。

"不要再讲大象的那点儿头脑了，它们跟美洲的河狸比起来只能说是笨蛋。"[33] 弗朗西斯·瑟特尔·贾米森在 1820 年出版的《亚洲、非洲、美洲大陆及海岛的热门旅行地》一书中写道。早期美洲探险家对这种不起眼的啮齿动物大加夸赞，认为它们和大象——一种大脑起码比它们重百倍的动物——一样聪明，可见这些人在河狸的智力问题上完全失去了判断力。他们一方面受到美洲原住民的传说故事影响，另一方面被河狸展现出的建筑技艺深深震撼，于是在发回家乡的旅行见闻中，把河狸描绘得神乎其神，有如动物界的爱因斯坦，能以自己的聪明才智构建一个有警察、有法律的完善社会，还有一套不逊于人类的管理体系。

第一个给河狸加上这种浪漫包装的人可能是尼古拉·德尼。他是一位法国贵族探险家，1632 年乘船前往新世界，后来成了很有名望的大地主及政治家。早年的美洲移民当中，他也是率先拿起笔来详述当地自然史的人之一。所有"以勤劳著称的动物"，他写道，

"甚至包括有样学样的类人猿",与河狸相比都只能算是"兽"。[34]
他还顺便补充说,这项发现让他非常惊讶,因为在他原本的认知
里,这种低等动物"和鱼没有两样"。

至于他在旧世界见到的具体是哪一种类人猿或哪一种鱼,德
尼并没有讲。不过他以自己的理解为基础,详细描述了他在新世界
见到的四百只河狸如何团结一致,在初夏时节建造了一座水坝。这
是一群技艺精湛、昂首挺胸的河狸,它们的牙齿就是木锯,尾巴可
以充当砂浆桶或抹墙的瓦刀。它们之中有河狸"石匠"、河狸"木
匠"、河狸"挖掘工"和河狸"泥瓦小工",大家各司其职,"互不
干涉"。[35]这支熟练的技工队伍上面有一个指挥小组,由 8 位到 10
位河狸"指挥官"组成,而它们又听命于一位监管全局的统帅,水
坝建在哪里、怎么建,都由这位河狸"建筑师"全权决定。

这样有组织的劳动听起来很令人钦佩,但德尼也明确指出,这
里并非河狸的世外桃源。要是有哪只河狸做事马虎,指挥官就会
"惩罚它,打它,扑上去咬它,督促它认真完成工作"。也许有些人
觉得这幅河狸劳动营似的景象实在难以置信,为此,这位法国探险
家特意对文章的真实性做了最诚挚的保证:"若不是亲眼看到,我
自己也没法相信世上真有这种事。"

德尼也许是需要重新配一副眼镜,也许只是想磨炼一下说谎的
技巧,为日后步入政坛做准备。谁知道呢?——总之他完全是胡编
乱造。我在瑞典跟着米卡埃尔去看河狸建造的水坝时,他听了德尼
的描述乐坏了。河狸跟蜜蜂不一样。它们不会大群聚集起来分工合
作,原因很简单,就是它们有很强的领地意识。每一道水坝都是一
个河狸家庭的私有财产。它们筑坝的目的是抬高这一区域的水位,
确保住处的大门时刻隐藏在水面以下,这样一来外出觅食的时候,
可以安安稳稳地在水下进出,最大限度地降低了遭遇天敌的可能

性。假如另一家河狸擅自跑来帮忙，领地主人肯定会"暴怒"（米卡埃尔的原话）。即便是最壮观的河狸水坝，绵延近1公里，宽度是胡佛大坝的两倍，同样是一个河狸家庭——最兴旺时也仅有六名成员——历经几代独立完成的杰作。另外，虽然的确有人看到过河狸用两条后腿行走，用前爪和下巴夹着幼崽或树枝，但从没有人见过它们把尾巴当作建筑工人的瓦刀。

新大陆的故事传回欧洲，在家乡大受欢迎。德尼根据自己的想象描绘了勤劳的河狸，这一形象在17世纪如病毒般迅速传播，被法国殖民时期的旅行作家无数次借用，还为早期手绘地图提供了一系列鲜活的配图。有一幅图上画了52只河狸排成一队沿着曲折的山路往上走，手里抱着树枝，用尾巴拖着泥土，到尼亚加拉大瀑布脚下去建一座水坝。这是一幅勤奋工作的美好图景，但如果仔细看看，再读一读图片附带的传说故事，从中了解每只河狸扮演的角色，你会发现这件事并不是那么美好。故事里有"因劳累过度伤了尾巴的河狸"，还有一位凶恶的"伤病检查员"，负责查找装病的河狸，赶它们回去做工。[36]

故事越传越广，河狸社会的有序管理也被说得越来越玄。"住在荒僻野外的河狸如建筑师般搞工程，如公民般实施管理。"[37]奥利弗·戈德史密斯①在他的畅销著作《地球与生机勃勃的大自然史》（1774年）中这样写道。法国耶稣会神父皮埃尔·德·沙勒瓦将河狸描述为"一种理性的动物，有自己的法律、政府以及独特的语言"[38]。

据说群聚的河狸永远是单数，这样在民主决策的问题上，起码可以保证有一只河狸投出决定性的一票。不过，这个啮齿动物共和国仍不时显露出一点儿专制管理的色彩。一位名叫迪耶维尔的法国

---

① 奥利弗·戈德史密斯（1730—1774），爱尔兰剧作家。

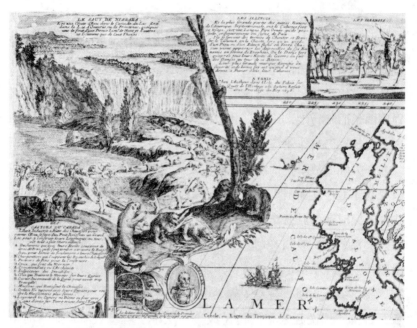

尼古拉·德·费尔绘制的美国地图（1698—1705年）以极富想象的生动场景呈现了河狸的勤劳，同时贴心地附上了相关传说，介绍每只河狸在这个新乌托邦里的角色。不过，画中四脚朝天躺在地上的河狸很难让人羡慕，故事解释说那是"一只因劳累过度而倒下的河狸"

探险家曾提醒说："对河狸来讲，公正比什么都重要。"[39] 凡是逃避公民义务的河狸——"那些懒惰或游手好闲的"——"会被其他河狸赶走……就像蜜蜂容不得黄蜂"，最终只能"流浪"。[40] 按照法国浪漫主义作家弗朗索瓦－勒内·德·夏多布里昂子爵（一位鼎鼎有名的大人物）的说法，遭驱逐的河狸都被剥光皮毛，不得不在一个地洞里孤单单地度过余生，所以它们被称作 terrier（狸），这个词源自法语里的 terre，意为"土地"。[41]

河狸的生活又一次被编成了故事，为民众树立道德规范。但这次与以往不大一样，这是为一个新兴国家量身打造的道德规范，一个依靠河狸的皮毛发展起来的国家。那时候，河狸皮成了值钱的商品，用它缝制的宽边帽是风靡欧洲的时髦服饰。河狸皮的年出口量多达数十万张；单是 1763 年的一场交易会上，哈得逊湾公司就卖出了 54760 张。在新世界，河狸皮甚至成了官方承认的货币单位，一张皮可以兑换一块"河狸币"，能在当地市场买 1 双鞋、1 个水壶或是 8 把刀。

随着河狸热的兴起，人类聚居区也日益壮大，朝着美国西部的荒野扩张。河狸让殖民者看到了理想中的自己，它们的一生就是一个教导世人堂堂正正生活的寓言故事。河狸生性勤勤恳恳，有独立自主的精神，但也能携手合作，积极参与公共工程的建设。这些正是清教徒崇尚的品质。把一群服从命令统一行动的河狸树为道德楷模，可以引导民众共同成就伟大的事业。不过，这样一来也会有人日子不好过，那些人抛弃了文明社会的生活，独自闯荡去寻找赚钱的机会（说起来"一块钱"也算是一个源自动物皮张的货币单位 ①）。

在旧大陆，博物学家们一窝蜂地围绕着美洲河狸的故事提出自己的见解。欧洲的河狸几近灭绝，人们没机会亲眼见识它们的奇妙建筑和群居状况。事实上，过去也没人关注过这些。古时候的哲学家讲到河狸都只是讲它们的睾丸，所以大家认为，这肯定是新大陆河狸独有的特点。法国博物学家乔治-路易·勒克莱尔即布封伯爵——，经常有一些惊世骇俗的观点，他在这个故事中看到了更深层次的意义。布封把河狸当作一个典范纳入他的大胆理论，指出动物社会若能远离人类的恶劣影响，便能繁荣发展，绽放异彩。

"当人类超越了原始的生活状态，便设立了一个标准，将其他动物全部置于这个标准之下：它们或被人类奴役，或被判定为不服

---

① 英语里的"buck"一词意为雄鹿，也指一美元。

管教，被强行驱散，它们的社会因此分崩离析，它们的辛勤劳动换来一场空，它们的艺术就此消失。"[42] 布封在18世纪撰写的巨著中谈到河狸时，开篇便讲了这样一段话。在欧洲，河狸饱受人类压迫。"它们的天赋因恐惧而凋零，再也没能进一步发展。"[43] 伯爵说。难怪"它们小心翼翼地过着离群索居的日子"。然而，在新大陆的荒野里，人类是外来者，布封认为当地的河狸群体"或许呈现了迄今仅存的古老的动物智慧"。[44]

伯爵精心构建的理论并不是完全以旅人讲述的故事为依据，他自己也掌握有第一手资料，因为1758年，有人从加拿大给他送去了一只河狸。在他的密切关注下，这只河狸在巴黎的皇家花园里生活了几年。头一年相处下来，这位法国贵族完全没发现他的宠物有什么过人之处。河狸动不动就"闷闷不乐"，而且"做事很不积极"。[45] 它花费了不少时间啃咬笼子的门（这倒是情有可原），但一点也没有开启工程的意愿。伯爵满心失望，在他的印象里，新大陆的河狸能打造出设计精巧的家，空间宽敞，容得下多达30只河狸同住，而且居所分为上下几层，有窗户，甚至"有一个阳台，在那里可以呼吸新鲜空气，还可以洗澡"[46]。可是，他的河狸整天就是无精打采地转悠，偶尔打破这种状态，到花园低洼处的水塘去游个泳。

河狸的半水栖习性也让伯爵大为惊讶，他认为河狸习惯于把自己的"尾巴和下半身"长时间泡在水里。布封由此提出了又一个谬论，说河狸"从本质上改变了它们的皮肉"，变得和"鱼类"一样，连同味道、气味以及覆在表面的鳞片一起都变了。[47] 如此拼凑的肢体进一步降低了布封对河狸的评价，据他判断，这大约是进化过程中"介于四足动物和鱼类之间"的过渡动物。[48] 按说这样一种不起眼，也不灵巧的动物充其量算是解剖学上的一个异类，但是，河狸在传说故事中展现出令人赞叹的群体力量，因而大出风头，在布封看来，河狸的社会没有受到人类的不良影响，似乎已然建起我们梦想中的乌托邦：

> 无论这个社会多么庞大，大家都能够和平相处。集体劳动让它们紧密地团结在一起，相互关照的风气以及大家合力收集、共同享用的充裕食物更是成就了恒久的凝聚力。适中的食量，简朴的食物喜好，对鲜血和杀戮的厌恶——因为这些品质，它们不曾有劫掠和战争的念头。它们懂得享受眼前每一点每一滴的幸福，人类却只知苦苦追逐幸福。[49]

*　*　*

真相说起来并不神秘，其实一只河狸完全有能力独自完成建造工程。布封要想让他的河狸露一手，办法很简单，就是把河狸放到一个能听见流水声的地方，激发它的干劲。阻断水流是一种根深蒂固的强烈欲望，哪怕是放上一段潺潺溪水声的录音，也能让河狸不假思索地行动起来，在周围根本没有水的情况下找来树枝往扬声器上堆。

这是瑞典动物学家拉尔斯·维尔松的一项惊人发现。20世纪60年代的大部分时间里，他一直在以科学的名义捉弄河狸。为了搞清楚河狸筑坝到底是一种本能还是后天习得的本领，维尔松将一些河狸幼崽从父母身边带走，在人工环境中养育它们长大。他在小河狸住处的墙后面装了一个扬声器，结果发现只要稍微有一点儿声响，河狸们就会干劲十足地投入建设。他甚至没用真正的流水声，任何类似的声响都能达成同样的效果，就连电动剃须刀转动的声音都能让河狸火急火燎地开始往墙根堆树枝，徒劳地想要阻断水流。

以如此机械性的反应来看，布封对于河狸构建理想国的想象未免太可笑。另一位法国科学家弗雷德里克·居维叶——著名动物学家乔治·居维叶的弟弟——大概会认同维尔松的实验，还可能倨傲地咕哝一句"我早就说过了"。1804 年，居维叶在巴黎的动物园担任管理员，几十年前，布封就是在这个地方观察那只忧郁的河狸。不过，居维叶观察得出的结果与伯爵截然不同。居维叶的河狸精力旺盛，而且在没有父母教导的情况下，它们一样忙忙碌碌地搞建设，他认为这是一种由本能驱动的行为。

居维叶信奉著名法国科学家勒内·笛卡尔的观点。笛卡尔在17 世纪提出，动物就像自动的机器，只有人类能以理性支配自己的行为。这种完全抛开感情色彩的思想在当时非常流行，过去寓言之类的故事把动物大肆拟人化，自然引发了这样的反弹。居维叶认为动物的智能分为由低到高的不同层次，从啮齿动物到反刍动物，再经过厚皮动物、食肉动物，一层层上升到动物王国的巅峰——灵长类动物，特别是他所属的人类，拥有了令人惊叹的大脑。[50] 因此，居维叶不认为他的河狸—— 一种啮齿动物而已——具备什么聪明才智。但是最近十年里出现的很多动物，包括会用工具的章鱼、会解题的鸽子、会数数的乌鸦和爱说话的鹦鹉，它们都能告诉居维叶——事实上饶舌的非洲灰鹦鹉真的可以对他说话——他对动物智能的看法不是很公道。

我请教过研究河狸的世界级权威迪特兰德·米勒－施瓦策博士，想搞清楚这种动物的脑力究竟如何。他在纽约州的家中和我通了话（他讲话带着一种四平八稳的德国腔，听起来有点儿像电影导演维尔纳·赫尔佐克），他说在这个问题上，我们还有很多不了解的事儿。

米勒－施瓦策告诉我，他认为河狸那些了不起的建筑成就，主要还是依靠本能，有一套简单的规则在指引它们完成工作，比如"在听到流水声的地方动工"，这也是我们刚刚开始破译的一套规则。他还讲了一个格外有意思的例子。常有人说，河狸啃树的时候很有远见，能确保树木往水面一侧倒下，而不是倒向林子里，跟周围的植物纠缠在一起。"可实际上，河狸只要在树干上随便啃一个缺口，让树自己倒下就行，"米勒－施瓦策说，"那棵树很可能会往空间开阔的水面方向倒，因为树木有向光性，靠水的一侧枝叶更多，也就更重，所以不管怎样都会往那边倒。"

本能并非十全十美。前不久英国的小报登出一张照片，挪威有一只不走运的河狸被自己啃断的树压扁了，照片上附了一行字："居然会有这种事？"这条报道一方面说明人类可以在任何事情上幸灾乐祸，另一方面用事实证明了河狸也有失手的时候。不过大多数情况下，它们犯错的后果没有这么严重，也能在错误中学习，及时改进。据观察，它们在学习并改进的过程中很会灵活运用资源，这种聪明才智在建造和修补水坝的时候表现得尤为明显。或许正是因为河狸具备这样的学习能力，需要掌握的生存技能又相当复杂，所以它们的幼崽要和父母一同生活一年多，相对来说算是很长的时间了。

近代的河狸研究者之中，贡献突出的也是一位法国科学家，名叫 P. B. 里夏尔。他做了一项经典的动物智力测试，让这种啮齿动物接受迷箱的考验，结果发现它们有灵活的脑子和灵巧的指头，二者结合正是它们成功的关键。此外，它们还具备一定的毅力，足以破解一系列复杂的锁扣，轻松完成挑战。

有不少人注意到了河狸的学习和创新能力，他们想遏制河狸的建造欲，却和这些热爱工作的建筑师陷入一场比拼脑力的战斗。有一位科学家把河狸养在一个小池塘里观察，为防止这些研究对象把

树倒啦！这只河狸在工作中遇到了麻烦，不幸的一幕提醒所有人：哪怕你再聪明，也可能犯下无可挽回的错误

漂亮的观赏树木啃断，他特意拉起高高的铁丝网，地下的部分埋得很深，顶端直接系在树枝上，自信这样的防护万无一失。过了没多久，一只成年河狸就突破了研究人员设下的防线，用泥巴和小树枝建起一条坡道，毫不费力地走上去，翻过铁丝网，利落地咬断了树干。有一只河狸闯出一条新路，其他河狸便纷纷跟上，就这样，一个个夜晚过去，直到公园里的这片绿荫彻底消失。

一些生活在城市里的河狸行为不端，最喜欢跑到雨水沟和涵洞里搞破坏。它们解决问题的本事好得让人头疼，为此美国的相关部门每年都要花费几十亿美元修修补补。

不过，河狸的认知能力至今仍是一个有争议的问题。智能的评估一向很难，更何况河狸昼伏夜出，而且大半时间都在水下活动或躲在隐秘的窝里，要评估这样一种动物更是难上加难。相比之下，要搞清楚河狸的身体特征就简单多了。经过几百万年的进化，这些住在水里的建筑师拥有了一套生存所需的理想工具：不断生长、时时保持锋利的牙齿，可以充当泳镜的透明眼皮，在水下自动封闭的耳朵和鼻孔，能在门齿后方合拢的嘴唇（这样一来河狸能在水下啃木头而不会呛水，也能在伐木的时候防止讨厌的木屑进到嘴里）。它们的大脑想必也经历了类似的进化，调整得恰到好处，只不过我们很难进到这个认知工具箱里面去看看。

目前我们对河狸习性的了解引发了更多的思考，比如本能行为与习得行为之间的界限该如何划定，以及一种啮齿动物到底有怎样的理性思考能力。虽然河狸并没有咬掉睾丸保命的预见力，也不具备建立民主共和国的能力，但即便是思想再保守的动物行为学研究者，应该也会同意学界权威唐纳德·格里芬斟字酌句提出的观点，他说："对于自己的处境，以及自己的行为有可能给周边环境带来改善，河狸能够有意识地进行简单的思考。"[51]

这可是完全不同于笛卡尔所讲的机器似的动物。

* * *

我想最后再讲一个河狸的故事，这件事说起来或许会让人对人类自身的头脑产生疑问。20 世纪到来的时候，大多数地方的河狸都已被人类捕杀殆尽，欧洲和亚洲总共还剩下不足 1200 只，坚守着仅存的八块栖息地。于是，美洲河狸被运过来增加种群数量，为拯救欧亚河狸出一份力。

这些引进项目做得非常成功，新来的河狸开始兴旺繁衍。然而后来人们发现，美洲和欧洲的河狸其实是两个不同的种。它们长相相似，但美洲河狸要比欧洲的亲戚们更凶悍。北美河狸的霸道行为渐渐显露出不良影响，把欧亚河狸进一步推向了灭绝。它们很快被判定为入侵物种，必须予以清除。可是政府工作人员、环保人士和猎人该怎么区分这两种动物呢？除非测它们的染色体，不然基本没有可能分清楚。

到了 1999 年，中央华盛顿大学的两位科学家提出用一个"简单快捷"[52]的方法区分两种河狸，就是给这两种气味不同的海狸香添加颜色标记。他们甚至研发了一种方便在野外使用的识别图样（看上去竟然像极了法罗与鲍尔公司的家用涂料色卡上最时髦的森林绿和芥末黄）。

转了一大圈，到头来河狸的"睾丸"真的有可能在遭遇猎人时救河狸一命，但前提是要有人进行采样分析，借助颜色标记仔细分辨它们的分泌物，确定这是不是需要捕杀的那种河狸——故事若是这样收尾，好像比最初的河狸传说还要荒唐。

河狸是动物王国里口碑极好的一个成员，因为一生勤劳而备受夸赞，下面我要讲的则是一个极端的反例——一种永远被人指责懒惰的动物。在下一章里，我们将与树懒会面，当初正是因为它们的缘故，我才想到要为深受世人误解的动物们写一本书；我们要去了解世上最懒散的哺乳动物，到底是用什么办法维持了如此长久的成功生存。

第三章

树　懒

树懒亚目（Suborder Folivora）

树懒这样退化了的动物，

或许是唯一一种大自然不曾善待的生灵。[1]

布封伯爵：《自然史》（1749 年）

有人说，名字有什么要紧？这个嘛，假如一个名字的含义是一种不可饶恕的罪孽，那可就非常要紧了。

自从被打上"重大恶行"的烙印 ①——不管放在谁的身上，这都是很伤形象的打击——可怜的树懒就没有了翻身的机会。不过树懒还没背上这个恶名的时候，其实已经因为天性让人无法理解而被骂，很少有动物遭到那么刻薄的批评。以树懒来说，这样的待遇格外不公。它们是一种不打扰人类、安静平和的素食动物——真正拥抱绿树的动物，只想在中南美洲的森林里静静地度过一生。

最早抨击树懒的人当中，非常突出的一位是西班牙骑士戈萨

---

① 树懒的英文名称"sloth"一词在天主教教义中，是被归为"七宗罪"之一的重大恶行——懒惰。

洛·费尔南德斯·德·奥维多－巴尔德斯，他曾用几年时间探索新大陆，接着又花了很多年记录整理自己的发现，编写成五十卷内容庞杂的丛书，于1526年出版。当时的博物学研究还处在事实与宗教及神话密切交织的阶段，而奥维多在动物王国里的游历，却似乎是以他的胃口为第一主导。

他说，貘"吃起来味道不错"，并附了一条不大可信的烹饪心得，"蹄子炖煮二十四小时后十分美味"。[2] 但是对树懒——也可能是对树懒的口感，他评价不高，称它们是"天下最蠢笨的动物"[3]。奥维多不是一个落笔谨慎（或者说注重事实）的人，关于树懒天生慵懒的样子，他添油加醋地描述说："行动起来那么蠢、那么慢，迈出五十步大概要花上一整天。"他还冷冷地补充道："威胁它、打它、戳它都不能让它加快速度，它始终毫不厌烦地保持着惯常的步调。"[4]

奥维多的不实描述在各种游记中一遍遍被重复，越传越夸张。到了1676年，著名的海盗探险家、文笔出众的威廉·丹彼尔提及树懒时，这种动物已慢到近乎原地不动。"它们要用八九分钟才能前进三英寸，"他凭着精确的想象写道，"即使用鞭子也没法让它们改变步速。我试过抽打它们，但它们似乎没有知觉，不管怎么吓唬或刺激，它们都不会走快一点儿。"[5] 丹彼尔和奥维多倒是可以凑成一对好搭档。

观察研究树懒是一项愉快的工作，我为此投入了许多时间，因此可以非常肯定地说，它们确实慢得有种催眠的魔力，行动起来就像是陷在——或者说踩在——胶水里。它们日常行进速度是平均每小时0.3公里，连乌龟都比不过，但也不至于像奥维多或丹彼尔形容的那么慢。我曾看到一只树懒在足够的动力刺激下，以惊人的速度爬上一棵树。不过，由于身体条件所限，它们再快也不可能突破1.5公里的时速，它们的肌肉是专为慢动作设计的，以家猫之类体西班牙殖民者奥维多在南美洲见到树懒，草草下了定论。我想说说他的画功。我看过不少不像样的树懒画像，但是他收录在 16 世纪巨著里的手绘草图中，借用他自己的话讲，可谓"天下最蠢笨的"一幅

型差不多的哺乳动物来说，猫的肌肉收缩速度可以是树懒的 15 倍。

看树上的树懒，就像看一场慢放的芭蕾舞《天鹅湖》。它们旋转、摇荡，倒挂在枝上，那种优雅和控制身体的能力可以与太极大师相媲美。但如果让树懒把身体"正"过来，重力作用下，它们就优雅不起来了。它们的四肢摊开在地面，只能用前肢的钩状爪拖着自己向前移动，仿佛在一个平面上登山。早期博物学家对树懒的评价那么糟，主要就是因为这种费力的移动方式——其实是他们搞错了观察的方向。

"它们是四足动物，"奥维多在一个难得有点儿科学色彩的段落里说，"每只小小的脚上都有四根很长的爪子，像鸟类一样爪间有蹼相连。"[6] 我要明确一点：世界上根本没有四趾的树懒，更不要说脚趾间有蹼的树懒。不过我们暂时不要深究专业细节，先来听这位

勇敢的骑士把话讲完。"但是爪子和脚都无力支撑这种动物。它们的腿太瘦小,而身体太笨重,所以几乎是肚子贴着地面慢慢移动。"

树懒的确是四足动物——全世界唯一一种倒挂的四足动物。它们进化出钩住树枝、倒挂在树上的本领,就像一种毛茸茸的吊床化身而成的动物。这种生活方式导致它们几乎没有负重的伸肌,比如我们的肱三头肌就是伸肌,可以绷紧,保护四肢。树懒的肌肉基本上全都是屈肌,像我们的肱二头肌,可以支撑着它们在树上移动。有了这样不同寻常的肌肉组成,树懒需要的肌块约是挺起身体直立生活的一半,几乎不用消耗什么能量就能长时间挂在树上。另外,它们也因而拥有了令人惊讶的力量和灵活度。它们可以仅仅依靠后肢挂在垂直的树干上,还能空着两手把身体后仰90度——有一位研究树懒的专家说,人类要是能做出这个动作,"足可以到杂技团去露一手了"[7]。

奥维多大概根本没有观察过树懒在树上的样子。当时很可能是由原住民去抓几只回来,送到某个村子里给这位西班牙骑士看。在这样脱离自然栖息环境的状态下,树懒怕是只能可怜巴巴地在地上爬,犹如一个挣扎着爬向水源的将死之人。奥维多想必是由这一幕得出了结论:"我从来没见过这么丑的动物,也没见过比它更没用的。"[8]

这是很粗暴的评价,但在这一时期,起码人们对树懒的称呼还只是带点儿嘲讽的意思,并没有给它安上一个被诅咒的名字。西班牙人喜欢把树懒称作 *perico ligero* 取笑它们,意思是"快腿某某"。英国教士爱德华·托普赛尔在17世纪编写的那部动物指南里,给这种"样貌丑怪的野兽"取名为"猿熊"。[9]

天主教会这时已开始传播"七宗罪"的概念,明确了一系列损害心灵的重大恶行,用以约束教众,但"懒惰",也就是精神及身体上的懈怠,还没有被列入其中。到了17世纪,在多年的争论之后，"懒惰"终于入选，位列第四，也让信奉天主教的探险家们受到启发，给那种异国生物取一个好记的新名字。当他们用"懒惰"——即"sloth"这桩罪来称呼树懒时，再想让人们去包容理解这种动物的古怪生理习性就成了一件彻底无望的事。

一时间批判树懒成了潮流，到后来，法国贵族乔治－路易·勒克莱尔——布封伯爵把这件事推上了夸张的新高度。他在巨著《自然史》中第一次对树懒进行了科学的描述，笔下毫不留情。"猿类呈现的天性是生气勃勃的，有活力的，昂扬的，树懒则是迟钝的，压抑的，局促的，"他嘲笑道，"由于身体构造粗陋，它们行动迟缓，头脑蠢笨，甚至病痛缠身。"[10] 在伯爵看来，树懒是动物界最低等的生命形态："再多一个缺陷，世上也就没有它们了。"

布封著书的年代，比达尔文出版《物种起源》一书、以自然选择理论震惊世界早了足有一百年。但在后人眼里，这位伯爵是为达尔文研究打下基础的人，而且有很多人，包括杰出的进化生物学家恩斯特·迈尔，认为是他第一个将进化的概念引入科学思考。据布封推测，所有动物都在积极的力量推动下，以各自特有的形象渐渐趋于完美，唯独不讨人喜欢的树懒似乎避开了这股力量："这一切都宣告了它们的可悲，让人联想起大自然那些不成熟的作品，它们几乎没有生存的能力，在世间短暂停留之后，便从生物名录中消失了。"[11]

布封在他的时代是最受人敬重的博物学家，他的著作畅销全球。事情已成定局。树懒成了进化偏离常规的产物，它们的命运就这样被决定了。

* * *

大家都知道我偏爱树懒。我觉得它们的怪异生活方式有趣极了。但身为树懒观赏协会的创办者，经常有人问我，既然自然选择会毫不留情地淘汰掉弱者，为什么这样一种明显不健全的动物在严酷的选择之后还能活下来。每到这种时候，我都要耐下性子解释说，树懒并不是有缺陷的残遗物种；它们是相当有活力的动物，现存六种，分属两个属，拉丁文学名带有严重的贬低意味：一种是 *Choloepus*（意为"有残疾的"）[12]，另一种是 *Bradypus*（意为"走路慢的"）。

从遗传学角度来说，"有残疾的树懒"和"走路慢的树懒"就像猫和狗一样，完全是两种动物。大约4000万年至3000万年前，它们就分道扬镳，走上了各自进化的道路。然而它们始终保持了同样颠倒的、慢动作似的生活方式。假如一种适应性变化在进化史上发生了两次，那一定是有其优点的。

Choloepus 通常被称作二趾树懒。这其实也是一个不恰当的名字，因为它们实际上后肢有三爪，前肢只有两爪。二趾树懒的外形有点儿像伍基人①与猪的混合体，只是身体倒置，钩状爪取代了双手。它们的毛发长而蓬乱，从金黄色到棕褐色，深浅不一。但让人意外的是，不管毛色如何，不管模样多么可爱，它们都是一样的脾气暴躁。它们生性孤僻，不喜欢被抚摸，如果看到陌生物体靠近，比如一只手，它们会张开嘴轻声叫起来，露出一对相当吓人的牙齿。凭借钩子一样的尖爪和脏兮兮的尖牙，它们有能力重创对手——只可惜它们的慢速出击太容易躲开了。

Bradypus，即三趾树懒的前肢和后肢都有三爪。它们顶着中世纪的发型，脸上挂着抹不掉的微笑（就连发怒的时候也在笑）。它们比二趾的亲戚个头稍小——除去乱蓬蓬、灰褐两色混杂的毛发，

---

① 美国电影《星球大战》中的一个种族，身形高大，生活在森林覆盖的星球上。

它们的身体与家猫差不多大——脾气没有那么坏，但是行踪隐秘得多。现存的四个种类当中，体型最大的是长着漂亮鬃毛的鬃毛三趾树懒（*Bradypus torquatus*），样子很像一个椰子壳配上鲻鱼头发型；最小也最奇特的，是娇小的侏三趾树懒（*Bradypus pygmaeus*），个头还不及其他三趾树懒的一半，仅栖息在巴拿马近海一座岛上的红树林沼泽里。这些小个子树懒几乎没有天敌，可以整天悠闲地吃它们喜欢的叶子，据说这种叶子所含的生物碱与安定性质相似。所以说，它们不是显得精神恍惚，它们确确实实是精神恍惚——如果真有"进化死胡同"，它们大概算是一个吧。

所有树懒都属于贫齿目（Xenarthra）——一个古老的哺乳动物总目，听起来像是直接从《星际迷航》里跑出来的动物，一副科幻的模样。这个奇妙类别的成员面目各异，有些可以说是地球上最不像地球生物的怪家伙，比如犰狳，食蚁兽，当然还有树懒。表面看来，这群与现代世界格格不入的古怪动物没有什么共同之处。但深入观察会发现，它们都脑量极小，明显缺齿，而且没有外露的睾丸。幸好它们的学名与这些有损形象的特点无关，而是取自另一个统一特点——异常灵活的脊柱（它们的拉丁文名字意为"奇怪的关节"）。

这群奇怪的动物之所以奇怪，就在于大约8000万年前，南美大陆刚刚脱离非洲成为一座孤岛，它们在孤立的环境下，由一个共同的祖先走上了各自的进化道路。千百万年里，树懒先祖在森林覆盖的原始大地上兴旺繁衍，分化出一百多个种类，每一个都占据了适合自己的一块专属空间。它们之中，海懒兽整天悠然躺在海滩上（很像一种另类的现代树懒——人类游客），吃海藻度日（这一点倒是不大像人类）；巨型穴居地懒挖掘的地道足有2米宽；还有生存最成功的地栖巨兽——其中体型最大的大地懒与大象个头相当。

大约一万年前，这些庞然大物全都不见了，留下来的只有少量住在树上的小个子亲戚，也就是今天我们熟悉的树懒。古生物学家在堆满骸骨和粪便化石的洞穴里苦苦寻找线索，却一直搞不清这些食草巨兽到底为什么消失。

曾有一段时间，大家一致认为上一个冰河期是导致它们灭绝的最终原因。可是后来发现不对。真正的原因有点儿尴尬：它们有可能是被人类吃光了。一般认为，南美大陆大约在 300 万年前终于撞上北美大陆，两地之间形成了大陆桥，一部分地懒慢悠悠地北上去占领诱人的新土地，而大群饥肠辘辘的人类这时正拎着长矛蜂拥南下，见到这些走不快的小肉山自然是垂涎三尺。巨兽们过了千百万年没有天敌的日子，毫无防卫能力，最后却都被送上了烤肉架。

另一种可能性是两块陆地连为一体后，它们染上了人类传播的疾病。不论哪种原因成立，人类似乎都难辞其咎。这也可以解释为什么只有树懒得以幸存——毕竟它们个子够小，还可以躲在树木高处。

和我一样为那些威武的巨兽感到难过的人，也许还可以怀抱一点儿小小的希望。亚马孙流域的部落传说讲述了一种叫 *Mapinguari* 的庞然大物——它比人高，毛发浓密，身上有种腐臭的味道，在最幽深的丛林角落里游荡。

传说会不会无意间揭开了秘密，事实上还有一群不为人知的大地懒栖息在亚马孙雨林最深处？但愿这是真的。

*　*　*

树懒大家族以各种各样的形态在这个星球上生活了约有 6400 万年，凭着隐秘的生存策略，活得比剑齿虎和猛犸象都更长久。现存的六个种类里，只有鬃毛三趾树懒和侏三趾树懒被列为濒危动

　树懒是节能，不是懒！——出人意料的动物真相

物。对于一个"懒惰的废物"来说，这是很好的成绩了，而且远远超过其他个头相仿、更引人注目的哺乳动物，例如虎猫和蛛猴。20世纪70年代的一项科学研究发现，树懒是"数量最多的大型哺乳动物"[13]，占了哺乳动物生物量的近四分之一——这是听起来唬人的生物学说法，通俗来讲就是不要再瞧不起树懒了，它们比某些动物强多了。

"它们是经受住了生存考验的动物。"英国树懒研究专家贝姬·克利夫非常肯定地说。而且它们生存的秘诀，就是懒散的天性。

我在哥斯达黎加拍摄一个树懒庇护所的时候认识了贝姬，当时她正在那里工作。树懒虽然生存能力强，但是不大会应付如今丛林家园里纵横交错的公路和输电线。受伤的成年树懒和失去父母的幼崽会被送到庇护所，由自称听得懂"树懒语"的朱迪·阿韦–阿罗约悉心养护。在照顾野生动物方面，她有一些稍稍反传统的想法，比如给生病的树懒宝宝穿上运动袜改成的睡衣，还在藤编吊椅里养了一只树懒当宠物，取名"小宝贝"（朱迪把它当作自己的女儿）。贝姬的任务就是在真心的关怀之外，给这里增添一些科学研究的支持。

"大家好像并不想了解真实的树懒，宁可把它们当作又懒又笨的动物，那样显得很可爱，"贝姬说，"树懒一直被刻画成这副样子，作为科研人员会觉得有点儿无奈，因为我们知道这不是事实。"

贝姬决心用严谨的科学和实验观察打破有关树懒的不实传言。她认为要理解树懒的"懒"，关键是从它们的肠胃入手。

西班牙殖民者奥维多以为树懒"靠空气活着"[14]，但事实是它们几乎完全靠树叶活着，其中有不少叶子为避免被吃掉，在进化过程中变得十分粗硬，而且多半含有相当厉害的毒素。在食叶动物与树叶的战争中，树懒的秘密武器就是弥勒佛似的大肚子，它们的胃非常大，分为多室，类似于牛的胃。但树懒不是反刍动物，不会反刍肚里的食物（要倒挂在树上做这件事未免太难了）。咀嚼也不是树懒擅长的事，三趾树懒没有门牙，口腔里面的牙齿像小木楔似的没什么用。所以，进到树懒胃里的树叶根本没有经过充分咀嚼，全靠有益的肠道细菌帮忙分解——这个过程要花很长时间。

20世纪70年代，一位名叫吉恩·蒙哥马利的美国科学家专门做了研究，调查这场消化马拉松的确切时长。他自己想了一个办法，让树懒吞下一种肯定消化不了的东西——玻璃珠，然后等着它们再度出现，由此得出珠子通过整个消化道的时间。蒙哥马利等啊，等啊，等啊，就在他要彻底放弃希望的时候，玻璃珠终于随着粪便出现了，从它们踏上这段旅程开始计算，整整用了50天。

贝姬重做了蒙哥马利的实验，她没有用玻璃珠，而是选择了红色的食用色素。她担心珠子可能卡在树懒体内，导致实验结果出现偏差，"加长体内停留时间（便秘！）"。不过，最终她得到的数据与蒙哥马利的几乎完全相同，树懒的消化速率在哺乳动物当中的确属于最慢的。

"以大多数哺乳动物来说，消化速度是和体型大小成一定比例的，比较大的动物需要更多的时间消化自己吃下去的食物。树懒似乎以惊人的慢速度打破了这个规律。"贝姬解释说。她认为平均而言，树懒要花两个多星期慢慢分解胃里树叶的纤维素和毒素。稍微加快一点速度，它们的肝脏就可能承受不住，树懒将面临中毒的危险。树叶是它们的主要食物，但提供的热量极为有限——大约160卡路里[15]——相当于一天吃一小包薯片。所以树懒进化出了应对的办法，尽可能减少能量的消耗。它们是自然界的"懒宅族"，整天待在树上，慢慢消化树叶，想方设法杜绝一切不必要的活动。

树懒的身体经历了一系列巧妙的适应性变化，为这种高度节能、上下颠倒的生活提供了保障。它们的血管和咽喉变得与众不同，能够对抗重力作用，确保吞咽和血液循环的畅通。它们毛发的生长方向与一般动物正相反，并从肚子中央向两边分，引导雨水快速流走；一场热带暴雨过后，它们只要挂在那里就能把自己晾干。贝姬最近发现，树懒的肋骨上有一些黏性组织，能在它们倒挂时防止胃挤压肺脏——它们消化树叶的速度那么慢，胃里的存货重量有可能占到身体总重的三分之一。

树懒的新陈代谢也慢得出奇，大约相当于同等体型哺乳动物的一半，它们的体核温度只有 28 摄氏度至 35 摄氏度，而大多数哺乳动物需要将身体内部环境维持在 36 摄氏度。在保暖问题上，树懒采用的方法不是用高热量食物推动体内引擎运转，而是选择了披上一身能与北极动物相媲美的厚实外衣，并在暖和的热带地区繁衍生息。从有毒的树叶中汲取能量需要付出代价，而太阳提供的能量是免费的，于是树懒充分利用这项资源，待在树顶上，像蜥蜴似的晒太阳，吸收热量。它们和冷血动物一样，一天之中允许体温有几摄氏度的上下浮动。"这是一种非常节约的动物，会把自己拥有的每一样东西用到极致，"贝姬说，"万一形势所迫，被逼到极限，这时候它们就会采用替代方案，突破困境。比如它们的新陈代谢速率——遇到绝对必要的情况时，它们其实有能力加快新陈代谢，让身体暖和起来……但多数时候它们并不需要这么做。"

很久以前人们就断言，树懒完全不具备控制体温的能力，这也促使一些人认为，树懒的进化程度要比其他温血哺乳动物低。不过，有关树懒的科学流言几乎是动物世界里最多的，大部分源自20 世纪上半叶的粗略研究和传闻。贝姬借助现代技术和设备改进了树懒研究。以新陈代谢这一项为例，她的设备除了定制的代谢室，还有一个"屁屁测量仪"，她把这个装置涂上润滑剂，插入一只肯帮忙的树懒体内，用以收集实验数据。（探索树懒秘密也可能要用一点儿不大体面的手段。）

"每次拿到新的数据都让我进一步确信，树懒并非我们想象的那样没有生存能力，"她很坚定地说，"它们已经存在大约6400万年……要是完全没办法让自己的体温升高，它们早就应该灭绝了。"

贝姬怀疑树懒正是因为新陈代谢慢，所以表现出一种超能力般的生存能力：它们就像是拥有不死之身。这也是一个有关树懒的古老传言，不过，这一个的确可能有几分真实。

几百年来，树懒的绝地求生能力引发了许许多多的猜测。早在1828年，英国博物学家查尔斯就注意到了树懒的这一特点。"所有动物中，这种畸形的可怜生灵有着最顽强的生命力，"他写道，"它受伤之后还能活很久，而同样的伤对其他动物来说足以致命。"[16]据说有人看到过树懒从30米高处坠落林地仍安然无恙，沉在水下40分钟却还活着，在一个冰柜里存活达24小时，甚至有传闻说，一只树懒被切除大脑之后活了30小时，实在让人没法想象。

这类故事大都有夸张的成分，但贝姬承认，树懒的确异常坚韧。在哥斯达黎加的树懒庇护所，研究团队这些年里见过不少受伤的树懒，无论是碰到输电线触电，还是被狗咬伤，抑或是被汽车撞伤，最终它们都奇迹般恢复了活力。

她告诉我："它们受了那么重的伤，为什么还能康复，用了什么办法，这些都还是有待解答的谜题。"曼彻斯特的恩里克·阿马亚教授专门研究壁虎的基因表达和肢体再生，贝姬和他交流之后，得到一个很有意思的启发。"壁虎在重新长出尾巴的时候，会进入一种特殊状态，他称之为'胚胎状态'——简单来讲就是放慢新陈代谢，把全部的能量都用于修复身体。"她怀疑树懒的低速新陈代谢发挥了类似的作用，但目前还无法用实验证据证实自己的猜想。

G. E. Eduardo ad vis. delin.

J. M. Seligmann excudit.
Cum Privilegio Sac. Cæs. Majestatis.

Joh. Sebast. Leitner sculps.

Ignavus

N°. 100. VIII.te Theil.

Le Paresseux.

早期博物学书籍的插图里，有一些充满奇幻色彩的树懒画像，多半形似人类。这一幅由乔治·爱德华兹和马克·凯茨比创作于 18 世纪 70 年代，树懒看上去更像是一位嬉皮士（唯有吓人的爪子很像电影《猛鬼街》里的杀人狂）

还有一些人推测，超慢的新陈代谢速率或许为树懒消除了癌症隐患，也有可能推动了它们的进化，允许先天缺陷留存下来，发展成有益的新构造——例如不同寻常的长脖子，树懒的颈椎数量比任何一种哺乳动物都要多，连长颈鹿都比不过它们。有了长脖子，这些自然界的"懒宅"可以转头270度吃掉自己周围的叶子，不必浪费宝贵的能量去移动身体其余部分。这种特殊构造的形成似乎使多余的胸腔骨骼逐步演变成了颈椎——如此严重的畸变通常会被哺乳动物的免疫系统清除，在树懒身上却被保留下来，成为一种适应性变化。

* * *

树懒虽然新陈代谢很慢，但并不是因此就整天昏睡。多年来一直流传着一种说法：这种号称世上最懒的动物每天大约有 20 个小时都在睡觉。然而最近的一项研究发现，野生树懒的睡眠时间还不及这个数字的一半，平均一天只有 9.6 小时。[17]

"它们待在那里不动并不一定就是睡着了，"作为一个长时间陪在树懒身边的人，贝姬非常自信地告诉我，"三趾树懒尤其不像其他动物那样，一睡就是九个或十个钟头。"白天（以及夜晚）的大部分时间里，它们静静地挂在树上，仿佛沉浸在冥想中，一动不动，睁着的两眼空洞地望着前方。这种清醒但静止的状态对节约能量、对它们的生存至关重要。

这似乎很有禅修的意味。可是一种禁不住打瞌睡，基本不活动，形同装满发酵树叶的袋子似的动物，该怎么防止自己被吃掉呢？

树懒的主要天敌是角雕。这是一种恐怖的动物，它的学名（*Harpia harpyja*）取自古希腊神话中，将死者送往冥界的风之精灵。角雕是世界上体型最大、速度最快的猛禽之一，爪子有棕熊脚掌般大小，翼展足有 2 米。它的飞行时速可达 130 公里。它的目光极其敏锐，而且脸周围的一圈羽毛可以聚焦声音，它甚至能听到一片树叶的沙沙轻响。

面对这样一种顶级食肉猛禽，树懒好像完全不是对手。它们的耳朵和眼睛进化得不完善，所以一辈子都在模模糊糊的声音和影像中度过。极度迟钝的感官很难向它们发出预警，小心从天而降的凶猛敌人。另一方面，它们的行动速度最快也只有每小时 1.5 公里，显然不可能逃跑保命。

布封伯爵认为树懒的一个大问题，就是它们明显没有防御能力。"树懒没有进攻武器，也没有防御武器。它们没有锋利的牙齿，视线还被毛发挡住了。"他写道。评论之余他还不忘挖苦说，它们的毛发"就像枯萎的野草"。[18] 假如布封的观察对象是丛林家园里的活树懒，而不是博物馆里已有些年头的树懒的皮，他或许会对它们的发型宽容一些。

要知道，树懒是魔法师，能披上一件隐身衣消失在雨林里。它的外衣犹如一个微型生态系统，可以与爱德华·李尔的胡子老头[①]相媲美。皮毛中的特殊凹槽可以蓄水，像水培菜园一样，滋养了80 种藻类及菌类。树懒因此染上了一层绿颜色。这件外衣还养育了大量昆虫。有一项研究发现一只树懒身上住了9 种飞蛾，6 种蜱虫，7 种螨虫和4 种甲虫——单是其中一种甲虫就有 980 只。（抓虫子的科研人员应该清楚，严格来讲，这些螨虫当中有三种属于肛门螨虫。不过我们没必要在这一点上吹毛求疵。）

---

① 爱德华·李尔（1812—1888），英国博物画家、诗人，写过许多诙谐的打油诗。这里所说的"胡子老头"是其中一首："有个老头蓄胡须 / 他说：果如我所虑 / 胡须一长引来鸟作巢 / 鸡婆之外两老鸹 / 还有四只雀儿加鹪鹩。"（陆谷孙译本）

身上爬满了虫，一副刚从树篱里被拖出来的模样——树懒去参加选美肯定赢不了。但是，这样的树懒无论从外形还是气味上说，俨然就是一棵树。另外，它们多数时候都和树木一样一动不动。需要活动的时候，它们也不会像猴子那样横冲直撞，闹出很大的动静；它们的树上芭蕾如微风般悄无声息，而且速度极慢，即使可怕的角雕掠过树冠，搜寻移动的目标，它们也可能躲过一劫。

美国博物学家威廉·毕比第一个理解了树懒的低调求生策略。他大力主张在自然栖息环境下研究野生动物，被誉为野外生态学的开创者。毕比大半生都在四处探险，一次比一次更冒险。他做了一次环球航行，记录世界各地的野鸡——为此他一度精神失常，婚姻破裂。他发明了一个看起来不大保险的金属球，取名"深海潜水球"，亲自完成了至少 35 次深海探索，成为世界上第一个潜到 5000米以下的人。在八十多岁的年纪，他还爬到热带的树上去查看鸟窝。

20 世纪 20 年代，毕比有很长一段时间在圭亚那的森林里观察树懒，正是因为这段经历，他没有批评树懒的种种怪癖，而是开始认真思考其原因。他嘲笑布封伯爵的观点陈旧狭隘。"一只身在巴黎的树懒，"毕比写道，"必然符合这位法国科学家的判断，但是换个角度来看，假如布封在丛林里倒挂在一根树枝上，恐怕坚持不了那么久就没命了。"[19]

毕比的很多发现在今天依然被当作例证，但他采用的一些研究手段有点儿……这么说吧，有点儿另类。比如，他基本上是最早揭秘树懒会游泳的人，之所以会有这项发现，是因为他把一只树懒一次次扔进河里。

"树懒一生最让人惊讶的一件事，"他写道，"就是它们一点儿也不怕下水。"[20] 被人类强行扔进水里的时候更是如此。不过毕比说得没错，树懒的确水性很好。它们独有的消化系统会产生大量气

这张照片中，野外生物学先驱威廉·毕比拎起他正在研究的一只树懒，准备扔到河里去，看看它会不会仰泳

体，而进化让身体里积聚的这一大团气体巧妙地发挥了作用。它成了一个内置式天然浮筒。树懒漂在水里，用类似狗刨的姿势伸着长长的胳臂划水，行进速度比在陆地上的时候快三倍。据一位科学家说，要是把它们翻过来，它们甚至能像模像样地仰泳。

除了把树懒扔下水，毕比还喜欢朝它们开枪。"我在一只昏睡的树懒和一只正在吃东西的树懒身边开枪，结果它们几乎没反应。"他由此得出结论：树懒的表现与其说是耳聋，更准确来讲，是"对一切干扰无动于衷"。哪怕附近有老鹰之类的天敌呼啸而过，它们也是一样没反应："混沌心智如厚重的浓雾般包裹着这些哺乳动物的感官，无论影像还是声音都无法穿透这层阻碍。"[21]

对此我有亲身体会。我也做了实验，但没用枪，而是朝一只树懒大吼一声"嘿！"。非要说有反应的话（我试了不止一次），那就是它隔了很久，恍恍惚惚做梦似的转过了头。这种温暾到极点的动物根本不怕吓唬，这或许也是一项聪明的伪装策略。对于一种想要把自己藏起来的动物，如果每次见到角雕的反应都是吓得跳起来，那岂不是糟糕。

树懒基本上独自生活，所以它们听觉迟钝的原因，有可能是它们几乎省掉了所有形式的有声交流，唯独保留了一种——雌性三趾树懒求偶时的尖叫。进入发情期的母树懒会爬到树顶上发出一声刺耳的尖叫，向方圆几公里之内的同类宣告它可以生儿育女了。在这件事上我们要感谢毕比，他确定了这一声高歌的音调——升 D 音。任何其他音，哪怕是降 D，都无法打动公树懒。"它们对这个音很敏感，而且只认这一个音。我试过 C 和 E，还有升 B，它们什么反应也没有。当我吹口哨吹出升 D 音的时候，它们以树懒能够达到的最快速度做出了回应。"[22] 毕比注意到，这种尖利的叫声完美模仿了食蝇霸鹟的鸣叫——这是树懒为避免暴露，悄悄完成的又一项适应性变化，就连母树懒放开嗓门通报位置的时候都不忘伪装。

毕比虽然听到了树懒唱情歌，但从未见过它们交配。它们在求爱时放声高歌，实际交配的时候却隐藏得非常好，因此很容易引发种种传言，说得神乎其神。网上一直流传着一种说法：树懒因为动作太慢，一次交配要持续二十四小时。这不是事实。我是第一个拍摄到野生树懒交配的人，可以负责任地说，树懒在交配时一改常态，动作又快又灵巧。雄性接近雌性，装模作样地矜持一番之后，几秒钟就办完了正事。树懒一生之中，似乎只有交配这一件事完成得很迅速。

这么做虽然不太浪漫，但是有着非常重要的实际意义。树懒一向行事隐秘，而交配时的活动会把它们的位置暴露在天敌面前，所以尽快完成任务是个好主意，越快越好。另外，拖拖拉拉也会浪费宝贵的能量。话虽如此，我观察到的树懒仍是为这件事忙活了一个下午，大约每隔半小时交配一次，中场休息时，公树懒要去吃点儿号角树的叶子，再好好地打个盹儿。

* * *

树懒的生理习性中，最为矛盾的一点应该说是一件更私密的事儿：树懒的奇特排便习惯。这种平时懒洋洋的食叶动物有一个让人很不解的习惯——它们总是不怕麻烦地从树上爬下去，到地面去排便。这是一件很花时间、很有仪式感的事。树懒到了树下，抱着树干，屁股在地面蹭来蹭去，用短粗的小尾巴整整齐齐地挖出一个洞，为排便准备好场地。完事之后，树懒通常会仔细地闻一闻，然后认认真真地用树叶把自己的杰作埋起来，再踏上回家的漫漫长路。五天到八天后，这一套程序又要从头再来一遍。

在树懒的日常生活中，烦琐的排便仪式是一个至关重要的环节，因此哥斯达黎加的树懒庇护所在前院草坪周围立了一圈"便便柱"，专门用来训练树懒孤儿上厕所。承担这项任务的克莱尔是一名性格与树懒截然相反的女子。她在美国的一所重刑犯监狱工作了大半生，举止中透着一种充满活力的紧张感。提前退休后，她在树懒身边找到了属于自己的一片避风港，但训练树懒宝宝跳"便便舞"的时候，她对待这份责任的认真劲儿，让人依稀看到了一个长年在惩教机构的压力环境下工作的人。克莱尔教我辨别树懒脸上"极度快乐"的表情，借此判断它是不是真的在排便。这时树懒的标志性微笑"稍稍加深了一点，而且看上去像在发呆"，她告诉我（这种感觉大家应该都不陌生）。

完成排便仪式或许是一件惬意的事，但树懒也要为此付出代价：远征地面费时费力，能量消耗非常高，还要冒很大的风险。离开树冠的遮蔽，树懒也就没有了隐身衣，可能被美洲豹之类在地面活动的食肉动物发现。据估计，半数以上的树懒都是在如厕时不幸殒命的。这种动物一辈子都在努力把自己藏起来，它们完全适应了挂在树上的生活，在树上出生、繁殖，甚至死去，可是，它们却不像猴子那样，直接在树上排便，这一点实在很奇怪。

上厕所问题在树懒研究领域引发了激烈的争论，几派观点各不相同。树懒庇护所的工作人员告诉我说，树懒特意到地面来排便，是为了给自己喜欢的树施肥。这是一种美好的、理想化的解释，但实际上，树懒吃进去的东西经过大约一个月的消化，排出来的时候已是一团硬邦邦的高密度纤维素，根本不适合用来做堆肥。还有人认为，树懒是为了到地上吃一点土，弥补整天啃树叶造成的矿物质不足——这是巨型地懒的岁月在它们身体里留下的一点痕迹。这一理论一直没有引起太多关注。

2014 年，美国生态学研究者宣称他们已彻底破解树懒排便之谜，轰动了学界。[23] 他们说，谜底就藏在树懒与蛾子的隐秘关系里。这是一种别处没有，只栖息在树懒毛发里的蛾子。野生树懒满身都是这些土褐色的小虫，它们在树懒脸上爬来爬去，那样子让人头皮发麻，一旦受到惊扰，它们就扇着银灰相间的翅膀飞起来。从观察来看，它们的生命周期与树懒的怪异排便行为紧密交织在一起。幼虫属于粪食性生物，简单来说就是以粪便为食，因此成蛾在树懒的排泄物中产卵，幼虫蜕变之后便飞到树上去，伺机到某只下来方便的树懒身上安个家。生命就这样一轮一轮地无限循环下去。

树懒与蛾这种很难让人羡慕的奇特生活并不是什么秘密，大家很多年前就知道了。但美国生态学家从全新角度揭示了这其中的奥秘，说起来更加复杂一点，所以请耐心听我解释。研究者形容这些蛾子"基本上只是'飞行的生殖器'而已"[24]，因为它们短暂的成年阶段纯粹是为交配而活，交配完了，它们的生命也就结束了。树懒的毛发里因此布满蛾子，有活的，也有死的。生态学家认为，腐烂的蛾子尸体变成肥料，滋养了生长在树懒身上的藻类。这很可能是正确的推测，而且，他们还提出了更进一步的理论。

这些美国学者解剖了二趾树懒和三趾树懒，发现它们的胃里都有藻类。他们由此得出结论，树懒肯定在吃自己毛发里的藻类，为热量过低、矿物质不足的日常饮食添加营养。这个结论促使他们做出大胆联想：树懒不顾生命危险下树，一定是为了让蛾子一代代不断繁衍下去，因为它们可以为藻类施肥。这样看来，树懒可以说是动物界最敬业的农夫，就算可能送命也要确保作物苗壮成长。[25]尽管没人亲眼看到过树懒在自己的毛发里找食吃，研究人员仍对这一理论充满信心，认为人们没看到只是因为树懒在夜里或背地里偷偷做这件事。

他们发表的论文引起了媒体的极大关注：没有大新闻的日子里，树懒和它们的大便怪癖是一个理想的话题。科学界对树懒半夜补充营养的说法则是多了几分怀疑。"很遗憾他们得出这种结论，"贝姬·克利夫说，"在野外观察过树懒的人都知道，实际情况不是这样。这让人觉得他们没花多少时间实地观察野生树懒。我认为树懒胃里有藻类，仅仅说明这种藻类存在于自然界，而树懒通过某种方式把它吃了下去。"

贝姬对这些生态学家的理论还有其他质疑。假如树懒的目的只是为蛾子提供一个繁殖后代的地方，那它们何必非要跑到特定的几棵树底下去上厕所？"野生树懒总是在固定的地方排便。在某些树下面，可以看到好几堆粪便。"她说。为了解它们的习惯，她专门设置了隐蔽的红外触发相机。"我在这类地方装了红外相机，我们经常看到树懒来来去去。（它们的确动作很慢，有时慢得连触发相机都成问题！）树懒为什么不能在自己待的这棵树底下方便？为什么非要去特定的地方？"

关于树懒冒死上厕所，贝姬提出了自己的见解：一切都是为了交配。

她用红色素研究树懒消化系统的时候，终于想通了这个问题。当时她正在树懒保护区收集几个研究对象的粪便样本——很平常的野外研究工作。不过，科学家的精彩生活不只是收集树懒粪便，贝姬还要把这些粪便存放在自己的卧室里，因为充当丛林实验室的小屋同时也是她的临时住所。去拜访贝姬往往要小心翼翼地绕过摆了一地的几十堆粪便，每一堆的下面都衬着一张 A4 纸，纸上还有天书一样的潦草标记，比如"布伦达，第四天"之类。

一天晚上，贝姬正在粪堆环绕下睡觉，忽然被窗边"嗒、嗒、嗒"的轻响惊醒。她拉开窗帘，冷不防看到窗外一只公树懒直愣愣地瞪着她，显然是想闯进她的卧室。早上她准备出门时，它还在那里。第二天晚上，它又来了，在她打开门的时候慢悠悠地试图冲进屋。被这只执着的树懒纠缠几天后，贝姬明白了它想要什么：它的目标是布伦达的粪便。

粪便采集工作开始时，布伦达已经尖叫好几天了。贝姬由此想到，树懒的粪便里必定含有信息素，而它们的厕所发挥了留言板的作用，很多哺乳动物都采用了这种方式。所以说，树懒留下一大堆富含纤维的粪便，就相当于发布了一条征友广告。雌性到地面排便的目的是宣告自己的位置、交配意愿等等一系列个人信息，顺便了解一下竞争对手的情况——雄性也是如此。这样看来，树懒上一趟厕所等于是完成了一次速配相亲（只是没有速度可言）。[26]

"这是合理的解释——要有很大的回报，它们才可能去冒很大的风险，比如从树上下来，而最大的回报莫过于繁殖。"贝姬说。

如果贝姬推论正确，这种秘密交流方式可以说是树懒的又一生存策略，确保它们能够隐身在雨林家园里，避免暴露——树懒一辈子都在努力把自己藏起来，这股驱动力是它们在自然栖息地上成功繁衍的保障，也是我们难以理解树懒的原因。人类是一种忙碌的两足动物，一心想超越大自然赋予的速度，千百年来匆匆向前的我们，从不曾留意树懒悄无声息的成功故事中蕴含的智慧。人类若能稍稍放慢脚步，我想，树懒以其节省能量的生存技能，一定会让我们受益良多。

我在下一章里要讲一种情况相似的动物，鬣狗——同样因为它们"选择的"生活方式而被批评了许多年，同样有一些行为值得现代社会借鉴。我们将了解，鬣狗也是一种极度追求效率的古怪动物，而且在通常以雄性为主导的动物世界里，它们非常令人惊讶地展现了女权精神。

第四章

鬣 狗

斑鬣狗种（Species *Crocuta crocuta*）

鬣狗，雌雄同体的动物，吃自己，吃死尸，

尾随即将产崽的母牛，专咬猎物的腿筋，

可能在夜里趁你睡觉时咬烂你的脸，

叫声凄厉，喜欢跟着扎营的人，恶臭肮脏，

一张嘴能咬碎狮子吃剩下的骨头，

肚皮蹭着地，在枯黄的平原上大步跑开，

又回过头张望，脸上带着杂种狗的狡黠。[1]

《非洲的青山》，欧内斯特·海明威（1935 年）

鬣狗因为各种不实传言而饱受非议，甚至比树懒还要惨。它们被认定为自然界的恶棍——从古到今，各大洲的各种文化都把它们当作没脑子的胆小鬼，鬼鬼祟祟地躲在动物王国的阴暗角落里，找机会从正经捕猎的猛兽那里抢一口吃的。

鬣狗共有四种，生活习性各不相同，其中分布最广、受人误解最深的一种是斑鬣狗。它们也被称作"笑鬣狗"，长着一身乱糟糟的毛，有点儿驼背，像在狞笑的大嘴流着口水，模样的确算不

托普赛尔在书中对鬣狗的描绘非常混乱。这只动物有点儿像熊，也可能是狗，但它的短尾巴让人联想到猿，它还长着女人的脚。这位教士还说鬣狗总是翘着短尾巴，目的是露出它们的臀部——炫耀自己雌雄同体的特质

上好看。不过，人类鄙视它们不单是因为外貌，这还关系个人恩怨。深入分析就会发现，这其中包含很久以前人类与一种雌性动物联盟之间的较量——这是一种超级聪明、无法无天的食肉动物，特殊的身体构造让它们拥有了一种惊人的秘密武器，用以挑战雄性权威。

　　鬣狗的生理特性实在很让人困惑。这种动物的长相和捕猎方式都像狗，可实际上类似于一种增强版的獴科动物，所以与猫的亲缘关系更近。鬣狗可以尽情嘲笑总想把动物整齐归类的人类，它们在生物分类学界引发了无穷无尽的烦恼。在鬣狗的问题上，就连学界鼻祖卡尔·林奈也摇摆不定。在他的巨著《自然系统》的几个版本中，这位极度有条理的瑞典人先是将这种动物归为猫，然后又划入犬类。他始终没搞对。

还有人认为鬣狗应该算是一种杂交动物——这可是非常严重的指控，因为根据沃尔特·雷利爵士[①]的分析，这样一来鬣狗就没资格登上挪亚方舟了。在他的 17 世纪经典著作《世界史》中，雷利花大篇幅认真探讨了如何将整个动物王国、诺亚一家以及足够支撑所有生灵的食物全部安置到上帝的救生船上。他推测说，船上会相当拥挤。他提出了一个节省空间的"合理"方案，就是抛弃鬣狗（狐狸和狼的不洁后代），任凭它们淹死。"至于那些杂交而来的动物，"他郑重地说，"没有必要留下它们；因为它们可以由其他动物重新繁殖出来。"[2]

有一个问题比鬣狗属于哪种动物还让人困惑：最基本的性别问题。"民间认为，鬣狗兼具两种性别，一年为雄性，下一年为雌性。"[3]老普林尼在他的动物大百科里写道。

这位古罗马博物学家认为鬣狗是一种雌雄同体的动物，能随着季节更迭改变自己的性别。他不是第一个——也不是最后一个——执此观点的人。这种传言经常出现在非洲的民间故事里，亚里士多德也做过研究。大自然中并非没有两性同体的例子。许多种类的蠕虫、蛞蝓、蜗牛都是雌雄同体；还有一个纲目的硬骨鱼会身不由己地转换性别。现代科学研究发现，世界上有 65000 余种雌雄同体的生物。鬣狗不在其中。

老普林尼把鬣狗描述成神奇的两性体，究其原因可能是雌性斑鬣狗的生殖器太不寻常，外观几乎和雄性生殖器一模一样。它们的阴蒂可达 20 厘米长，而且形状和位置与阴茎完全相同（因此生物学界称之为"伪阴茎"），甚至可以勃起。为了让这个跨性别戏法更逼真，雌性斑鬣狗看上去还有一对睾丸：它的阴唇聚合成阴囊的样

---

① 沃尔特·雷利（约 1552—1618），英国军人，航海家、探险家。

子，因充满脂肪组织而鼓胀起来，的确很容易被误认作雄性器官。难怪它笑得那么得意。

一篇研究斑鬣狗性拟态的论文提出，雄性与雌性在外形上"极其相近，所以触摸阴囊是确定其性别的唯一方法"[4]。我可不想用这种方法。不希望自己手被咬掉的人大概都会觉得，伸手去摸鬣狗的敏感部位未免太鲁莽。不过从这一点来看，倒是可以理解老普林尼为什么会犯错：他常把各处抄来的东西汇编成书，很可能从来没亲眼看到过斑鬣狗的生殖器，更不要说亲手去摸一摸。直到19世纪末，英国解剖学家莫里森·沃森找来一只鬣狗做了实际的研究，才终于打破了雌雄同体的传言。还好沃森运气不错，平安完成了这次亲密接触。

就今天已知的情况来说，雌性斑鬣狗是唯一一种没有阴道外口的哺乳动物，排尿，交配，甚至分娩，全都要靠古怪的、承担着多重任务的伪阴茎完成。分娩是一个让人不忍目睹的过程，非常了不起，类似于把一只甜瓜从一根胶皮水管里生生挤出来，约有十分之一初次产崽的母鬣狗在这一过程中死去。另一方面，胎儿面对的风险比母亲还要高，由于鬣狗的产道长度是同等体型哺乳动物的两倍，脐带却没有那么长，而且产道的中间位置还有一个急转弯，多达60%的胎儿会在出生中途窒息而亡。

人们看到"雄性"鬣狗通过阴茎产下后代，于是产生了雌雄同体的说法（或许还有人因此做起了噩梦），这一点不难理解。让人不解的是，既然这种繁殖方式的死亡率这么高，当初鬣狗为什么会进化出如此怪异的外生殖器。

母鬣狗的性别颠倒表现不仅仅是生殖器这一项。斑鬣狗与其他哺乳动物都不一样，雌性的体型明显比雄性大，而且性情凶猛得多。

凯·霍尔坎普告诉我："做一只雄性斑鬣狗太不容易了。"——她在这件事上绝对有发言权。她是密歇根州立大学的进化生物学及行为学教授，在野外研究鬣狗三十余年，让世人对这种性别错位的动物有了全新的认识，被誉为"鬣狗研究界的珍·古道尔"。

每一个鬣狗群都是一个母系家族，由一个雌性首领执掌大权。家族内部等级森严，统治权由首领的女儿继承，一代代传递下去。成年雄性地位最低，在这种社会构架中成了顺从的边缘成员，以俯首帖耳的姿态换取族群的接纳以及食物和交配机会。大家共享一具尸体时，可能有三十来只鬣狗聚在现场争抢食物，而成年雄性要等到最后才能吃——要是还有东西剩下的话——不然搞不好会被母鬣狗联盟狠狠教训一顿。

霍尔坎普认为，正是因为食物的争夺太激烈，雌性斑鬣狗才会变得如此凶悍和霸道。一群疯狂抢食的鬣狗能在30分钟之内把一匹250公斤的成年斑马一扫而光，只留下草地上的一摊血。一只成年鬣狗一顿能吃掉相当于体重三分之一的食物，也就是15公斤到20公斤的肉。这是一幅忙乱、疯狂，有时甚至相当恐怖的景象。母鬣狗越是壮硕，越是凶狠，就越有希望为孩子抢到一个吃饭的位置，同时避免自己在争抢中受伤。

雌性首领还有一个增强后代战斗力的小花招。最近的一项研究显示，母鬣狗自身越强悍，孕晚期体内的睾酮水平就越高。这种雄激素是由母体卵巢分泌的，这本身就是一件很不寻常的事。霍尔坎普认为，相比雄性，雌性胎儿对睾酮的作用更敏感。斑鬣狗的妊娠期格外长，胎儿在雄性荷尔蒙浸润下，神经系统的发育受到影响，在降生的那一刻已具备了战斗的本能。该有的武器它们都有了：与大多数哺乳动物不同，鬣狗出生时两眼睁开，肌肉运动协调，牙齿已从牙床上冒出尖来，等着撕咬猎物。这些斗志旺盛的幼崽常常为了一顿饭就打得你死我活，手足相残是常有的事。

研究人员曾推测，产前大量分泌睾酮也是母鬣狗阴蒂生长失控的原因。可是，他们在人工喂养环境下，在怀孕斑鬣狗的日常食物中添加了足量的抗雄激素（抑制雄性荷尔蒙的药物），结果却惊讶地看到，从产道里冒出来的雌性幼崽依然带着"很大的伪阴茎"和"正常的假阴囊"。[5]

霍尔坎普说，斑鬣狗的奇特性器官至今仍是"生物学上最有意思的谜团之一"。有科学家提出，鬣狗进化出伪阴茎是为了让低级别的成员嗅舔，这是雌性斑鬣狗见面打招呼（并明确地位高低）常用的方式。这种观点引起了很多人的关注，但霍尔坎普认为这怎么说都不可能成为进化的驱动力，创造出伪阴茎这样一种不利于繁殖的身体构造。"我确信我们可以排除迄今为止见过的所有假说：这肯定不能简单地归结为雌性受到雄激素影响的'副作用'，也不是因为它们的问候习惯而产生的。"

霍尔坎普提出了她的专业猜测——仍只是一种猜测：母鬣狗的性别颠倒是古老的两性对抗导致的结果。大多数动物都是雄性一决高下，胜者赢得交配权。斑鬣狗却不一样，雌性统治着整个家族，交配的对象、地点、时间全都由它说了算。即使在交配中，雄性也没有尊严可言。它被迫蹲在母鬣狗身后，要在看不见的情况下，想办法把勃起的生殖器送进半英尺长、软趴趴的伪阴茎里——这有点儿像和一只袜子交欢，要是没有母鬣狗全力配合，它根本不可能完成如此高难度的动作。单靠蛮力在这里行不通，不像有些哺乳动物的雄性可以得逞，比如海豚，非自愿的性行为在它们当中相当常见。这样看来，母鬣狗的伪阴茎或许是一种"反强奸"武器，让它能自主选择交配对象。

　　这一点很有用，因为，除了产道奇特造成的风险，斑鬣狗还有其他生育难题需要应付。它们卵巢里的滤泡组织相对较少，产出的卵子不多，所以挑剔一些还是有好处的。话虽如此，单从雌性斑鬣狗日常滥交的行为来看，很难想到它们竟有这样的繁殖策略。霍尔坎普认为，伪阴茎的作用不仅是让母鬣狗自己决定要和谁交配，更了不起的是，还能选择由谁来为它的珍贵卵子授精，就像是自带内置式节育装置。超长的古怪产道曲曲折折，减缓了精子游向目标的速度。假如交配过后母鬣狗反悔了，它只要排尿就能把刚才那只公鬣狗的精子冲走。好样的，姐妹！

　　"我觉得这就像是进化路上的一场军备竞赛，雄性没法再用武力确保自己当上父亲，而雌性力求挑选最优秀（或者最般配）的精子来为数量有限的卵子授精，"霍尔坎普解释说，"这场竞赛有可能导致了雌性的阴蒂变大，位置前移。我怀疑这只是其中的一段，实际上雌性共同努力进化出了一条很怪、很长、弯弯绕绕的生殖道，到处是死角或死胡同，大多数精子都会被拦下来。"

＊　＊　＊

　　斑鬣狗原来是女权主义先锋，带着假冒的雄性生殖器傲然行走在大草原上，对俯首帖耳的公鬣狗毫不客气，把交配权牢牢掌握在自己手里，不知当年写动物寓言的男性作家们，会不会觉得斑鬣狗的这种新形象比传说中的雌雄同体罪孽更重。在那些虔诚的作家笔下，鬣狗因为可疑的性行为而被贬为"肮脏的兽"[6]，常被用来告诫世人远离同性恋的罪恶。

　　这样的大环境塑造出了一个绝对可憎的鬣狗形象，而且有很多吓人的故事说它们会去洗劫坟墓。关于鬣狗吃死尸的习性，第一个提出来的人是亚里士多德，但是动物寓言作家为达到说教的目的，在此基础上添油加醋地编出了各种故事，他们说鬣狗"住在死人的墓里，以尸体为食"[7]，还说它们是可怕的恶魔，"对生者毫无怜悯，对死者意味着厄运降临"。[8]

一直到19世纪，人们还相信鬣狗洗劫坟墓的传言。维多利亚时代的博物学家菲利普·亨利·戈斯用格外华丽的辞藻描述了鬣狗，相比事实，对他影响更深的似乎是玛丽·雪莱①和那个时代流行的哥特式恐怖故事。"墓地里，闪烁着一双炽烈的眼，"他在大受欢迎的著作《博物罗曼史》中写道，"鬣毛竖起，咧开嘴狞笑着，那下流的怪兽恶狠狠地瞪着你，警告你识相一点，尽快离开。"[9]同时代的其他博物学家稍显克制，但仍将鬣狗描述为"一种最为神秘且恶劣的动物"，"恶臭粗野"，有着"令人作呕的习性"。他们认定这种动物"惯于吞食最恶心的猎物，不管是死的还是活的，新鲜的还是腐烂的"，并且"因而在所有国家都十分遭人厌恶"。[10]

凯·霍尔坎普告诉我，东非的斑鬣狗确实有挖出人类尸体的行为。苏丹的努尔人有一句老话说，穿过鬣狗的肚肠是去往天堂的唯一道路。一些部落会积极引诱鬣狗来吃掉死去的人——用油脂覆盖尸体，露天放置在容易找到的地方——西方传教士曾经花大力气破除这项传统。不过霍尔坎普坚定地认为，只有在"日子很艰难"的时候，鬣狗才会做这种事。这个恐怖的传说存在了这么多年，其实是体现了我们对所有食腐动物的反感。

---

① 玛丽·雪莱（1797—1851），英国小说家，代表作《弗兰肯斯坦》是文学史上第一部科幻小说。

西方社会比较欣赏河狸那样整天辛苦劳作的动物，以及依靠捕猎或找食果子养活自己的动物。可实际上，吃掉动物的尸体是一项值得敬重的工作，稍后我们在谈到兀鹫的时候会进一步深入探讨，它不仅实现了资源的再利用，还阻止了疾病的扩散。

鬣狗在这方面做得非常出色。它们是非洲平原上的垃圾回收车，凭着超强的咬合力及胃酸，能把大多数动物消化不了的东西都装进自己肚子里处理掉。它们就算吃了感染炭疽的腐败尸体也不会生病，也许正是因为这一点，鬣狗在很多地方的文化中都是一种有神力的动物。

要按食肉量来评估，鬣狗是这个星球上最重要的陆生食肉动物。不过，只有褐鬣狗和条纹鬣狗主要以腐肉为食。斑鬣狗是实力很强的猎手，95% 的食物都是自己捕猎所获。它们成群出击，能打败体形大它们几倍的危险动物，比如野生水牛。但事实表明，鬣狗独立作战的时候也能捕到个头惊人的猎物——它们有一种大胆的战术，死死咬住猎物的睾丸不松口，同时躲开对方乱踢的蹄子，直到它因失血过多而倒下。

这样的战术不适合弱者，可不知为什么，鬣狗从古至今一直是出了名的胆小鬼。"作家们一致认为鬣狗缺少勇气。"[11] 一位博物学家在 1886 年写道。这种说法可以上溯到亚里士多德，他曾提出一个晦涩的理论，可以由一种动物的心脏大小判断出它有多勇敢。按他的推导方式来说，勇气与血液温度成一定比例，而血液温度又与推动血液在全身流转的器官大小有关。"心脏若大，这种动物便是胆小羞怯的；心脏若小一些，大小适中，动物则比较勇敢。"[12] 这位动物鼻祖在他的权威著作《论动物的构成》中这样写道。他把鬣狗与看起来不搭界的"兔，鹿，鼠"[13] 归结到一起，连同"所有明显胆怯或用恶行掩饰内心懦弱的动物"[14]，它们都有一个大得不成比例的心脏。多年过去，亚里士多德理论的具体内容早已模糊，但"鬣狗是胆小鬼"这个概念深入人心，一直流传到了现代。甚至20世纪生物学研究者奉为宝书的著作，60年代出版的《世界哺乳动物》里，作者 E. P. 沃克也非常肯定地说斑鬣狗"生性怯懦，如遇对手反抗便会放弃战斗"[15]。

一个薄雾笼罩的早晨，我在肯尼亚的纳库鲁湖附近考察，赶上了一群斑鬣狗，它们正在围猎斑马——它们最喜欢的猎物。那无疑是残忍的一幕。我到达现场的时候，鬣狗已经把斑马的右侧肋腹部位撕裂，那一大块皮肉像破布一样拖在斑马身后，它的内脏露了出来，仿佛一具行走的、活生生的贡特尔·凡·哈根斯①式解剖标本。鬣狗此时没有太多动作，只是跟在这匹半开膛的斑马身边，等着它自己倒下。我很难抛开人类情感去看眼前这场戏：斑马在死亡面前表现得很有骨气，鬣狗则显得残忍又怯懦。但是，生存是一场不讲感情的比拼，而且鬣狗以耐力为基础，构建了它们的捕猎战术。它们经常"试探"猎物，看看自己还需要花多少力气搏斗。要把这种行为解释为胆小也未尝不可，但实际上，这应该说是它们打赢持久战的关键。既然付出耐心就能成功，那就没必要去面对被踢或被抓成重伤的致命风险。

大家一直认为鬣狗总是鬼鬼祟祟地四处转悠，从狮子之类更加"高贵的"动物那里窃取战利品，这其实是又一个错误的认知。野外研究发现，现实中反而是狮子偷斑鬣狗的猎物更多。不过，这两种动物的确结怨很深：它们是死对头，无休无止地争抢地盘和食物。狮子虽然占了体形上的优势，但鬣狗以头脑弥补了自身的不

---

① 贡特尔·冯·哈根斯（1942—　　），德国解剖学者，发明了生物塑化技术，可将人或动物的躯体制作成逼真的标本。

足。用凯·霍尔坎普的话说："狮子可不是脑子最好的那个。"就让迪士尼继续错下去好了，动画片《狮子王》把鬣狗刻画成了可悲的蠢货，其实这种奉行女权至上的古怪动物是非洲大草原上的智多星——比一般的食肉动物更聪明。

＊　＊　＊

几年前，我在马赛马拉待了几天，与研究鬣狗智能的专家萨拉·本森－阿姆拉姆博士一同观察斑鬣狗。"我认为它们被当成笨蛋与它们的步态有很大关系，"她告诉我，"鬣狗大步慢跑的姿势很特别，从能量消耗角度来讲，这是超级节能的奔跑方式，它们能跑很远的路。不过，这样跑起来的样子有点儿不协调，笨头笨脑的。"

为探寻真相，萨拉首创先河，设计了一项食肉动物智商测验——一个金属迷箱，里面放着美味的肉食，要想打开只能靠头脑的力量，不能靠肌肉的力量。她把迷箱摆到各种猛兽面前，从北极熊到黑豹，一一测试它们的解题能力。她发现，表现好的动物大都有活跃的集体生活。萨拉认为，社交能力或许可以推动鬣狗进化出超群的智力。

斑鬣狗结群生活，群体规模比其他食肉动物都更大。一个斑鬣狗群的成员数量最多能有130个，观察记录显示，它们守卫的领地面积可达1000平方公里。或许可以说，鬣狗比球迷还要抱团。它们生活在大家族里，以雌性为首领的等级结构是家族的根基，它们做的每一件事都与之密切相关。不过，鬣狗也不是时时刻刻都聚在一起。大部分时间里，它们分成小集团活动，一起战斗，捕猎，进食。这种模式被称为"分散－聚合型社会"，要靠复杂的沟通技巧

　　　　　树懒是节能，不是懒！——出人意料的动物真相

才能维系。

布封伯爵乔治-路易·勒克莱尔把鬣狗的叫声形容为"一个正在疯狂呕吐的人发出的呜咽或反胃声"[16]。实际上，要说叫声的丰富多样，斑鬣狗在陆生哺乳动物——包括灵长类当中可是数一数二的。它们发出的声音五花八门，著名的咯咯笑声是其中之一（其实是顺从的表示），但高声长啸——非洲大草原上的经典声音——是它们各自独有的标志性叫声。这诡异的声音可以随风传送到5公里以外，里面包含身份、性别、年龄等一系列有关声音主人的信息。

鬣狗脑容量大，能记住族中的每一个成员和它们的权力级别。另外，它们似乎在脑子里保存了每个伙伴的声音及社会地位，一辈子都不会忘——这是非常了不起的认知能力，确保它们具备精明的政治头脑，听到叫声马上就能知道对方是敌是友，并能构建起严格的社会等级，不会为此没完没了地争吵。

萨拉带我去看了一个现实的例子，在一处共享的巢穴附近，六只母鬣狗正带着它们的孩子消磨白天最热的时光。成年鬣狗大都在一棵金合欢树的阴凉下打盹儿，小家伙们跌跌撞撞地在一旁玩，竟也十分可爱。萨拉按下手机上的播放键，一只外来鬣狗的长啸声通过便携式播放器传了出来。叫声的录音稍稍有点儿失真，但还是让我背后发凉，触动了继承自远古祖先，深埋在大脑边缘区域的那份恐惧。一群鬣狗能在几分钟之内把我们两个撕成碎片。假扮对手去招惹它们可不是闹着玩的。

萨拉做了万全的准备。我们开了一辆大型路虎车，停在离鬣狗群大约一百米的地方，在车里安安稳稳地做研究。

果然，鬣狗一听见萨拉播放的录音就竖起了耳朵，朝我们这边看过来，显然一下子进入戒备状态。它们站起身，闻了闻风中的气味，想从中了解更多情况。它们的嗅觉非常敏锐，比人类强一千倍，每一个鬣狗群都散发出一种独一无二的气味，如同随风飘扬的标志旗。一只体格健壮的鬣狗一边高声叫着，一边朝我们大步跑过来。我的心跳立时快了起来。可它就像没看见我们似的，径直从车子旁边跑了过去。它在找一个样子和气味像鬣狗的目标，而我从旅行车顶上探出的冒着汗的脑袋不符合它的要求。

萨拉已研究证明，鬣狗在听到一个、两个或三个外来客的叫声时，做出的反应各不相同。从某种意义上说，这表示斑鬣狗有数量的概念——在估量对手实力、决定要不要动手的时候，这是很有用的技能。萨拉还发现，对立的鬣狗家族会利用它们的计数及沟通技能，联合起来击退共同的敌人，比如狮子。

斑鬣狗天性好战，但它们会用智慧维护和睦的关系，携手合作。"鬣狗的家族成员和近亲之间都是互帮互助，"萨拉解释道，"看这些姐妹，它们聚在一起的时间非常多，一起吃饭、捕猎、休息，关系很长久，也很亲密。它们虽然争强好胜，但在许多事情上，它们都很有合作精神。"

鬣狗能捕获大型猎物，能吓跑狮子，能在恶劣环境里养育后代，而它们能这样成功地生存下来，最根本的原因就是它们的合作能力。最近的野外研究显示，斑鬣狗的社会结构与狒狒的一样复杂，而且 CT 扫描证实，鬣狗的大脑在进化中向前额方向发展，与灵长动物类似，增大了做出复杂决策的区域。在一些需要团队协作的解题测试中，它们的表现甚至比黑猩猩还要好。这从一个方面证明了大脑进化变大的关键，就是生活在一个复杂的分离－聚合型社会中——黑猩猩和鬣狗，以及海豚、其他种类的类人猿都是如此，当然，还有我们人类。这或许也能解释为什么人脑进化得如此巨大，比我们这种体型的动物应有的大脑大了七倍。

我们一直瞧不起这种精明的动物，究其根源可能就在于这段相似的进化经历。人类和鬣狗是宿敌。澳大利亚人类学家马库斯·贝恩斯－洛克在埃塞俄比亚生活了几年，专门研究这两种生物的关系，对于这其中的原因提出了他的观点。

他告诉我，人类和鬣狗都是聪明、食肉、群居的动物，同样起源于非洲大草原。不过，鬣狗先到一步，我们的远古祖先从树上下来时，算是强行闯入了鬣狗的地盘。"那时候肯定有很多冲突，"贝恩斯－洛克说，"看看现在鬣狗和狮子相处的情景——两边都是恨得咬牙切齿——可以想见，人类和鬣狗刚开始的时候也是一样——恨透了对方。"早期人类还面临着被鬣狗吃掉的危险。"这是一种行动慢、脂肪多、味道很不错的灵长动物，他们要想保护自己，唯一的办法就是聚成很大的群。假如一个能人自己跑太远，鬣狗一定会抓住机会吃了他。"

贝恩斯－洛克认为，鬣狗能把骨头嚼碎这一点，说不定就是现在很难找到早期人类进化证据的原因。"出土的人类化石多半都只是牙齿和下颌骨。如果找到的是牙齿，基本可以确定死者在鬣狗的消化系统里转了一圈，出来的就只有牙齿了。"

我们的远古祖先仅仅装备了一些简陋的石器，相比打猎，大概更多的是找些现成的动物尸体果腹。他们没有足够的力量击退一群饥饿的鬣狗，守住自己的战利品。研究人员在当时的一些骨骼化石上发现了混杂在一起的石器切削痕迹和鬣狗齿痕，因此有一种观点认为，在长达250万年的时间里，鬣狗不仅嘲笑人类，还盗抢我们的食物。难怪人类讨厌它们。

名声不好的食腐动物不只是鬣狗，我们在下一章还将认识一种。兀鹫与死亡相伴，所以千百年来总是遭人质疑，在不同时期背负过各种罪名，有人说它们是灵媒，有的说是密探，还有的——就在近代——说它们是国际间谍。

第五章

兀 鹫

鹰形目（Order Accipitriformes）

鹰一对一地攻击敌人或猎物……

而兀鹫集结成群，如懦弱的杀手，

它们宁当强盗而不做斗士，

宁在杀戮场上盘旋，也不要自己捕猎……

鹰却是如狮子般勇敢，高贵，慷慨大度。[1]

布封伯爵：《自然史》（1793 年）

　　大名鼎鼎的博物学家乔治 - 路易·勒克莱尔（布封伯爵）在书里讲到兀鹫的时候格外夸张。"它们贪吃，恶心，令人厌恶，而且和狼一样，死后无用，活着的时候也是有害无益。"[2] 他把一大堆贬义的形容词一股脑儿地用在了兀鹫身上。看得出来，伯爵不喜欢兀鹫。很少有人喜欢。整体而言，食腐动物承担了一项艰苦的工作，应该得到人类的尊重。可是，死神般的阴森模样以及把尸体当大餐的习性很难让人用公正的眼光去看待这些威风的猛禽。长久以来，人类对它们半是反感半是猜疑，害得它们一直恶名缠身。

　　我们不擅长面对死亡，这些大鸟却似乎安然地让死神栖在自己耸起的肩上，与之合而为一。早期基督教信仰忌讳触碰尸体，兀鹫因此成了怪诞的异类。《旧约》给它们打上了"不洁"[3]的烙印，将它们归为雀鸟中"可憎"的一种。在世人眼里，它们仿佛来自冥界，拥有神秘的力量。"兀鹫能通过特定的征兆预知人的死期，"12世纪的一部动物寓言告诫说，"每当发生可悲的战争，两军对垒形成两个阵列时……兀鹫会顺着一个长长的纵队飞行，它们飞过的队伍有多长，就意味着有多少士兵将在这场战斗中死去。"据作者说，这种预见力是为它们自己服务的："事实上，这表明了将有多少人成为兀鹫的战利品。"[4]

对于自己吃进肚子里的是什么——或者说是谁，兀鹫从来都是无动于衷。中世纪欧洲的战场上，到处是将士和马匹的尸体，对兀鹫来说大约相当于一场尽情吃到饱的自助餐。战争往往要持续几个星期，而且多半是在夏季——那段时间正巧是兀鹫在欧洲大陆繁殖的季节。聚集在战场上的兀鹫大概像希区柯克的电影《群鸟》中一样密密麻麻，它们在死尸堆里冷静地挑挑拣拣，喂饱自己，喂饱雏鸟。从远处观察的话，或许数数半空盘旋的兀鹫就能大致了解战况。不过，民间流传的说法并不正确，兀鹫不会在猎物还活着的时候就一路尾随，它们没有预见死亡的能力。

兀鹫怎么知道该去哪里聚餐，这倒的确是个谜。它们似乎总是凭空冒出来，大群聚集在死亡现场。因为这种诡异的本领，多年来人们一直相信兀鹫的感官具有超自然力量。至于具体是哪种感官，这是鸟类学领域里争论最长久，也最激烈的一个问题。

兀鹫的食物有一个最大的特点，就是腐臭熏天。所以过去很长一段时间里，大家都认为这种鸟追踪死尸的神秘力量肯定来自嗅觉。英国的方济各会修士巴塞洛缪在13世纪影响很广的一本动物寓言里写道："就这种鸟而言，最为出色的能力是嗅觉，它因此可以循着气味找到离自己很远，在大海彼岸，甚至更远处的腐肉。"[5]

这种食腐鸟类嗅觉超群的说法得到普遍认可，后来的博物学书籍也都沿用这一观点。比如奥利弗·戈德史密斯，他在 1816 年版《地球与生机勃勃的大自然史》中勉强承认，虽然兀鹫本性"残忍、不洁、懒惰"，但它们的"嗅觉确实令人惊叹"。他甚至为这种所谓的天赋找到了生理学证据："大自然为此赋予了它们两个很大的鼻孔，内部附有大面积的嗅膜。"[6]

仅仅十年后，兀鹫的嗅觉竟然被一位很有抱负的美国博物学家——约翰·詹姆斯·奥杜邦否定了。今天，奥杜邦是鸟类学领域极负盛名的人物，以栩栩如生的精美鸟类绘画而闻名。但在 19 世纪 20 年代，他还是一个漂泊打拼的无名之辈，在欧洲各地推销他的画，渴望闯出一点名堂。1826 年，他在爱丁堡自然历史学会这样一个权威组织的聚会上引发争论，如愿出了名。奥杜邦随后发表的论文有一个稍嫌啰唆但很有挑衅意味的标题，看样子他有意在当时一潭死水般的科学界扔下一颗重磅炸弹：《红头美洲鹫（*Vultur aura*）习性报告，重点推翻当前关于兀鹫嗅觉异常敏锐的普遍观点》。

在这篇大胆的文章里，奥杜邦讲述了 18 世纪末，当他在法国长大时被告知兀鹫靠嗅觉找腐肉吃。这位未来的鸟类学家觉得这样说不通，因为他相信一个简朴的道理："大自然虽然慷慨，但给予任何生灵的馈赠都不会超出必要的范围，没有哪种生物同时拥有两种同样接近于完美的感官；如果拥有了超强的嗅觉，那就不需要敏锐的视觉了。"[7]多年以后，移居美国的奥杜邦开始验证自己的推测，悄悄接近野生红头美洲鹫（俗称火鸡秃鹫），结果发现它们似乎只是在他突然冒出来的时候被吓一跳，而他身上的气味并不会引起它们警觉。他决定进一步展开研究，"精心设计了一系列实验，用以证明——起码向我自己证明——传说中兀鹫的灵敏嗅觉到底有多灵

奥杜邦在著名的鸟类图鉴《美洲鸟类》(1827—1838)中绘制的红
头美洲鹫极其生动逼真，但是很可惜，这位伟大的鸟类学家把图
中的鸟与黑美洲鹫搞混了，由此还在鸟类学研究领域引发了一场
极为激烈的争论

敏，还是说这根本就是无稽之谈"。

　　奥杜邦的宏大计划简单来说就是一场恶臭难闻的捉迷藏，需要
一些动物尸体和一群野生兀鹫参与。他先是找来一张鹿皮，塞上稻
草，把它四蹄朝天放在一片草地上。他做标本的手艺不大高明，但
歪歪扭扭的鹿很快就引来了一只兀鹫，朝着陶土做的鹿眼睛发起了
无谓的进攻，然后"开始随意撕扯"，把缝合死鹿尾部的线扯开了
一道，掏出"一大堆草料"。[8]兀鹫大失所望，随即飞走，去抓了一

条小小的束带蛇吃掉，算是补偿自己。这证实了奥杜邦的想法：兀鹫捕猎要依靠视觉。

接着，7月里的一个大热天，奥杜邦要考验一下兀鹫的嗅觉。他把一只臭气熏天、已经腐坏的死猪拖进树林，藏在一条沟里，一眼望过去很难看到。这一带有兀鹫在上空盘旋，但是没有一只飞下来寻找臭味的源头。这又一次肯定了奥杜邦的猜测：兀鹫不是靠嗅觉觅食。

奥杜邦的实验结果远不足以成为定论，但这是一个精于自我营销的人，而且他的作品《美洲鸟类》在市场上大受好评之后，他的名气一路飙升。对于他提出的颠覆性观点，鸟类学界的很多权威人士纷纷表示赞同。在一片支持声中，唯独有一个人站出来高声反对：这是一位贵族出身的探险家，名叫查尔斯·沃特顿，大家都叫他"地主老爷"。

要说沃特顿是个怪人的话，那他应该算是一个怪得与众不同、花样百出的怪人。这位"老爷"有不少脱离常轨的惊人之举，据说他曾把一条鳄鱼当马骑，还对着一条巨蚺的面门挥拳猛打。这些事害得他名声不大好。在沃尔顿庄园的家里，沃特顿的另类行为一点没有收敛。有传言说，他常在晚宴的时候藏到桌子底下，像狗一样咬宾客的腿，还很喜欢借用制作标本的技术搞些精巧的恶作剧，其中一个格外有创意——他用一只吼猴的屁股给一个仇敌（众多仇敌之一）做了一尊塑像。

虽然行事乖张，但沃特顿是一位优秀的博物学家——他有自己的思想，以独特的眼光看世界，因而对大自然有着相对公正的理解。比如，他是率先为树懒说话的人，认为它们"不寻常的身体构造和奇异的生活习性"理应让人"赞叹造物主的神奇"。[9]

沃特顿曾在他的畅销书《南美漫游记》中谈到红头美洲鹫天赋的嗅觉，而现在，那个自以为是的美国人提出了相反的观点，在他

惹恼"地主老爷"可没有好处。一个教条的小官吏要求查尔斯·沃特顿
为他从海外带回的动物标本交税，结果"老爷"用一只吼猴的屁股给他
做了一尊神似的塑像，命名为《平庸之人》。这个用标本搞出的恶作剧后
来又被制作成铜版画，收录在沃特顿的《南美漫游记》(1825年)里，永
传后世

看来这是针对他个人的攻击，毕竟他在公众眼里本来就信誉堪忧。
"地主老爷"于是开始了与奥杜邦的长年战斗，偶尔带点儿诙谐
的言辞十分尖刻，一封封极尽挖苦的书信都发表在《博物学杂志》
上——在19世纪相当于一场社交网络上的公开口水仗。

"兀鹫的鼻子遭到如此沉重的打击，我由衷感到难过，因为这
突如其来的无端攻击将使整个世界蒙受巨大的损失，"沃特顿写道，
"此外，我想说，我对这种高贵的鸟有种惺惺相惜之感。"他自诩是
鸟类学圈子里所谓"鼻子派"的领袖人物，主动提出他将"认真重
整被打击得支离破碎的嗅觉系统，尽最大的努力使其恢复原貌，焕
发原有的光彩"。[10]

在这场捍卫鼻子的斗争中，沃特顿像医生做手术一样，在奥杜
邦的探索眼光、他的声誉，甚至他的论文里细细挑毛病。"语法糟糕，

结构松散，阐述极不充分，"他批评说，"我认为，凡以适度认真的态度读过这篇文章的人都会觉得，应该像神甫和剃头匠处置唐·吉诃德的大部分藏书那样处置它。"[11] 他称奥杜邦是骗子、假充内行的人，根本配不上鸟类畅销书作者的名号。"奥杜邦先生描绘了一条响尾蛇从尾巴开始吞吃一只很大的北美松鼠，那画面一直梗在我的喉咙里，我什么也吃不下，直到有人把我从那种异物感中解救出来。"[12]

奥杜邦始终不予回应，以沉默维护自己的尊严。不过，支持他的"反鼻子派"日渐壮大，他鼓动这些人代替他出面去对抗沃特顿的攻击。[13] 奥杜邦的头号支持者是一位路德派牧师，名叫约翰·巴克曼。为了平息这场争吵，他决定在家乡南卡罗来纳州的查尔斯顿重做奥杜邦的实验，同时增加一点自己设计的内容，并请学识渊博的人组成一个特别委员会在现场见证。

牧师的实验很残忍，又很古怪。在一项实验中，他找来一幅油画，上面画着"一只被剥皮开膛的羊"[14]。他把画放在自家院子里，在大约 3 米远的地方藏了一堆腐坏的动物内脏。那是一幅很粗糙的画，没法跟奥杜邦的精致作品相比，然而没眼光的兀鹫仍是热情地扑了上去。巴克曼说兀鹫扑空之后"显得非常失望又意外"，但它们一次也没去找旁边的腐肉。他把这个恶作剧重复了 50 次，据他在报告中说，这些很不正统的鸟类实验让在场的学者"感到十分有趣"（宾客本身恐怕没觉得这多有意思）。[15]

他还额外做了一个实验，请来一些"医学人士"把一只兀鹫弄瞎，以验证当时流传的一种说法：这种鸟在眼睛被扎瞎后，只要把脑袋埋在翅膀下面就能自愈。结果，那只可怜的兀鹫根本没能修复自己的视力。巴克曼想到这也是个机会，正好可以测测它余下的感官。他把兀鹫关进一间独立的小屋，屋里放了一只死兔子，然后自己在一旁观察，看瞎眼的鸟能不能闻出来。它不能。牧师流露出一点少有的慈悲，坦言"这只鸟或许尚未完全摆脱手术造成的疼痛"[16]。这是当然。不过除此之外，巴克曼毫无悔意。他唯一担心的就是自己的实验散发出恶臭，有可能"让邻居反感"[17]。为此他很苦恼，于是决定结束调查，反正他已经得到满意的结果。发表结论前，他相当强势地要求参与实验的医生签下一份协议书，证实他们亲眼看到了确凿的证据，兀鹫猎食"依靠视觉，而非嗅觉"[18]——看来这位牧师的造势手段和他探求科学真知的方式一样强硬而怪异。

沃特顿对巴克曼的反击自然是很不屑。"美洲鹫真是可怜！有人判定它的鼻子在找食的时候毫无用处，同时事实证明它的视力不幸也有缺陷。"他为兀鹫抱不平。"我现在就等查尔斯顿传来消息说，兀鹫在攻击街边所有卖羊肩肉的招牌，或是想要吞掉店铺门口画的香肠，或是扑向不朽的富兰克林博士的画像，使出全身的力气撕扯褪色画布上的眼睛。"沃特顿认为这些实验根本没有科学性可言。"想必大家都看到了这有多么荒唐。"[19]

5年时间里，他给《博物学杂志》写了至少19封信，抨击奥杜邦以及和他站在一边的所有人。后来杂志拒绝再刊登他的来信，据说他还继续自己印刷，四处发送。他的努力都是徒劳。他的批判文章冗长散乱，难以理解，文中夹杂着针对个人的冷嘲热讽和晦涩的拉丁语字句，很难为他争取到盟友。支持奥杜邦的"反鼻子派"把沃特顿当作"绝对的、完完全全的疯子"[20]，拒绝重新审视那位浮夸的美国人。沃特顿说得越多，越是没人理他。到最后，他无奈放弃了。

这真是可惜，因为，他是正确的。

* * *

科学界用了将近150年才追上查尔斯·沃特顿的脚步。那些年里，研究解剖学、博物学、鸟类学的队伍日益壮大，在奥杜邦的重磅理论持续影响下，他们设计了各种匪夷所思的实验，被当作实验对象的鸟也是五花八门。有一项可笑的研究用家养的火鸡代替了红头美洲鹫，喂给它的食物被藏在一个装有硫酸和氰化钾的盘子里。火鸡还没来得及宣告它是否闻到了饭香，就被有毒的挥发气体熏得一命呜呼了。

兀鹫的其他感官，不管是真实存在还是人们想象出来的，也被卷入争论。20世纪初有一位P. J. 达灵顿提出，这种鸟其实是靠耳朵找食，通过几百只苍蝇的嗡嗡声确定哪里有吃的。还有一个名叫赫伯特·贝克的理论研究者回归中世纪的神秘主义思想，他在20世纪20年代发表了一篇《鸟类的超自然感官》，在文中推测兀鹫拥有一种神秘的"觅食感官"[21]，这是人类完全无法理解的一种感官，因为我们没有。

红头美洲鹫的嗅觉终于在1964年得以正名。一位特立独行的美国人——致力于野外研究的科学家肯尼思·斯塔格经过多年谨慎而巧妙的实验，再加上一点儿机缘巧合的运气，最终拿出了无可辩驳的证据。斯塔格与联合石油公司的一名员工闲聊时，意外得到了关键的启示。那个人无意中透露，公司从30年代就开始借助红头美洲鹫的嗅觉查找输气管线中的漏洞。他们在天然气中添加了乙硫醇，就是玩具臭弹和肠胃气胀的那种烂卷心菜味，只要管线出了问题，不等有人发现，兀鹫便会被这股气味吸引过来，精准找到漏气的地方。斯塔格想起来，腐烂的尸体也会散发出同一种化合物。果然，当他用一个硫醇发散装置将恶臭送上加利福尼亚的天空时，红头美洲鹫很快就聚了过来，在上方盘旋。

兀鹫的嗅觉让人们吵了几十年，究其根源还在于几个基本的误解。首先，就研究态度来说，最受敬重的美国鸟类学家似乎并没有人们想象的那样认真。奥杜邦画的一些鸟除了找动物尸体，也猎捕活的动物，这说明它们是黑美洲鹫（*Coragyps atratus*），而他把这种鸟错认成了长着黑色羽毛的红头美洲鹫（*Cathartes aura*）。其次，大家想当然地认为所有兀鹫的嗅觉功能都是一样的。其实不然。全球23种兀鹫分为截然不同的两大类——旧大陆兀鹫分布在非洲、亚洲和欧洲，新大陆兀鹫栖息在美洲。它们虽然长相及行为相似，但亲缘关系并不近，在动物王国里甚至没有归到同一个科，按属来分就差得更远了。几乎所有兀鹫猎食都是靠眼睛，唯有包括红头美洲鹫在内的少数新大陆兀鹫借助嗅觉寻找食物。关键是，黑美洲鹫属于不用嗅觉的那一类。再次，与过去的认知正相反，兀鹫其实对自己吃进肚子里的东西很在意。它们和人类一样，在口味上更偏爱食草动物，而非食肉动物，而且不喜欢过度腐坏的尸体。这就要说到另一个古怪实验。在20世纪80年代，有人把74只鸡藏在巴拿马的一片丛林里。实验结果显示，红头美洲鹫对腐坏程度有明确的要求，必须是死亡两天、肉质还筋道的尸体，再多一天或少一天都不行。美国的兀鹫对奥杜邦的死猪和巴克曼的过期动物内脏不屑一顾，原因很可能就是那些肉放得太久了。

近年有报道说，德国的刑事调查局看中了红头美洲鹫的嗅觉天赋，制订了一项创新计划，要训练兀鹫取代嗅探犬。赖纳·赫尔曼警官看了一部夸赞兀鹫闻味本领的野生动物纪录片，于是想出了这样一个独特的主意。他希望给兀鹫装上卫星定位追踪器，再由一队越野车跟着它们，这样能比警犬更高效地完成更大范围的搜索。

当地飞禽公园里的一只红头美洲鹫肩负起了领路的任务，大家给它取了一个没什么新意的名字，叫"夏洛克"，还为它专门配了一位名字很德国的训练师——叫格尔曼·阿隆索。如此异想天开的组合吸引了大批媒体关注，没过多久，德国各地有四十个警察局提出要借用兀鹫过去帮忙。

阿隆索则对自己的学员持保留态度。他觉得兀鹫或许很难区分死去的人和死去的动物，因此会有不少误报。但在兀鹫有可能把物证吃掉的问题上，这位训练师倒是一点儿也不担心。"这种事总归难免，拦不住的，"他在接受一家全国性报纸的采访时说，接着好心补充道，"不过它们不会把尸体全都吃掉，它们吃不了那么多。只是稍微吃几口的话，管它们呢，反正死者已经没救了。"[22]这种态度怕是安抚不了丢了孩子的妈妈，要求证据保持原样的法医也不会满意。

然而对于这份新工作，"夏洛克"却完全不像大家那样兴奋。它不喜欢飞起来去找训练目标——先前用来包裹尸体的一块布。它总是在地面蹦来蹦去，不安地查探身边的一小块区域。有时它好像精神过度紧张，躲进林子里不出来，或是一听到搜索指令就逃跑。于是两只年轻一些的兀鹫加入了这个项目，一只叫"马普尔小姐"，一只叫"神探科伦坡"，希望这样能让"夏洛克"在一个兀鹫侦探大家庭里找到归属感。可结果，它们三个在一起就打架。[23]

野生红头美洲鹫能准确找到天然气泄漏的地方，但这几只人工养育的兀鹫虽然名字响亮，其实并不具备用嗅觉破案的能力。事实表明，即使到了现代，人们仍是夸大了兀鹫的感官功能。赫尔曼警官以为这种鸟能在1000米开外嗅出一只死老鼠。这不可能是真的。最近的研究显示，兀鹫必须低空飞行才能闻到尸体的气味。所以，红头美洲鹫确实是借助嗅觉寻找食物——沃特顿的观点完全正确——但它们在这方面的能力根本比不上嗅探犬，与人类相比大概也没强多少。

兀鹫的视力也被形容得神乎其神。在非洲南部地区，人们相信兀鹫的眼睛超级敏锐，拥有所谓的"通透视界"，即看穿未来的能力。几年前，我为此走访了约翰内斯堡最大的传统药材市场。那里有数不清的摊位出售各种动物器官，其中有几十个都在卖装在小瓶子里的兀鹫脑子。他们告诉我说，吸入烧出的烟或像毒品那样吸食便能拥有天眼。继乐透彩之后，兀鹫脑子已成为当地市场上最热销的东西——就算吸食再多，兀鹫保护人士也不可能预见到这样的结果。

还有一种听起来可信度略高的说法：兀鹫能在 4 公里外发现尸体，大多数揭示兀鹫"真相"的网站都列出了这一条。但研究人员解剖兀鹫的眼睛之后，惊讶地发现它们的视力可能仅仅比人类强一倍。兀鹫没有双眼视觉，而且为防止眼睛被明晃晃的阳光灼伤，它们进化出了完善的眼睑（这也造就了它们特有的凌厉眼神），因此有相当大的视觉盲区。

兀鹫能够很快地大群集结在死亡现场，这种可怕的行动力要归功于另一个高度发达的器官：它们的大脑。兀鹫是一种精明的动物，同类之间会互相看，互相学。大多数情况下，一只兀鹫无法仅凭自己的力量发现尸体，它采取的办法是搜寻半空中盘旋的一群鸟，那是从几公里远处就能看到的目标，然后朝它们飞过去。小兀鹫要花很长一段时间跟在父母身边学习觅食技巧。兀鹫家庭关系紧密，有血缘关系的几个家族共同栖息在一处。不同种类的兀鹫也会大群聚集在一起休息。科学家认为，它们的食物来源很不稳定，这样的社交聚会或许是搜集信息的一种方式，可以帮助它们了解哪里有吃的。

* * *

群聚的兀鹫到底是不是在交换情报，这还有待研究证实。但有一件事可以确定：很少有人乐于看到兀鹫的出现，在我们生活的现代世界也是如此。我来讲一个例子。大约有 500 只红头美洲鹫因为全球气候变暖的关系向北迁移，并决定在它们的冬季迁徙路线上加一站——美国弗吉尼亚州的斯汤顿。它们的决定在这座美丽的历史小城引起了人类居民的不满。

"它们很恶心。"[24] 当地一名女子在接受《华盛顿邮报》采访时，这样形容自己的新邻居。这些鸟的排泄物密密麻麻地铺满了她精心维护的车道，看上去犹如一幅杰克逊·波洛克[①] 的巨型画作。这很正常：红头美洲鹫从小就是超强的粪便制造机。它们有一种习性被称作"尿排汗"（urohidrosis），通俗来讲就是排泄到自己腿上，为身体降温。这虽然称不上是优雅的体温调节方法，但巧妙地解决了鸟类无法排汗的问题。

这样排泄不仅仅是有碍观瞻。"它们身上有一股氨水和下水道味。"另一位弗吉尼亚居民说。不过，大家还不只是对恶臭有意见。"它们太丑了。我走路的时候转过一个弯，就碰上足有 50 只蹲在墓碑上，发出嘶嘶的响声，感觉就像走在恐怖片里。要让我做主的话，我会把它们一个不剩地全杀掉。"[25]

可惜爱枪的斯汤顿市民无法如愿，红头美洲鹫在美国是受保护的动物，捕杀它们将面临高额的罚款。一个当地人无奈之下用漆弹打兀鹫，却发现兀鹫有一种讨厌的反击手段。"它吐在了我儿子身上，"他告诉《华盛顿邮报》，"就像把半磅牛肉馅扔在孩子肩膀上，恶心极了。我们帮他弄掉了，脱掉了他的上衣，总算让他停止了尖叫。"[26]

在吃饱的情况下，兀鹫的第一防御招数就是朝对方吐出自己肚里的食物。它们吃的东西本身就够让人倒胃口——弗吉尼亚的红头美洲鹫可能主要吃动物排泄物以及在公路上被车撞死的动物——从这一点来看，不难理解为什么防御性呕吐导致斯汤顿的邻里关系彻底崩溃。美国农业部的"环境警察"被请了过来，把这些无法无天的鸟赶出城去。他们在栖息地上悬挂死兀鹫，放鞭炮驱赶，在最后的激烈决战中，有几只兀鹫被永远地逐出了这个世界。

---

① 杰克逊·波洛克（1912—1956），美国抽象表现主义画家，以"滴画"著称。

正如弗吉尼亚居民体验的那样，兀鹫有很多令人反感的习性，长久以来一直让人类觉得很讨厌。"这些鸟的懒惰、肮脏和贪吃简直到了难以置信的地步。"[27] 讲话夸张的布封伯爵曾经长篇大论地批评兀鹫。查尔斯·达尔文虽与布封不同，很少感情用事，却也受不了兀鹫的特殊习惯。他在《小猎犬号航海记》中形容说，红头美洲鹫是"一种让人厌恶的鸟，为享受腐烂物质而长了一颗猩红色、光秃秃的头"[28]。达尔文的描述带有偏见，而且有可能是错误的。其他食腐的鸟类——包括巨鹳——满头羽毛照样能很好地享用血腥大餐。秃头的真正功能或许是帮助兀鹫降温，与"尿排汗"一样，是它们在进化中不顾形象，为调节体温而做出的一项适应性改变。

外表有时会误导人。不能因为这些食腐的大鸟带着满腿排泄物飞来飞去，就认定它们很脏。另外，高雅的巴黎博物学家们很看不上吃腐肉这种行为，其实这绝不能说是一种低等的觅食手段。我从凯里·沃特尔那里了解到，事实正相反。她是一位动物保护主义者，在南非的一处兀鹫庇护所工作至少有 14 年了。

* * *

凯里正在为一个目标奋战——趁现在还来得及，她要让公众重新认识这些饱受非议的动物。全球而言，兀鹫是数量减少最快的一类鸟。非洲南部共栖息着九种，除一种之外，其余的全都濒临灭绝。

从约翰内斯堡机场开车走不远就到了兀鹫庇护所。这块地方挤在比勒陀利亚那一大片四四方方、沉闷凌乱的城市水泥建筑边缘，有种不大协调的感觉。凯里照看着大约 130 只兀鹫，它们在碰到输电线触电或意外中毒之后被人救到这里，其中大部分是极度濒危的南非兀鹫（*Gyps coprotheres*），一种旧大陆兀鹫。我到的时候，正赶上它们吃午饭。凯里当即给我分配了工作，帮她用推车把一头刚宰杀的牛送进大围笼，里面住着十几只有繁育能力的兀鹫。

我的第一个强烈印象就是它们好大。南非兀鹫的体重在10公斤上下，身高约1米，在非洲南部是体型最大的旧大陆兀鹫，在全世界的飞禽当中也是名列前茅。对一种吃肉的动物来说，假如食物来源分散又稀少，那么个子长得大一些就很有必要了。要是能在有食物的时候尽量多吃，然后靠自身储备的脂肪度日，也就不用太担心肚子饿了却没法猎食的情况了。另外，一大群鸟围着一具共享的尸体争抢食物时，大块头比较有威慑力。反正面对这些鸟，我的确是有点儿怕它们。还没进围笼的时候，凯里建议我戴上墨镜，防止兀鹫对我的眼睛下手，那时候我就开始心里打鼓了。

凯里告诉我，鸟类的食腐行为已经进化出非常专业的分工，不同种类的兀鹫根据鸟喙的特点，分属于负责撕裂、啄食、拉扯等不同任务的"行会"。尽管合作的时候争吵不断，但它们会各自发挥专长，共同解决掉一具尸体。我猜想对我眼睛感兴趣的，很可能是专管拉扯的兀鹫。我猜对了。

"在南非，肉垂秃鹫发挥了刀子的作用。"凯里说。它们脖子较短，鸟喙窄而有力，闭合的力量能达到每平方厘米1.4吨，所以能把坚韧的动物外皮撕开。南非兀鹫的专长是"拉扯"，它们的长脖子肌肉发达，尖利的喙正适合探到尸体深处，把软嫩的肉和内脏吃掉。不过，它们虽然个子很大，却没办法自己把尸体撕扯开，所以，如果没有肉垂秃鹫在现场，它们要想吃上饭，唯一的办法就是找一个天然存在的突破口——比如眼睛或肛门。"它们喜欢柔软的部分。"凯里解释说。我再次检查了墨镜有没有戴好，然后退后，背靠围栏站着。

凯里很为自己照顾的这些鸟骄傲。"兀鹫是最高效的食腐动物。

它们为适应这种生活做出特殊的改变，舌头上有倒刺，能把骨头上的肉吃干净；腿和脚爪很强壮，能稳稳站立，按住尸体；有些兀鹫长着光秃秃的长脖子，能伸进尸体里，从里面开始吃。"她热情地介绍。她还特别提到，有一种兀鹫甚至进化出特殊技能，等那些撕拉啄食的兀鹫把肉吃光之后，它们能把骨头吃掉。

知道了这样的分工，就能理解为什么有时会看到兀鹫呆站在刚咽气的动物旁边，显得傻愣愣的——之所以有传言说兀鹫喜欢腐臭的肉，不喜欢新鲜猎物，与它们的这种行为不无关系。"一头大象死去几天了，兀鹫却一直没碰尸体，"凯里说，"这并不是因为它们偏爱腐烂的尸体，原因很简单，就是咬不动，所以它们要等尸体变软一点，好把它撕扯开。"

一旦尸体被撕开，随之而来的可能是相当壮观的疯狂场面。布封曾说进食的兀鹫"呈现了狂暴的无端怒气"[29]。我觉得那更像是一场黑色喜剧，由昆汀·塔伦蒂诺①执导，主演是正牌"愤怒的小鸟"，以美国吃热狗大赛那种让人反胃的速度往嘴里猛塞。它们大摇大摆地乱窜，嘶嘶地叫，流口水，打喷嚏，做出各种姿态，匆忙抢食。扭曲的细长脖子、沾满血腥残渣的秃脑袋和嗡嗡乱飞的苍蝇交织在一起，在这片混乱中，牛的尸体迅速消失。

兀鹫的用餐习惯让我们从心底里感到恶心，这种感觉不是没有原因。假如我们吃下一大堆腐坏的肉，在大量有害的、甚至危及生命的细菌作用下，很快就会出现严重的病症，比如肉毒中毒或炭疽热。兀鹫能清除致病的细菌活下来，是因为它们拥有动物界数一数二的超强胃酸，pH 值接近于蓄电池酸液。这有一个附带的好处，它们的排泄物因此变得极具腐蚀性，用餐之后只要排便就能顺便给

---

① 昆汀·塔伦蒂诺（1963—　　），美国导演、编剧，代表作《低俗小说》《杀死比尔》。

脚爪消毒。凯里说，兀鹫的粪便是非常有效的消毒剂，就连我也能用，可以在吃午饭前用它来给我的手杀杀菌。既然她这么说，我姑且相信好了。

臭烘烘的排泄物就像一种公开用起来有点儿尴尬的洗手液，不但能帮兀鹫保持自身清洁，还有助于防止疾病传播。兀鹫吃掉脏东西，净化之后再排出，犹如一支效率惊人、速度超快的法医清洁队。100只兀鹫能在20分钟之内把一具尸体吃得干干净净，病菌还来不及行动，或者还没机会大举扩散，就被它们解决掉了。即使有少量沾到兀鹫身上，也会被杀菌的排泄物歼灭。

博物学家们一向很看不上兀鹫狼吞虎咽的样子，说那是"令人作呕的自私贪婪"[30]。但凯里认为应该给兀鹫正名，这其实是勇敢的慷慨之举。最近的研究显示，在没有兀鹫的地区，动物尸体分解要多花三四倍的时间，为病菌扩散提供了有利条件。从根本上说，吃腐肉的兀鹫为人类省下了高额的医疗和垃圾清理费用。

在兀鹫数量急剧下降的地方，可以清楚地看到人类付出的代价。凯里告诉我："看看印度和巴基斯坦，政府为国民健康问题投入超过340亿美元，就因为当地的兀鹫基本灭绝了。"印度用一种叫作双氯芬酸的抗炎药为牛治病，兀鹫吃了这些牛的尸体纷纷中毒身亡，如今所剩无几，据估计，印度三大种类的兀鹫被害死了将近99%。兀鹫少了，腐烂的尸体多了起来。由此引发的连锁反应是野狗和狂犬病大幅度增加。

"与兀鹫保护工作比起来，为打击盗猎、保护犀牛投入的钱简直是天文数字，"凯里说，"食腐动物得到的资金非常有限，因为大家不喜欢它们。这很没道理，因为，假如我们失去犀牛，那的确是一件很让人难过的事，我很喜欢犀牛——但是，世界还会照常运转。假如我们失去兀鹫，非洲许多地方都将面临崩溃，而那将会影响我们每一个人。"她接着说："这一点正是大家不明白的。公众需要改变观念。这有点儿像选美比赛。要选世界小姐，所有人都会选最漂亮的女孩，可是最漂亮的女孩并没有能力改变世界，带来改变的可能是幕后的某个人。"

起码世界小姐——还有犀牛——不会吐在小孩子身上，也不会拉在自己腿上。但这些在凯里看来都不是问题，她依然在为自己的目标努力，也依然坚定地认为兀鹫是一种很美的鸟。"我觉得它们非常迷人，"她强调说，"在我眼里，它们是自由的典范。"她说，要真正领略兀鹫的美，就要看它们飞翔。

南非兀鹫的觅食范围非常广，所以需要尽可能节省体力，确保长距离飞行。它们的体重与人类婴儿差不多，飞起来要想省力可不容易。单是起飞就不好办，更不要说省下连续多少个小时扇动翅膀的力气，飞上几千公里。兀鹫在进化过程中完美解决了这个难题：它们能以高达 80 公里的时速滑翔，几乎不费任何体力。

为了解兀鹫如何实现了这项空气动力学奇迹，有人鼓励我从高山上跳下去。凯里和她的合作伙伴——热爱滑翔伞运动的沃尔特向我保证说，亲身体验一次将会让我最真切地领略到这种鸟的雄壮之美，以及它们性情中不一样的、更友好的一面。我觉得这个主意听起来很合理，但是等我站在了起飞地点，可就不这么想了——这是马格雷斯堡山脉的顶峰，一座几乎全部是峭壁的古老山峰，年纪是珠穆朗玛峰的 100 倍，高度有将近 900 米。

体型最大的几种兀鹫，比如南非兀鹫，在这片历史悠久的陡峭山石间筑巢，它们必须利用海拔优势，在起飞的时候尽可能少花力气。它们的双翼展开足有 2.5 米宽，可以让上升的热气流像无形的电梯一样把它们送上几千米的高空。今天我要做的就是一件类似的事：我将和沃尔特绑在一起，乘着他信赖的滑翔伞做一次双人飞行。

我探头朝悬崖边看了看，下面很远的地方是一道泛着微光的山谷，我顿时强烈地意识到自己与鸟儿有多么不同。沃尔特递给我一个塑料头盔，我老老实实把它戴在脑袋上，心想这么不结实的东西顶多也就是个自我安慰，要说保护作用，可能还不如早些时候我的棉布短裤防范兀鹫伸嘴从后方偷袭的效果。

滑翔伞是一项违反人类本能的运动。我们要冲出悬崖，纵身跳下去，就像动画片里那样。这一跳是放手一搏的终极体验，恐怖的失重感随即将我吞没。就在这时，滑翔伞遇到了上升气流，我们开始迂回向上。

起初，我们孤零零地乘着热气流翱翔。然后，仿佛凭空冒出来一般，一只又一只盘旋的兀鹫出现在我们身边。凯里说对了，这些鸟在空中的确很不一样，显得很好奇，又有点儿调皮。而且，它们真的气势非凡。对我们来说，上升的热气流就像一座看不见的过山车，起伏颠簸，无法预料，我们只能不停地查看沃尔特的高度计。变化无常的气流让我们一路摇晃，拉来拽去。可是，兀鹫似乎与风融为一体，巨大的翅膀稳稳舒展着，毫不费力地俯冲到我们近前仔细端详，又猛地离开，一眨眼已经在我们上方很远的地方，就像是故意炫耀完美的空中技巧。

* * *

兀鹫有一双为翱翔而生的翅膀，威尔伯·莱特曾长时间观察红头美洲鹫，然后以它们为样板稳固机翼，设计出了第一架成功飞起来的飞机。可惜，延续了莱特兄弟理念的飞行器发展到今天，在过度拥挤的天空中与最初启迪人类的原型发生了冲突。

飞机撞上鸟，也就是航空业界所说的"鸟击"，是非常危险的事故，美国政府每年为此投入的资金超过9亿美元。自1985年以来，已有30架飞机因此坠毁。这样算来，鸟类的危害性要比恐怖分子高得多。美军之所以特意把鸡当作炮弹近距离发射，测试新型喷气式飞机对抗鸟类撞击的能力，大概就是这个缘故。我想，那些鸡应该是死的吧。

为了加深对"敌人"的了解，更好地对其行为做出预判，位于美国华盛顿的史密森学会羽毛鉴定实验室很重视法医鸟类学研究。研究人员通过DNA测序确定鸟类对飞机构成的主要威胁。实验室每周都会收到几百只鸟撞上飞机之后留下的残骸，他们为此专门发明了一个词，把这种血肉模糊的东西称作"snarge"。在危害美国飞机安全的鸟类当中，红头美洲鹫夺得了第一名——这个头衔很难让飞行员对它们有好感。

最诡异的动物撞飞机事件完全可以拍一集《X档案》。史密森学会的一位"探员"告诉《连线》杂志："我们见过青蛙、乌龟、蛇，还有一次收到了一只在空中撞上飞机的猫。"[31] 生活在陆地上的动物为什么会出现在超过1000米高的天上？研究人员为这个问题头痛了好一阵，然后总算想出了答案——这是猛禽没抓牢，飞行途中把猎物掉了下去。所以说，布封笔下高贵的鹰同样应为美国的坠机事故承担一部分责任，只不过原因是它们的爪子太松。

这些年来，史密森学会的撞机事故探员们辨识、确认了约500种鸟和40种陆栖哺乳动物，包括一只在500米高处撞上飞机的兔子。最离谱的事故大概要数发生在11000米高空的一次撞击——这是目前为止鸟类飞行的最高纪录，被撞的民航飞机不得不在象牙海岸紧急迫降。事情引起了不少关注，专家分析了带着羽毛的残骸，确定这是一只黑白兀鹫。这只鸟赢得桂冠（以及生命悲惨终结）的一个关键原因是它拥有特殊的血红蛋白，在血压低到足以让其他动物昏过去的程度，它仍可以保有血液中的含氧量。

黑白兀鹫的飞行高度确实高得有点儿过分。不过一般来说，兀鹫的翱翔高度虽没那么夸张，却也有大约6000米。它们乘着一个又一个上升热气流，追随旱季的脚步跨越非洲大陆，一路搜寻耐不住干旱的病弱动物。

最近的一项研究追踪观察了一只黑白兀鹫，跟着它从坦桑尼亚的家里出发北上，穿过肯尼亚，飞到苏丹和埃塞俄比亚的一个区域寻找食物。这样的跨国旅行有时会把兀鹫连同救助它们的人类一起卷入政治纷争。有一个将濒危兀鹫重新引入以色列的长期项目就因为无端的猜疑和政治因素而被搁置了。特拉维夫大学的研究人员给兀鹫装上了电子标签并开始追踪，可是这些鸟的日常活动范围很广，经常飞出国境，惹上麻烦。中东国家关系紧张，被抓住的兀鹫搞不好就被当作以色列间谍处决了。2011年，沙特阿拉伯政府捕获一只兀鹫，认定这是犹太复国运动的阴谋。三年后，另一只兀鹫在苏丹被捕。2016年，联合国不得不出面调解，救出一只被黎巴嫩村民扣押的兀鹫，他们怀疑这只鸟身上的卫星定位追踪器是伪装的相机。

这个项目的负责人，环保专家欧哈德·哈特佐夫愤怒地指出，想要搞阴谋的人不会在间谍腿上挂上自己的电子邮件地址。一家中东报纸向他问起这个项目，他不无讽刺地说，真要招募间谍的话，他应该会选"不那么喜欢死骆驼和死山羊"[32]的动物。

虽然兀鹫没做任何值得怀疑的事，人类却似乎怎么也没办法信任它们。不过，兀鹫当间谍这件事说起来像是可笑的现代怪谈，但实际上，我们的确试过让动物为人类的战争效力。下面我们就要去了解另一种很多人讨厌的动物——蝙蝠。第二次世界大战期间，它们真的曾被美国军方征召入伍，结果点燃了大麻烦。

第六章
蝙　蝠

翼手目（Order Chiroptera）

有一位水手宣称见到了魔鬼，他这样描述道：

"他有角和翅膀，却极慢地在草间爬行，

要不是因为害怕，我也许可以摸摸他。"

事后发现，这个可怜的人看到的是一只蝙蝠，

体色接近全黑，大小与山鹑相当，

而心中的恐惧害得水手在"魔鬼"头上看到了角。[1]

詹姆斯·库克船长：《发现之旅》（1770 年）

　　世界上唯一一种会飞的哺乳动物意外成了视频网站"油管"上的明星，它们走红的原因不是毛茸茸的可爱脸蛋，也不是龇牙咧嘴的笑容，而是因为一件不光彩的事——它们成了居民家中的不速之客。网站上专门有一个分类，里面的内容全是人类对抗长着翅膀的入侵者，主角通常是一位硬着头皮上阵的爸爸，被迫摆出防御的架势，安抚惊慌失措的家人；歇斯底里的妈妈披散着头发，哭着趴在地上，宝宝被关进卫生间保护起来，所有人都在尖叫，就像惊悚片里大难临头的年轻人。视频里的多数爸爸装备了各种没用的武器，

树懒是节能，不是懒！——出人意料的动物真相

包括不合手的隔热手套、扫帚，还有毯子。但有一位得克萨斯的爸爸——一位绿巨人一样的大块头，不敢用塑料袋去套一只拇指大小的动物——在厨房里拿起他的猎枪，几乎是枪口贴着蝙蝠开了一枪，坐在旁边儿童餐椅里的宝宝尖声叫着"不要啊"。

这是现代的惊悚影像。可是这些现实版家庭恐怖片里的可怕怪兽，其实不过是一只小小的走错了地方的吃虫子的动物。

大概自从人类开始建房子（或者说自从我们在舒适的山洞里安了家——严格来讲人类才是强占蝙蝠住所的入侵者）起，就不时有蝙蝠飞到我们的家里来。它们只是在找栖身的地方，或是正在追捕虫子，对人类并没有兴趣。然而千百年里，古老的民间传说把这些意外闯入的蝙蝠描述成了死亡降临的预兆。这种说法足以吓坏所有人。

一个人如果一直抑制不住地怕蝙蝠，这个问题如今被正式定义为一种综合征，叫作"蝙蝠恐惧症"。英文里的这个词，chiropto-phobia，源自翼手目的学名 *Chiroptera*，在希腊语里意为"有翅膀的手"，具备这种标志性特征的动物在分类学上被归为一个目，包含有目前已知的大约 1100 种蝙蝠。在网上，人们可以找到很多相关的咨询师，其中大部分住在美国，他们可以帮助患者摆脱这种非理性的恐惧和厌恶，治疗方法就是很小心地尝试面对一屋子蝙蝠——要说这是亨特·斯托克顿·汤普森[①]在迷幻药作用下经历的噩梦也不为过。

蝙蝠恐惧症患者不仅仅是个别心理有问题的美国人。最近有一个蝙蝠保护组织做了一项调查，结果发现每五个心智健全的英国人中，就有一个自称痛恨蝙蝠。[2]在大多数人的观念里，蝙蝠是一种会飞的有害动物，或者用讨厌蝙蝠的喜剧演员路易斯·C. K. 的

---

① 亨特·斯托克顿·汤普森（1937—2005），美国记者、作家，开创了强调记者亲身参与的"刚左"新闻写作，代表作《朗姆酒日记》《地狱天使》。

话说，它们是"长着皮革翅膀的老鼠"[3]。受访对象认为蝙蝠眼盲，恶毒，会伺机飞进人的头发里，吸人血，传播狂犬病——基本上都是胡扯。要说亲缘关系，相比之下与蝙蝠关系更近的是人类，而不是啮齿动物。另外，不用人类担心，蝙蝠的视力一点儿没问题（有些种类的狐蝠甚至拥有比我们强3倍的彩色视觉），而且它们有一套精准的回声定位系统，人类的发型再蓬松，它们也不会误撞上去。最后一点，总共只有3种蝙蝠有吸血行为，而比起蝙蝠，狗或浣熊更有可能把狂犬病传染给人（携带狂犬病毒的蝙蝠不足0.05%）。

我们早该彻底改变对蝙蝠的认识了。它们被描绘成吸血的魔鬼，实际上它们根本不像别西卜①，倒是更接近佛陀。在动物王国里，蝙蝠对邻居大度，对朋友宽厚，对伴侣慷慨。它们捕食那些传播疾病、毁坏庄稼的昆虫，每年为人类省下数百亿美元。它们还承担着为香蕉、鳄梨、龙舌兰等许多热带植物授粉的重任，没有蝙蝠，世上就没有龙舌兰酒了（这对人类说不定是件好事）。事实上，比起狗，蝙蝠更应该算是人类最好的朋友。

这样说起来，民间流传的故事对蝙蝠太不公平——那是一个令人瞠目的恐怖故事，里面有一位天主教神父拿着锋利的剪刀，有一位特立独行的牙医想出一个邪恶的计划，还有无辜的受害者——生殖器很大、有善心、分享鲜血的蝙蝠。

* * *

蝙蝠的公关工作从来没有顺利过。它们和兀鹫一样，是极少数被《圣经》列为"不洁"的动物。这样评判它们未免太苛刻。要知

---

① 西方神话中带来疾病的恶魔，外形似苍蝇。

道，蝙蝠每天把多达五分之一的时间用在梳洗、整理上，它们可能比大多数抄写圣书的神职人员整洁得多。

古罗马时代的一位作者提出了更过分的观点："蝙蝠本性上与魔鬼血脉相连。"[4]这与蝙蝠的外貌有一定的关系。一方面，它们的身体和四肢构造，它们的脸以及两只朝前的眼睛和龇牙咧嘴的微笑神情，看上去与人类有几分相似，让人很不舒服；可另一方面，它们又明显不同于人类。当艺术家们开始把魔鬼画成长着蝙蝠翅膀的模样——就像但丁《地狱篇》里的插图那样——蝙蝠的负面形象也就塑造完成了。

中世纪博物学书籍的著作者是虔诚的信徒，这一点对蝙蝠的名声也很不利。他们觉得这种动物面目不清，实在很可疑。英国教士、博物学家爱德华·托普赛尔在17世纪撰写鸟类专著《空中飞禽》时，认为很有必要讲一讲这些长着翅膀、有违常理的动物。教士惊讶地发现，蝙蝠怎么看都和天使般的鸟类亲戚们不一样。尤其困扰他的是这种小小的哺乳动物长着完全不同于鸟类的乳房和牙齿，而且钟爱黑夜，这些都让人禁不住把它们与撒旦联系到一起。托普赛尔把他的疑虑画进了插图里，他描画的蝙蝠有怪异的丰满胸部，咧开大嘴露出邪恶的笑容。他最后还不着边际地补充了一句，谴责这些到处乱飞的怪鸟偷喝了教堂灯里的灯油。

到了启蒙运动时期，科学在发展，但生物学家依然搞不懂蝙蝠反常的身体构造，没办法为它们分类。乔治-路易·勒克莱尔，布封伯爵在他的巨著中给了蝙蝠一个符合当时观点的恶评。"像蝙蝠这样一种动物，一半是四足兽，一半是鸟，整体而言不是兽也不是鸟，那么它必定是畸形的怪胎，"他说，"这是一种不健全的四足兽，一种更加不健全的鸟。四足兽应该有四只脚，而鸟应该有羽毛和翅膀。"[5]蝙蝠的私密部位也让布封十分反感，因为这一部分就像

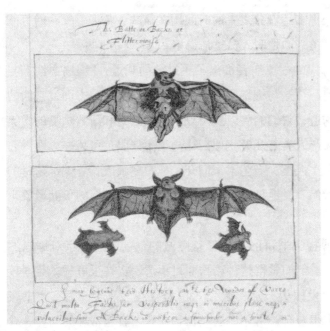

托普赛尔在《空中飞禽》（1613年）中描画的蝙蝠有夸张的胸乳和牙齿，一点不像鸟，看上去俨然是恶魔的模样

是从另一个物种——说起来有点儿吓人，比如人类——身上移植过来的。"蝙蝠阴茎疲软垂下，"他说，"那是人和猴子特有的形态。"[6]

我第一次看到蝙蝠的雄性生殖器时，和伯爵一样吓了一跳。那是大约10年前的事，当时我正在秘鲁的亚马孙雨林深处，与古巴翼手目专家阿德里安·特赫多尔一起拉网抓蝙蝠。我们在一块林间空地上拉起一张网，看上去像一张非常大、网眼非常细密的羽毛球网，然后像蜘蛛似的守在一旁等着蝙蝠撞进这个陷阱（它们探测不到这么细的网）。我们在幽暗闷热的夜里坐了几个钟头，手电筒都关上了，免得吓跑蝙蝠，如同向树懒学习做一场无聊状态下的自我调节训练——不过我记得有真菌在暗夜中发出梦幻般的荧荧光亮，像小时候贴在墙上的小装饰，所以那段时间过得并不无聊。

还有比这更开心的笑容吗？我和长着巨大生殖器的蝙蝠合影——这是我在秘鲁的亚马孙雨林里张网守候一夜的战利品（不过蝙蝠被无端曝光，好像没有我这么兴奋）

　　第一个飞进网子的客人是一只苍白矛吻蝠。阿德里安很兴奋，他有 9 年没见过这种蝙蝠了。而让我惊奇的是这只蝙蝠的生殖器竟有那么大，几乎垂到了膝盖的位置，我首先想到这在飞行的时候太碍事了。阿德里安半开玩笑地解释说，"哺乳动物雄性生殖器的长度似乎与雌性性行为的开放程度有关联"。照这种观点来看，雌性苍白矛吻蝠想必非常开放，因为雄性最出名的特点就是生殖器格外长。它们的生殖器越长，越有可能进入雌性体内更深处，让自己的精子在出发时就占得优势，打败情敌。

　　我第一次接触翼手目动物就碰上了蝙蝠中的"大炮王迪哥"[1]，不禁怀疑我对蝙蝠生殖器的认识因此稍有偏差。但我认识的另一位蝙蝠专家——伦敦大学学院的生态与生物多样性教授凯特·琼斯研究发现，一些种类的蝙蝠不仅有垂下的阴茎，还有一对很大的、鼓

---

[1]　美国影片《大炮王迪哥传》中的主角，电影以纪录片形式讲述了一位美国色情明星的经历。

胀的睾丸。在两性的较量中，雄性的一项有效策略就是尽量增加自己产出的精子，这样也许能胜过有着众多交配对象的雌性——特别是那些能偷偷把某个雄性的精子存起来的雌性，很多种类的蝙蝠都能做到这一点。

琼斯博士非常了解蝙蝠的生殖系统。她曾加入一个研究团队，系统测量了 344 种蝙蝠的性腺和大脑。作为一种温血动物，而且要靠飞行维系生活，蝙蝠必须在能量消耗上精打细算，而从新陈代谢角度来说，性腺和大脑都是非常耗能的器官。琼斯的团队推测，这两种器官之间应该存在权衡取舍，结果果真是这样：有单一配偶的蝙蝠睾丸小，大脑大，而有多个交配对象的蝙蝠正相反。有一种两性关系格外开放的蝙蝠长了一对极显眼的睾丸，足足占到体重的 8.4%——这个样子，相当于人类在两腿间拖着一对大号的南瓜，拉氏大耳蝠（科学家在命名时巧妙地用了它的另一个巨大器官）就这么在与之成反比的弱化了的头脑指引下飞来飞去。

在大脑与睾丸的取舍问题上，雄性的花心程度并没有起到推动作用。影响雄蝙蝠大脑及性腺进化的关键，其实是雌蝙蝠有多少交配对象。很难说人类的进化是不是也会受到这种影响，不过，就当是给女士们提个醒吧。

蝙蝠的色情明星潜质还不只是这一点。研究发现，它们是极少数有口交行为的哺乳动物之一。雌性犬蝠是第一个被发现为伴侣口交的蝙蝠。几年后，雄蝙蝠也暴露出这种举动，观察记录显示，一种名字取得很贴切的狐蝠——印度狐蝠的雄性有舔阴的行为。研究人员很惊讶。从他们能够找到的证据来看，除蝙蝠之外，经常享受这种性行为的哺乳动物只有灵长类。据说，科学家们为此"开了很多会，研究其作用"[7]。

经过一系列围绕狐蝠展开的头脑风暴，他们得出的结论是口交能够延长蝙蝠的交配时间，从而提高受孕概率。另外，尤其就印度狐蝠而言，雄性也有可能是借机吸出前一个竞争对手留下的精液。研究者随即发表的学术论文（文中对蝙蝠一次次口交行为的生动描述足以让牧师脸红）在最后说，他们必须进一步偷窥蝙蝠的隐私："尚需近距离观察才能确定雄性的舌头是否进入了阴道。"[8]

中世纪那些写动物寓言的教士应该会很有兴趣详细了解蝙蝠的惊人性行为，他们总在到处搜集动物的下流表现，然后编成故事宣扬他们的大道理。以爱德华·托普赛尔为例，他仅仅因为蝙蝠赤裸的翅膀就认定它们淫荡。要是知道了蝙蝠的超大生殖器和口交癖好，这位教士想必会滔滔不绝地展开说教。

* * *

蝙蝠的生理特性让人不安，所以和它们的觅食习性一样，引发了很多不好的传言。有些说法听起来简直可笑，比如蝙蝠一心惦记着你家的腌咸肉。这种无稽之谈在中世纪流传很广，有一本关于自然界的早期百科全书叫《健康花园》（*Hortus Sanitatis*），1491年在德国出版，其中就谈到了这一点，还好心为读者配上了一幅木版画，画着6只蝙蝠贪婪地围着一块挂起来的火腿（这本书还很严肃地讲述了龙以及尿液对诊断病情的帮助）。蝙蝠爱腌肉的谬论甚至直接体现在了它们的德语名称里：*Speckmaus*[9]，直译过来就是"火腿老鼠"。

这样一个误导性极强的名字就这么流传下来，有两位德国科学家于是想到，起码应该验证一下这是否属实。19世纪初，当科学界同仁都在为物种起源、元素周期表之类的重大问题奋战时，这两个认真的德国人为推动科学发展所做的尝试，则是养了一笼子偷吃

蝙蝠被称作"火腿老鼠",德国的早期百科全书《健康花园》中,这六只蝙蝠贪婪地围着一块火腿,更加深了民众对自家腌肉的担忧

腌肉的嫌犯,每天给它们投喂火腿片。结果,被囚禁的蝙蝠坚决不肯吃这种食物,一周之后竟生生饿死了。蝙蝠的绝食抗议倒是让德国人放下心来,他们心爱的火腿不会被"火腿老鼠"抢走了。

除了民间传说,新闻报道也给蝙蝠添了几分坏名声。有消息说,某些蝙蝠吃的东西可比腌肉邪恶多了:它们吸其他动物的血。这一来蝙蝠跟特兰西瓦尼亚[①]的某位伯爵成了同类,而它们和人类的关系也因此遭到了致命的打击。

最早爆料的人是 16 世纪远赴新大陆的探险家,回到欧洲后,他们活灵活现地讲起了这种动物嗜血成性的故事。戈萨洛·费尔南德斯·德·奥维多-巴尔德斯,就是一次次诋毁我们的朋友树懒的那位西班牙作家及历史学家,他在 1526 年描述说,蝙蝠"从伤口

---

① 罗马尼亚的一个地区,传说中吸血鬼德拉库拉伯爵的故乡。

吸了大量的血，若非亲眼所见，简直不敢相信"[10]。第二年，据说西班牙殖民先锋弗朗西斯科·蒙特霍－阿尔瓦雷斯带着他的队伍遭遇了"一大群蝙蝠，它们不仅攻击驮行李的牲口，还攻击人，趁大家睡觉时飞来吸血"[11]。

早期探险家讲的这些故事可以是通俗剧的好题材，但是否可信就不一定了。首先，吸血蝙蝠并不吸血，而是像猫喝牛奶一样，由开放性伤口舔血。其次，虽然它们在疯狂进食的时候，能在30分钟里喝下接近自体重量的血，但它们的个头与老鼠相当，这顿液体大餐总共也就是一匙左右——以人类这种体型的哺乳动物来说，身体里流淌的血有好几升，这一点点实在不算什么。另外，蝙蝠极少攻击人类，它们要找食一般都是找牛或鸡之类的家养动物。当年去征服新大陆的人显然更关心黄金和土地，并不在意对动物的描述是否准确。他们讲述的恐怖故事让公众认识了这些恶魔般的动物，不过还要再过些年，蝙蝠才真正被冠以吸血的恶名。

英语里的吸血鬼一词起源于斯拉夫语系，原义是"饮血而醉"[12]，但从巴比伦、巴尔干半岛到印度和中国，许多地方的古代文化中都有类似的神话，透露出深藏在人类内心的一种恐惧。这些食尸鬼怪在黑夜里游荡，从活人身上吸取生命，而且拥有变身的超能力。但是，它们从不曾变成蝙蝠出现。作为吸血鬼的化身，它们恐怕很难在现代惊悚片里争取到角色——马、狗、跳蚤是常见的形象，也有传闻说，吸血鬼会变成西瓜或家用器具（救命！花铲咬人啦！）。

17世纪末和18世纪，吸血鬼传说盛行于东欧大部分地区。那是大瘟疫和天花等神秘灾祸接连降临的年代，死亡的蔓延被解释成"活死人"作祟。报刊把吸血鬼行为当作事实进行报道，君王派出特别代表，到匈牙利、普鲁士、塞尔维亚和俄罗斯去调查"吸血鬼肆虐"[13]。在这种大环境下，早晚会有人把神话中的吸血鬼怪与现实中的嗜血生物联系到一起。事情果然发生了，造成了混乱的后果。

1758 年，动物分类学权威卡尔·林奈正式给蝙蝠冠上了吸血的恶名。在他的分类学经典著作《自然系统》第十版中，林奈将 *Vespertilio vampyrus*（吸血蝙蝠）描述为"夜间由熟睡的目标身上吸血"[14] 的一种蝙蝠。在这之后，世界各地出现了一系列类似的拉丁文学名：1843 年命名的 *Vampyressa*（黄耳蝠），1865 年命名的 *Vampyrops*（白线蝠），1889 年命名的 *Vampyrodes*（大纹面蝠）。巴伐利亚大学动物学主管约翰·巴普蒂斯特·冯·斯皮克斯似乎更富想象力，为他在巴西发现的一个新种取名叫 *Sanguisuga crudelissima*，意思是"一种最为残忍的吸血生物"[15]（俗称"长舌蝠"）[16]。据斯皮克斯说，他曾看到它们"如幽灵般盘旋在漆黑的夜色里"[17]。

问题是，这些蝙蝠实际上一滴血都没沾过。它们都是吃果子的动物，与吸血无关，却有一个吸血的学名，在科学领域里永远背负着这样一个误导人的头衔。

那些吸血蝙蝠的猎食现场不难辨别——它们唾液里的抗凝物质能让伤口流出不少血，到早上留下一大块显眼的血迹。但要想抓住夜里出来作案的蝙蝠，可就难得多了。欧洲的分类学家曾根据新大陆探险家提供的极不可靠的"目击"报告，试图从一堆干瘪的标本当中找出真正的吸血蝙蝠，结果犯了一个致命的错误：他们以为送过来的蝙蝠中，个头最大的那些靠吸血维生（它们其实性情温和，吃的是植物）。在大家搞错目标的时候，其实有一位博物学研究者抓到了一只货真价实的吸血蝙蝠，可是，没人相信这真的是喝血的蝙蝠。

费利克斯·德·阿萨拉是西班牙制图师及军队指挥官。1801年，他在巴拉圭成功捕获了一只蝙蝠，就是后来人们通常所说的吸血蝠。阿萨拉是一位有天分的业余博物学家，发现过数百个新物种。不过，他曾大胆批评备受敬重的布封，指出这位法国贵族的巨著《自然史》中有一些"粗俗的、虚假的和错误的观点"[18]。布封自诩是欧洲博物学界的权威，这是一个傲慢的圈子，对阿萨拉的放肆很不以为意。当阿萨拉宣布他终于找到了恶名昭著、神出鬼没的"吸血鬼"时，学术机构很快否定了他的观点。落网的蝙蝠因为门齿融合的缘故被命名为 *Desmodus rotundus*（圆头叶蝠），关于它的血腥食物则只字未提。

那个年代盛行浪漫主义哥特风格的恐怖文学，到了 19 世纪初，吸血鬼的概念已经深入民众当中。蝙蝠一样的翅膀、蝙蝠一样的行动方式，以及发展到后来——真正的蝙蝠出现在这些故事里，由此塑造出的怪物远比吸血的西瓜可怕。同时，这也为古老的传说重新注入生机。布拉姆·斯托克[①]的小说《德拉库拉》轰动一时，现实中的蝙蝠与虚构的吸血鬼从此交织在一起，一种吃水果的无辜动物被迫扮演邪恶的坏蛋。在这之后不时有认错蝙蝠的事情发生，让大家空忙一场。

1839 年 7 月，英国萨里动物园大出风头。他们找来了一只"吸血蝠"，自豪地宣称这是"出现在英格兰的第一只活生生的吸血蝠"。[19] 这座园子里养着五花八门的各种野生动物，它们原先的主人名叫爱德华·克罗斯，他曾在伦敦的斯特兰德经营一家动物园，后来因为园内一头大象牙痛发狂，杀死了饲养员，他不得不把动物全部迁到别处。出事之后，他一直在找机会东山再起，而动物园希望能借着展出恶名远扬的蝙蝠吸引大批游客。不过，媒体对这只传奇动物的行为表现不大满意。"虽然这是一只吸血蝙蝠，传说中有

---

① 布拉姆·斯托克（1847—1912），英国作家。

很多嗜血的特性，"一篇报道说，"可是它的模样一点也不凶恶。"这只蝙蝠"性情温顺"，"似乎很高兴受到关注"，最让人失望的一点是，它竟然"吃樱桃"——而且只吃樱桃。[20] 毕竟，这其实是一只狐蝠。

按照那些"科学报告"对吸血蝠嗜血的描述，这无疑是一种"可怕的动物"，会飞进卧室偷袭熟睡的人。当时流行的一本动物大全说："一旦发现身体裸露在外的部分，它们必会扑上去咬住，以一流外科医师般的精湛技术，将尖利的舌头插入一根血管，尽情吸血吸到饱。"作者接着以敏锐的观察力披露了吸血事件的更多细节："受害者一觉醒来往往（因失血）感觉乏力，无法自己包扎伤口。他们在遭到攻击时毫无察觉的原因是吸血蝠一边吸血，一边以特殊方式不停地扇动翅膀，让人在徐徐微风安抚下沉入更深的梦乡。"[21] 这才是符合公众预期——并且是大家想看的内容。

如果萨里动物园当年找来的真是一只吸血蝠，其表现也不会比狐蝠更符合书里讲的那样黑暗传奇。不过，它的行为可能比那些故事更瘆人。

吸血蝠接近猎物的时候通常不是飞过去，而是在地面悄悄尾随。它们用巨大的翼手拖着身体移动，一双发育不良的后腿同时向前蹦跳。这听起来有点儿别扭，但实际上它们可以相当迅速地行进。曾有一位科学家突发奇想，把吸血蝠放在了一台跑步机上——这在健身房里大概会引来不少诧异的目光——他计时发现，它们的步速竟能达到每秒两米多（比全速前进的树懒快了五倍）。这些娇小的蝙蝠不仅跳得比我们钟爱的食叶动物快，它们还能像鹞式战斗机一样从地面垂直起飞，遇到情况可以迅速脱身。

再来说说它们独特的液体食物。吸血蝠找食不是盲目地乱找，它们的鼻子里有特殊的红外感受器，能探查到贴近体表的某根血管里流淌的温热血液——这样咬起来比较方便。它们最喜欢没有毛或羽毛覆盖的部位，比如脚（有点儿痒），耳朵（很烦人），还有肛门（天哪）。更可怕的是，这些蝙蝠还有一项独门绝技，能辨别并记住自己喜欢的猎物特有的呼吸方式，一连几晚来回咬同一个点。

尾随猎物、追咬屁屁的嗜血蝙蝠听起来比吸血鬼伯爵本人还要邪恶。但实际上，吸血蝠是动物王国里极为大度的一个成员。

对于一种飞行的哺乳动物，维持生存要消耗很高的能量，单靠饮血汲取养分实在不是理想的选择。血液里有 80% 的水分，不含半点脂肪。吸血蝠为此进化出特殊的消化系统，可以一边进食一边排尿，迅速处理掉多余的水分。人类会觉得这样太难看，但吸血蝠这么做能确保每次最大程度地汲取血蛋白，同时避免把肚子撑爆（那场面肯定更难看）。不过，这种食物没有油，蝙蝠没机会在身体里储备脂肪，所以至少每 70 小时要进食一次，不然就会饿死。搜寻暴露在外的脚爪或肛门并非我们想象的那么简单（蹄子和尾巴可不是摆设）。多达 30% 的蝙蝠会空着肚子飞回家。如果连续两晚觅食失败，它们的命就难保了。

蝙蝠研究的世界级权威，马里兰大学教授杰拉尔德·威尔金森发现了吸血蝠的一项适应性变化，可以改善这种不利情况：它们进化出一套分享食物的办法，觅食成功的吸血蝠会吐出一些凝固的血，分给饿着肚子的邻居吃。喷吐鲜血仿佛电影《驱魔人》里的场景，想想就觉得恶心，但是对于一只快要饿死的蝙蝠，这无疑是救命的东西。威尔金森告诉我，"蝙蝠似乎是争着把血分给同类"。更奇怪的是，它们的分享对象甚至不是自己的家庭成员，只是同栖在一处的邻居，而且往往是先前共享过食物的蝙蝠。"这种行为与亲缘关系不相干，"他解释说，"更重要的一个决定因素是对方是否帮助过它们。"在这个彼此关爱、分享食物、吐血互助的群落中，蝙蝠们结下了牢固且意义不凡的关系。"它们之间就像朋友一样。"

在吸血蝠的世界里,应该说是血浓于……血吧。它们的互利精神打破了生物学家由传统相处模式得出的"亲缘选择理论",即动物提供帮助的对象,通常仅限于和自己有血缘关系的同类。互利行为在动物界非常难得一见。威尔金森指出:"除灵长动物——狒狒和黑猩猩之外,几乎找不到这种例子。"看来,蝙蝠与人类的相似之处不只是雄性生殖器。他说:"吸血蝠与灵长动物相像的地方在于,它们也把梳理毛发当成一种建立社会关系的手段,这会影响到往后谁帮助谁,以及和谁结盟。"

身为一只吸血蝠,并不是帮同伴梳梳毛就能换来邀请,加入吐血聚会。威尔金森的一名博士生最近发现,这些蝙蝠结盟要花很长时间。研究人员把一些互不相识的吸血蝠关进一个笼子里,强迫它们一同生活,结果整整两年之后,它们才开始分享食物。据威尔金森说,"它们不是谁都信任"。在同等体型的动物当中,吸血蝠的寿命算是长得出奇——个头相当的老鼠能活两三年,而它们能活大约 30 年。它们似乎是要充分利用这一世的时间广交朋友,一步步构建起互帮互助的长久友谊,完全不同于传言中邪恶、不合群的形象。

*　　*　　*

蝙蝠能轻松融入吸血鬼神话,原因之一是它们看起来好像拥有超自然的力量——起码以人类感官来看是这样。它们在黑暗中来去自如,世人见到这种诡异的能力,认定它们是女巫的使者。在中世纪,如果单身女士的家里出现了蝙蝠,大家都会感到害怕。1332年,法国巴约讷的雅库姆女士被公开烧死,因为邻居们发现有"大群蝙蝠"在她的宅院飞进飞出。[22]

巫术中经常用到各种来自蝙蝠的材料。莎士比亚悲剧《麦克白》里的女巫们在作法时用了蝙蝠的绒毛[23]，但这并不是传统的配方，现实中自认懂巫术的人从来都是偏爱蝙蝠血。另外，蝙蝠血也是制作"飞天油膏"[24]的关键原料，据说这种东西能让女巫更平稳地在夜间骑着扫帚飞行。"飞天油膏"从15世纪流行到18世纪，从来没有帮助哪位女士离开过地面，更不要说像蝙蝠一样飞掠过夜空。这其中添加的其他物质，比如颠茄，因为有精神类药物的作用，或许曾让某些人感觉自己飞了起来。

科学界花了很长时间才搞明白蝙蝠为什么像是拥有超能力。并不是所有蝙蝠都用回声定位。吃果子的大蝙蝠多半和一般的哺乳动物一样，行动时靠眼睛辨别方向。那些用回声定位的蝙蝠则是发出叫声，再根据反射回来的声波判定距离，了解周边环境，就这样借助回声在脑子里勾勒出一幅复杂的声音地图。这本身就是一个很难理解的概念，而当初让科学家尤为困扰的是：蝙蝠似乎从不出声。实际的情况是它们飞行时一直在不停地尖叫，大约比黑色安息日乐队[①]的现场演唱还要高20分贝（乐队的著名主唱，吃蝙蝠的奥兹·奥斯本在声音造诣上应该自愧不如）。不过，蝙蝠的高频叫声基本都超出了人类听觉的范围，所以我们根本听不见。

直到20世纪30年代，哈佛大学的生物学家唐纳德·格里芬与一位工程师合作，制作了一台特殊的声波探测仪，我们终于听到了蝙蝠的无声尖叫，也打破了蝙蝠拥有某种超自然"第六感"的说法。[25]这项突破性进展虽然来得晚了点儿，但对蝙蝠而言是个好消息。在此之前的一百多年里，由于人类想方设法探知它们的生物声

---

① 英国的一支重金属摇滚乐队。

呐奥秘，这些神秘的翼手目动物受尽了折磨。

它们的磨难始于 18 世纪，当时一名天主教神父有着永不满足的好奇心，还有一把锋利的剪刀，他的工作经历看起来简直像生物学施虐狂。拉扎罗·斯帕兰扎尼曾经切掉 700 只蜗牛的脑袋，看看它们会不会重新长出来（据他说可以）；他还曾想知道鸭子的胃到底怎么磨碎食物，于是逼着它们吞下中空的玻璃珠。他也是第一个尝试复苏水熊虫的人，这种古怪的微型生物异常顽强，是世上唯一一种能经受住冰冻、辐射以及真空环境（还有斯帕兰扎尼的求知欲）考验的动物。他这么热衷于肢解生命，复活生命，寻求教会的支持可以说是情理中的事。教会为他的探索实验提供了资助，并且多少赦免了他的罪。

1793 年，64 岁的斯帕兰扎尼在异常旺盛的好奇心驱使下，琢磨起蝙蝠在黑暗中辨别方向的本领。他发现，房间里的蜡烛被风吹灭时，他养的那只猫头鹰就会彻底失去方向感，撞到墙上。他觉得奇怪：为什么蝙蝠不会这样？为找到答案，神父把他的剪刀磨好，开始了一系列极度残忍的实验。

事情起初还算正常。斯帕兰扎尼为研究对象做了一堆小小的头罩，他选择了各种布料和样式，力求在不同程度上遮挡蝙蝠的视线。他还把长树枝和丝线吊在天花板下面，在房间里布置了一个障碍训练场，然后把戴着头罩的蝙蝠放进去，增加挑战难度。结果，脑袋被遮住的蝙蝠飞起来晕头转向，有点像他的猫头鹰。但斯帕兰扎尼没法确定这是因为蝙蝠看不见，还是因为它们的头罩太紧了一点。于是他顺理成章地进行下一个步骤，把蝙蝠弄瞎了。

"弄瞎蝙蝠可以用两种方法。"他愉快地写信告诉瑞士的合作伙伴尤林教授。两人书信往来多年，话题血腥。他接着在信中罗列了他的中世纪酷刑："用一根烧红的细铁丝烧掉角膜，或者……拉出眼球，切下来。"[26]

神父在向尤林详细讲述自己的研究时，字里行间从未流露出道德上的困扰。这也许是因为蝙蝠本身恶魔似的形象，也可能纯粹是别的缘故。斯帕兰扎尼做的事看起来极端残忍，但是这个人，为了了解自己的消化液，曾经把食物装在布袋里，系一根长线吞下去，等袋子在胃里闷够了再拽出来。在探寻真知的道路上，牺牲几只蝙蝠的眼睛又算什么呢？更何况结果那么令人兴奋：

> 我用一把剪子彻底摘除了一只蝙蝠的眼球……把它放到空中之后……它迅速飞了起来……与双目完好的蝙蝠一样快，一样有把握……这只蝙蝠虽然没有了眼睛，但绝对能够看见，我的震惊无法用语言形容。[27]

这项发现简直是一个奇迹，尤其是考虑到斯帕兰扎尼还在蝙蝠的眼窝里灌满了融化的蜡，然后再罩上小小的皮革眼罩。

斯帕兰扎尼和尤林教授由此得出结论，蝙蝠不可能靠视觉辨别方向。两人于是开始了下一步研究，一个一个地排除蝙蝠其余的感官。

他们的第一个目标是触觉。对于蝙蝠神乎其神的第六感技能，这似乎是一个可能的解释，因为当时有传言说，双目失明的人能够"通过皮肤感知环境变化"，从而"在城市街道上安然行走"。[28]斯帕兰扎尼用一罐家具清漆"把一只眼盲的蝙蝠全身刷了一遍，包括口鼻和翅膀"。结果或许应该说是意料之中：蝙蝠裹着厚厚的一层漆，起初飞得很吃力，但是不一会儿便"恢复了活力"，无拘无束地飞起来。保险起见，神父重复了这个实验，用了更厚的漆。"有一点值得注意，"他写信给科研挚友，"涂上第二层、第三层清漆后，蝙蝠的正常飞行并未受到影响。"[29]

在排除蝙蝠嗅觉的实验中，他第一次遭遇了挫折。"我堵住了蝙蝠的鼻孔，"斯帕兰扎尼告诉尤林，"但是它因为呼吸困难，没过多久便坠落到地上。"蝙蝠需要呼吸是个棘手的问题，意大利人不得不改进实验方法。他用刺鼻的嗅盐把"小块海绵"浸透，然后固定在蝙蝠鼻孔前面。他汇报说：它们"飞得和平常一样顺畅"。

味觉实验显得比较潦草："去掉舌头没有任何收效。"[30]

但是，有一项实验确实影响了蝙蝠的飞行：破坏它们的听觉。为达成目的，这位意大利人动用的手段堪比中世纪的西班牙宗教法庭。他试过剪掉或烧掉蝙蝠的耳朵，把它们缝起来，往里面灌融化的蜡，用"烧红的鞋钉"把它们刺穿。试到最后一种方法，蝙蝠终于承受不住了，"把它抛到空中的时候，它垂直掉了下来"[31]。这只蝙蝠第二天早上咽了气，让人不免有些于心不安，不知道它飞不起来是不是因为实验给它带来了不算小的痛苦。从不服输的斯帕兰扎尼又想出了一个别出心裁的解决方案，用黄铜为蝙蝠特别制作了一款迷你型的号角状助听器，可以灌蜡（隔绝声音），也可以保持中空（方便调控）。

在这些小小的助听器帮助下，这对无畏探索蝙蝠真相的好友终于完成了实验，可以自信地宣布，蝙蝠必须听觉完好才能在黑暗中辨明方向。唯一的问题是，蝙蝠飞行时并没有发出声音，神父为此一直很苦恼。"可是，若上帝爱我，我们该如何解释，或者该如何构建关于听觉的假说？"[32]斯帕兰扎尼问道。最终，他猜测蝙蝠翅膀扇动的声音会通过某种途径，由周围物体反弹回来，"蝙蝠就根据这种声音的强弱判定距离"[33]。他猜错了。不过，他怎么会知道蝙蝠其实叫得比火警报警器还大声，只不过频率超出了人类的感知范围？声音研究在当时刚刚起步，但即将迎来重大突破。

斯帕兰扎尼的实验独具创意，一丝不苟，更不要说蝙蝠们还为此牺牲了眼睛，所以科学机构无视这项研究真是很让人遗憾。可事情就是这样。在这之后的 120 年里，人们普遍认为蝙蝠导航不是靠听觉，甚至也不是靠视觉，而是靠触觉。

最初提出这种说法的人，是备受敬重的法国动物学家、解剖学家乔治·居维叶（我们前面讲到的那位养河狸的弗雷德里克·居维叶是他的兄弟）。不知出于什么原因，乔治不相信斯帕兰扎尼和尤林一步步折磨蝙蝠得出的结论。1800 年，这位法国人没有亲手做过一个实验，便在五卷本的比较解剖学概论第一卷里发表了他的专家观点："我们认为，触觉感官似乎足以解释蝙蝠（躲避障碍物）的所有表现。"[34]

居维叶在事业上如日中天，说出的话就是最终的定论。大革命之后，这位科学家在动荡不安的巴黎得到了拿破仑的认可，受命开展一个全国性的科学项目。当时也有个别声音提出不同的观点，比如英国医师安东尼·卡莱尔爵士——他通过实验得出结论，蝙蝠能避开障碍物"是因为拥有极其敏锐的听觉"——但这些声音基本没人理会。1809 年有一个名叫乔治·蒙塔古的人挖苦说："既然蝙蝠用耳朵看，那它们是用眼睛来听吗？"[35] 他的问题代表了大多数人的态度。

学术界的讥讽想必让潜心研究蝙蝠的人很受打击，而蝙蝠由此受到的欺辱还要严重得多。此后的一个世纪里，一代又一代蝙蝠不得不继续忍受人类的折磨和摧残。全球各地的研究者纷纷重复那两位干劲十足的前辈做过的实验。无数蝙蝠被剃光了毛，全身涂上凡士林，眼睛被胶封住或眼球被摘除，耳朵被切掉或用类似水泥的东西堵住。然而没有一个实验得出确凿无疑的结论。最终，一起轰动事件意外解救了蝙蝠和屡战屡败的蝙蝠研究者——这就是泰坦尼克号的沉没。

海勒姆·史蒂文斯·马克沁爵士是一位极具创新才能的工程师，在美国出生，后加入英国籍。他的大脑左半球好像总能冒出奇思妙想，满足各个人群的需求——世界上第一款自动机枪（为男孩设计）、烫发棒（为女孩设计）、自动喷洒灭火器（为认真负责的人设计），还有自动复位捕鼠夹（为不太认真负责的人设计）。他的发明中，最复杂的一件是蒸汽驱动的飞行器，在1894年"飞行"一小段距离之后坠毁了。这件事之后，"灾难"这个词在马克沁心里大概格外沉重。1912年，泰坦尼克号没有发现冰山，不幸撞沉。他于是想到发明一种设备，防止类似的悲剧重演。他的灵感完全来自蝙蝠。

"得知泰坦尼克号的沉没，大家都感到极度震惊和悲痛，"他在当时写道，"我自问，'科学是否已无计可施？是否没有任何方法能阻止如此悲惨的生命和财产损失？'我在四小时之后忽然想到，可以给船只配备一种装置，或许称之为第六感比较合适，不用借助探照灯也能发现附近的大型物体。"[36]

马克沁认真拜读了早已被世人遗忘的斯帕兰扎尼著作，从中借用了第六感的概念。蝙蝠靠听觉辨别方向的观点有理有据，这位工程师一下子被说服了。他认为蝙蝠一定是靠扇动翅膀发出声音，再聆听反弹的回声，而它们看似静默，原因是这种声音超出了人类的听觉范围。但马克沁在这一点上犯了一个关键的错误：他推测蝙蝠的音调太低了，他没想到其实是太高了。另外，他误以为声音的来源是蝙蝠的翅膀，而非口鼻。不过他说对了一点，这声音的确超出了我们能听到的范围。这为解谜提供了一条至关重要的线索，为接下来的一波研究热潮打开了思路。几年后，英国生理学家汉密尔顿·哈特里奇指出，蝙蝠会发出人类听不见的高频声音。知道了这一点，破解它们的秘密声呐也就只是时间问题了。

在此之前，有人先研究出人造声呐。马克沁公开发表他的观点后不久，便有两位发明家为一种声学导航系统申请了专利——这种装置和蝙蝠一样，能探测到物体反射回来的声音，由此判定其大小及相对距离。1914年进行的一次实地测试中，它成功发现了3公里外的一座冰山。要不是当初居维叶否定了斯帕兰扎尼的恐怖研究，说不定航海用的声呐早已诞生，随着远洋客轮泰坦尼克号沉没的1500人或许也能躲过厄运。不知那样一来，历史进程会有什么改变。

不管怎样，过去的确给我们留下了一条教训：蝙蝠更适合启发人类探索新的手段用以救人，而不是杀人。

* * *

除了海勒姆·马克沁爵士，其实还有更多特立独行的发明家从蝙蝠身上获得了灵感，但是很遗憾，爵士大概是其中最理智的一位。第二次世界大战期间，有人想出一个疯狂的计划，把成千上万只蝙蝠变成燃烧弹去轰炸日本城市，不过，最终收效比声呐差远了。

莱特尔·S.亚当斯医生是美国宾夕法尼亚的一名牙医，1941年12月7日，60岁的他刚在新墨西哥州休完假，正驱车回家，这时消息传来，日本袭击了停靠在珍珠港的美国舰队。牙医震惊之余怒火中烧，开始苦苦思考美国该如何反击。他想起假期中在著名景点卡尔斯巴德洞窟看到大群蝙蝠如乌云般飞出洞来。要是给几千只蝙蝠绑上小小的炸弹，再把它们放进某座日本城市怎么样？蝙蝠会本能地去找房屋角落或缝隙栖身，在那里触发炸弹，消灭熟睡中毫无防备的日本居民。

这么好的办法怎么说都没问题吧？

说实话，有很多问题。当时的技术还做不出比一罐豆子更轻的炸弹，老鼠大小的蝙蝠驮上这么重的东西都不一定能飞起来，更不要说飞很远的路。而且，遥控引爆在那时还是很不成熟的新生技术。蝙蝠本身也是一个难题，与军队里驯养的鸽子、鼠海豚之类的动物不一样，它们没法训练，学不会听指令。这些生物爆炸装置只听自己的。

牙医的计划虽有这么多明显的漏洞，却还是从美国军方申请到了资金。要知道，亚当斯有一些身居高层的朋友。这位跨界搞发明的牙医此前就曾向第一夫人埃莉诺·罗斯福介绍自己的一个创想，让飞机不用降落就能将邮件送达或取走。不知道他用了什么办法，总之那次演示让人觉得挺合理。所以，当亚当斯写信给富兰克林·D. 罗斯福详述他的蝙蝠纵火计划时，这封本该扔掉的信并没有被直接扔进垃圾桶，罗斯福将它转给了美国国防部科研委员会——"曼哈顿计划"就诞生在这里——还亲笔写了一张字条附上。"此人不是疯子，"总统写道，最后略显草率地说，"这个想法听起来很荒唐，但不妨研究一下。"[37]

事实上，亚当斯的《奇袭建议书》满篇疯言疯语。他近乎狂热地说这项计划必将"让日本帝国的国民害怕，丧失斗志，从此反感蝙蝠"，与此同时，也能赋予这种"令人厌恶的"、长着翅膀的哺乳动物一点存在的意义。"蝙蝠是最低等的动物，历来与阴间、黑暗领域、邪恶相关联。迄今为止，从来没有理由能解释它们为何存在，"他写道，"依我之见，千百年来无数蝙蝠栖息在我们的钟楼、坑道、洞穴里，上帝将它们安置在这些地方，就是为了等待这一刻的到来。"这份狂热一直持续到了信的结尾："您或许认为这个想法太荒诞，但我自信它一定能成功。"[38]

亚当斯在写给白宫的信里，倒也表达了一点儿小小的、让他放心不下的担忧。他的"切实可行且造价低廉的"方案可以消灭"讨厌的日本人"，但必须牢记，"如果不能严守秘密"，这很可能"反被敌人窃取利用"。[39] 于是，他的方案被盖上了"绝密"印章，还获得了一个颇具科幻味道的代号："X光计划"。高级军官、武器专家、工程师、生物学家共同组建了一个精锐团队，30年代破解蝙蝠声呐之谜的哈佛科学家唐纳德·格里芬也在其中。这些人携起手来，开始想办法解决实施计划面临的难题。

首先，他们要抓几千只墨西哥犬吻蝠回来。这种蝙蝠栖息在美国西南部的洞穴里，群聚的规模大得吓人——足有几千万只。然后，要设计一种足够轻巧的炸弹，让体重12克的小蝙蝠能驮着飞行。而事情的发展很有美国特色——著名歌星宾·克罗斯比名下的一座工厂真的生产出了微型炸弹所需的零部件。

住在这片巨型洞穴网络中的蝙蝠，其实以前就为战争出过力。准确来讲，是它们的粪便曾被用在战争中。凡是进过蝙蝠洞的人都会痛苦地发现，它们的粪便氮含量非常高；一进洞，那股浓烈的氨气味就直冲嗓子。美国内战期间，南部邦联物资紧缺，于是南方人就地取材，从这些蝙蝠的粪便中提取氮来制造炸药。宾·克罗斯比的炸弹应该没有用易爆的蝙蝠排泄物，用了的话，倒是很相称的材料。

蝙蝠和炸弹都有了，下一步就是把它们组合到一起。微型炸弹被绑到了蝙蝠身上，用的是普通的麻绳，当时之所以选用技术含量这么低的方法，理由是蝙蝠"可以飞进民宅或其他建筑的隐蔽角落，咬断绳子，把炸弹留在那里"。这是一种个头很小、飞来飞去吃虫子的动物，而且平常不吃麻绳，大家对它们执行军令的能力实在有太多危险的臆测。聪明的科学家觉得借助生物学理论，总归能找出一种办法来控制这种动物。为方便管理及运输，他们把蝙蝠放进了冰箱，强迫它们冬眠，结果发现很难准确把握叫醒它们的时间。最初用教练弹做的几次试验都失败了，蝙蝠要么醒得太晚（带着弹药很丢人地栽到了地上），要么醒得太早（径直飞出了基地）。

专家组没有气馁，在 1943 年的 6 月，也就是亚当斯提出计划不到两年后进行了一次实弹测试。他们没能得到预期的结果。负责撰写报告的卡尔上尉在陈述时有点含糊其词："测试结束……大部分试验材料因失火而被烧毁。"上尉在报告中没有提到，卡尔斯巴德后备基地的营房、指挥塔台等等许多建筑都被乱窜的蝙蝠炸弹点燃，烧起了熊熊大火。这块地方是军事保密区，平民消防员不能进来，因此大火更是肆无忌惮。人们被迫撤到安全地带，眼睁睁看着火势蔓延，烧毁了基地的大部分建筑。还有几只长翅膀的炸弹开了小差，躲到将军的车子底下，如期爆炸了，仿佛是给整个事件的最后一点儿羞辱。

我认为这一天应该被定义为蝙蝠主宰自己的命运，炸毁亚当斯的恶毒杀戮梦想的一天。项目在这次不光彩的挫折之后一蹶不振，改由海军陆战队主导，又勉强延续了一年，在 1944 年宣告终止。美国人投入几百万美元，拿蝙蝠做了 30 来场实验后，开始集中精力发掘原子的力量，研发另一种炸弹——事实证明，原子比蝙蝠更好控制。

亚当斯非常失望。他坚持认为要打击日本城市，蝙蝠燃烧弹应该会比两颗原子弹的效果更好。"想想看，每次投弹，直径 64 公里之内的一片地上有几千个着火点同时烧起来，"他后来曾叹道，"那样能把日本摧毁，但又不会死太多人。"[40]

假如这个项目继续实施，不管人类的死伤情况怎样，蝙蝠在执行轰炸任务时肯定很难活下来。"X 光计划"的终止让许多蝙蝠逃过了厄运，也在一个难得善待蝙蝠的国家挽救了它们的声誉。日本受中国文化影响，对蝙蝠很友善，自古就把这种动物当作福气的象征。如果它们变成了成千上万颗小小的自杀式炸弹，这里必然会和世界其他地方一样，对突然闯入民居的蝙蝠产生偏见。

　　不请自来的野生动物常常遭人污蔑——特别是它们的出现让人猝不及防或感觉危险的时候。我下面要讲的动物——蛙类就是一个典型的例子。从亚里士多德的时代一直到欧洲启蒙运动，每当大群的蛙不知从哪里忽然冒出来，总会有博物学家提出不可思议的观点来解释这种现象。到了近代，蛙类的大规模消失成了科学界关注的问题——在这道谜题背后，隐藏着更加不可思议的真相。

第七章
蛙

无尾目（Order Anura）

蛙是一种极其怪异的生物，

六个月的生命结束之后，

它们便融化、消失在烂泥里，

只是从来没有人能看到这一过程。

到了春天，它们又在水中重生，

依然是原先的模样。

在大自然的某种玄妙力量影响下，

这一幕每年都会如期上演。[1]

老普林尼：《自然史》（77—79 年）

千禧年里，我花了大半年的时间寻找一种神秘的水下怪物——的的喀喀湖池蟾，它有一个令人费解的学名，叫作 *Telmatobius culeus*，俗称"阴囊水蛙"。

我在乌拉圭拜访一位很有人望的环保人士时，第一次听说了这种皮肤松弛、像个袋子的动物。他说 20 世纪 60 年代，在安第斯山中的玻利维亚与秘鲁交界处，他的朋友拉蒙·"库奇"·阿韦利亚内达曾和大名鼎鼎的雅克·库斯托[1]驾着一艘微型潜水艇巡游浩渺的的的喀喀湖。两人原本是去寻找传说中的印加黄金，结果没找到金子，却发现了巨大的水蛙。他信誓旦旦地告诉我，那种蛙足有小汽车那么大。

我最喜欢的动物就是蛙。它们在进化道路上实现了从水中到陆地的跨越，在我眼里是真正的探险家。它们没有强壮的身体，但是克服了先天条件的不足，通过巧妙的适应性变化，在一些极不适合居住的地方成功生存下来。目前已知的蛙类约有 6700 种，有的会分泌防晒油保护自己，有的会自制抗冻剂，还有的甚至会飞。最初的两栖动物确实非常大，它们捕食恐龙幼崽，身长有近 10 米。说不定库奇和库斯托当年见到了一只遗留至今的远古生物——一只尼斯湖怪般的两栖怪兽，潜伏在全球海拔最高的淡水湖里。

我几经周折找到了库奇，他现在在巴西的海滨胜地布吉奥斯附近享受阳光，安度晚年。多年的水下活动留下了后遗症，库奇的耳朵听不见了，我给他打电话时，他的儿子在中间帮忙传话，转述的消息让我多少有种幻想破灭的感觉——他说父亲见到的水蛙也就是正餐的餐盘大小，并没有汽车那么大。我极力掩饰内心的失望。

实际上早在 1867 年就有人发现了的的喀喀湖池蟾。有那样一个好笑的拉丁文学名，是因为它们长得有点儿像松垂的阴囊。这种长相没法参加选美比赛，但它们因此拥有了超强的水下耐久力，就连逃脱大师胡迪尼[2]都会羡慕。

的的喀喀湖的生存条件十分严酷。这里海拔近 4000 米，阳光毒辣，空气稀薄，根本不适合皮肤娇气，又是冷血的两栖动物。但

---

[1] 雅克·库斯托（1910—1997），法国海洋探险家、导演、作家，发明了水肺型潜水器。
[2] 哈里·胡迪尼（1874—1926），匈牙利裔美国魔术师、脱逃艺术家，以水牢脱逃表演一举成名。

是，池蟾偏偏就生活在这座湖里。它们绝大部分时间都待在水下，湖水如同一张巨大的毯子，为它们挡住了强烈的紫外线，也隔绝了气温的大幅波动。它们极少浮上水面，呼吸几乎全靠皮肤，为此它们的皮肤进化出很多褶皱，堆叠在瘦小的骨架上，尽可能增大体表面积。需要更多氧气的时候，池蟾不会像一般蛙类那样游到水面去大口呼吸，而是在湖底做俯卧撑，加快身边的水流循环，让含氧的湖水流过层层叠叠的皮肤。

1969 年库斯托驾着小潜艇探索的的喀喀湖的时候，说他见到的那种巨型两栖动物足有"几亿只"[2]，身长多半在 50 厘米左右。如今，据当地渔民报告，库斯托描述的巨蛙早已经消失，它们的后代个头小了很多，而且也越来越难见到了。

现在最容易找到的的喀喀湖池蟾的地方，应该是在利马市中心的某台食品搅拌机里。在秘鲁民间流传的壮阳偏方里，这些皱巴巴的两栖动物是一味关键的原料。就是因为这件事儿，我拜托在机场认识的一位出租车司机，利用转机的两小时空闲带我去他喜欢的一家蛙饮料店。我们以不要命的速度飞车穿过市区，路上我忽然想到，我这么执着地要求尝尝司机先生钟爱的水蛙春药，也许他会觉得我是对他有意思吧。于是我努力把话题控制在科学探讨的范围里，但这真的很难，因为我的西班牙语说得磕磕绊绊，他又不大懂英语，再加上这种蛙的名字本身就很容易让人想歪。

我们赶到了饮料店。这是一间破旧的小屋子，面朝一条熙熙攘攘的商业街，我在这里第一次看到了传说中的池蟾。藏身湖底、犹如巨型口袋的怪蛙，原来只是一种个头不大、浑身斑点的灰绿色水蛙，一双忧郁的鼓眼睛透过脏兮兮的玻璃缸望着外面。

出租车司机要了周五下午常喝的提神饮料，柜台后面板着脸的女人像电影《鸡尾酒》里的汤姆·克鲁斯一样娴熟，从玻璃缸里一把抓出一只满脸绝望的池蟾,抓着它的腿,在柜台上剁掉它的脑袋,像剥香蕉似的剥掉了皮,然后把它连同几种药草和蜂蜜一起扔进了一台万能牌搅拌机里。

我的导游把完成的水蛙奶昔递给我,眼里明显带着促狭的笑意。本着新闻工作的好奇心,我喝了一小口。味道甜甜的,有股奶油香,完全尝不出蛙味。要不是我想起了原料的样子,这种饮料其实挺好喝,至于他们说的功效,我却是一点儿也没感受到。虽然事实证明,许多两栖动物分泌的化学物质对科学研究有极大的帮助,但的的喀喀湖池蟾恐怕和许多传统偏方一样,没有任何实际的药用价值。这只是一种地方文化。安第斯山区的居民一直把这些蛙视为生殖力的象征,在印加人统治这片土地之前,它们的图像就早已出现。

世界其他地方也有人认为蛙与生殖有关联。在中世纪的英格兰,把一只蛙送进嘴里不是什么壮阳偏方,而是一种据说很有效的避孕方法。我想不出这怎么可能有效,不过这肯定能让追求者打消亲吻的念头。20世纪50年代,中国的一位名流曾向公众推荐一种避孕良方:生吞蝌蚪。这与古代相比已有很大的改进——有一个中医古方建议先把蝌蚪用水银煎过再用,效果想来应该很好,毕竟相关的人都会因此中毒。不过,50年代的人们认为有必要做进一步的完善,于是分别以老鼠、猫和人为对象,认真测试了蝌蚪避孕药的药效。结果,43%的女性参与者在四个月内怀孕了。1958年,官方正式宣布活蝌蚪没有避孕功效。听到这个消息,全国的女性(以及蝌蚪)大概都松了一口气吧。

在世界各地,各种文化中,从民间传说到科学研究,蛙类总是与性爱和生育联系在一起。由此而产生的种种误解自古流传至今,构成了一个关于妊娠、瘟疫和灾祸的曲折故事。

＊　＊　＊

　　蛙类作为生殖崇拜的象征至少已有 5000 年。阿兹特克人有一位巨蟾模样的女神，叫作特拉尔泰库特利，她被奉为大地之母，掌管着出生、死亡及重生的无尽轮回。在相邻的中美洲，前哥伦布时期的居民敬奉一位更加古老的神，他名叫森特奥特尔，是生育和丰产的守护神，以一只有点儿吓人的蟾蜍形象出现，他还有一排巨大的乳房。在地球另一边的古埃及，主宰繁殖和分娩的女神海奎特也被描绘成蛙的样子。

　　世界很多地方都有类似的神话，究其原因，最合理的解释就是蛙类的爆炸式繁殖方式——产卵现场用"爆炸"来形容一点儿也不夸张。它们的生存策略是以数量取胜，在繁殖季里大规模群聚，一同产下无数蛙卵，就算天敌来吃也绝不可能全部吃掉。这样的聚集场面相当震撼——大群发情的两栖动物三三两两地抱在一起，看过去一大片密密麻麻不停蠕动着，多日不散。

　　两栖动物基本都需要在水中繁殖，所以蛙类的狂欢往往出现在每年的雨季或洪水泛滥的时候，这对从事农耕的人类来说，也是至关重要的季节。举例来讲，古埃及人的农业就离不开尼罗河一年一度的泛滥。春天洪水退去，留下肥沃的黑土，为农作物提供了养料——也滋养了成千上万交配欲望高涨的蛙。在人们的观念里，蛙的多产、土地的丰饶以及人的兴旺繁衍由此交织在了一起。

　　不过，有一个关键的问题一直没有答案：这么多蛙到底是从哪里冒出来的？

　　对于大群蛙的突然出现，古代的学者十分困惑。他们提出了一种大胆的解释：这场狂欢诞生自大地——水与泥融合出一种创造生命的神奇力量，造出了这些蛙。无机物也能创造生命的观点不仅适用于蛙类——我们在鳗鱼的故事里看到过。它曾被用来解释各种动物的诞生，它们都与蛙和鳗鱼相似，要么没有明显的性器官，要么经历了不可思议的蜕变。在古代中国、印度、巴比伦、埃及都流传着类似的说法，后来亚里士多德把这些观点归纳到一起，经过谨慎的思考研究，提出了一种可惜并不正确的理论：自然发生论。

亚里士多德在他的《动物史》中谈到，一些低等动物"其实并非由动物繁殖而来，而是自然发生的：有的诞生自滴落叶片的露水……有的诞生自腐烂的淤泥和污物，有的诞生自青翠或枯死的树木，也有的诞生自或已排出或仍在动物体内的粪便"[3]。

人们大都是怀着敬意接受亚里士多德传授的知识，对他的"自生论"也是如此。这一理论不仅能破解蛙类群聚之谜，也可以解释腐肉里为什么忽然长满了蛆，以及人类排泄物中为什么会出现可怕的肠道蠕虫。

包括老普林尼在内，追随亚里士多德的博物学研究者都大力支持这种观点，并在他的基础上添加了更多实例，"过期的蜡""变质的醋""受潮的灰尘""书本"[4]等等各种地方冒出来的虫子，全都被他们归结到了自然发生论的范畴里。有人认为，某些大型动物死后会变形为特定的小动物，比如马会变成大黄蜂，鳄鱼变成蝎子，骡子变成蝗虫，公牛变成蜜蜂。尸体是当时很受青睐的一种"生命发生装置"，从中生出的动物五花八门。

自然发生论在今天看来很可笑，在过去却是经久不衰的理论，一直到16世纪及17世纪仍有着不可撼动的地位。两千多年来，亚里士多德的观点激发了一代又一代人的创新思维，琢磨出一系列匪夷所思的生命创造法。敬业的自然哲学家无不积极投入"自生论"研究。德国耶稣会修士阿塔纳修斯·基歇尔在1665年出版的《地下世界》一书中，向读者介绍了很多方法，有的就像泡方便面一样简单。比如要想造出蛙，只需从蛙类栖息过的沟里挖些土，放在一个大的容器里培养，不断往里添加雨水，然后——嘿，成了——你有了一罐速成蛙。5

　　有些种类的蛙会在干旱时节休眠，所以的确可能有人用这种方法"造"出了蛙。不过，另一位学者的奇思妙想怕是根本没有成功的可能。17世纪的佛兰芝化学家扬·巴普蒂斯特·范·海尔蒙特称得上是自然发生论研究领域里的戈登·拉姆齐①，只是他做出的东西有点儿让人倒胃口。在他介绍的配方里，有一种可以造出食肉的蛛形纲动物。据他说，在一块砖上挖个洞，里面填上一把罗勒叶，再用另一块砖盖上，然后放在阳光下暴晒。几天后，"罗勒蒸发的气体充当了发酵剂，将植物物质彻底转化"，让你的家里爬满"如假包换的蝎子"。5想做老鼠的话，可以把小麦和水装进瓶子里，盖上"一名不洁女子"6的裙子，21天后，你就能拥有一个啮齿类小伙伴。或许，造出小狗的配方会更受欢迎。

　　自然发生论在那个年代得到了非常广泛的认可。英国的托马斯·布朗爵士一向对古老的传说抱怀疑态度，1646年，他大胆质疑这种方法是不是真的能培养出老鼠，结果遭到了嘲笑。"他竟然怀疑腐化物能不能育出老鼠！"一个信奉亚里士多德学派的人生气地说，"照此说来，他也可以怀疑奶酪或木材能否生出虫子；以及腐败的物质能否产出蝴蝶、蝗虫、蚂蚱、贝类、蜗牛、鳗鱼等等……质疑这一点，即是质疑理性、常识和经验。"7

　　17世纪中叶，显微镜的出现开启了一个全新的微观世界，像

---

① 戈登·拉姆齐（1966—　　　），英国名厨、节目主持人，《地狱厨房》等烹饪节目风靡欧美。

布朗这样敢于质疑的人得以在其中探索新知。一批具备新思想的显微镜专家和实验生物学家开始了第一次真正意义上的科学调查，以实际行动破除旧时的超自然理念。意大利博物学家弗朗切斯科·雷迪是他们当中的一位领军人物，他对长久流传的亚里士多德理论存有疑问，决定自己动手做实验检验真伪——这想必是历史上最恶臭难闻的一组实验（能与之相比的，大概只有奥杜邦用腐臭死猪做的那场捉迷藏实验）。

意大利的炎炎夏日里，雷迪尽他所能找来各种动物尸体，从蛙类到老虎，什么都有。整整一个夏天，他遵循昔日自然哲学家们列出的方法，认真地一一实践，把自己的家变成了一间臭气熏天的厨房，生命的创造就在这里上演。不管那些方法有多怪、多臭，雷迪都秉着严谨的态度反复验证几次，看看其中是否真的包含生命诞生的奥秘。在这个怪诞而臭烘烘的夏季里，雷迪做了很多笔记，比如他按照同为意大利人的詹巴蒂斯塔·德拉·波尔塔的指导做了实验，"将一只死鸭放在粪堆上腐化可生出蟾蜍"——不止一遍，而是做了三遍。他最后遗憾地写道，实验"未能取得结果"。对于波尔塔，他不得不评论说这是"一位十分有趣且学识渊博的作家"，但在这件事上"过于草率"。[8]

不管雷迪用哪种腐臭的肉，从里面生出来的始终只有蛆和苍蝇。"我继续用各种生肉、熟肉做同类实验，包括家牛、鹿、水牛、狮子、老虎、狗、羔羊、小山羊、兔子，有时也用鸭、鹅、母鸡、燕子等等动物的肉，"他说，"最后我还尝试了各种鱼类，如剑鱼、金枪鱼、鳗鱼、比目鱼等。每次实验都会孵出前面提到的某一种苍蝇。"[9]

这种情况让他产生了打破常规的联想——一个在我们看来显而易见，在当时却是颠覆性的想法：也许围着肉飞来飞去的苍蝇

尼古拉斯·哈尔措克在《折射光学》（1694年）一书中绘制的草图诠释了精源论派的观点——一个微型小人蜷缩在精子中

才是生出蛆的母体。"面对这些现象，我认真思考之后想到，肉里的虫子其实都是由苍蝇排出的物质中生出来的，而非诞生自肉的腐化，"他写道，"我注意到，肉里出现虫子之前，有苍蝇在上面飞，与后来从肉里生出的苍蝇同为一种，这更加坚定了我的想法。"[10]

于是雷迪开始了最后一个实验，验证自己的猜测。这肯定是臭不可闻的一项实验。

"我把一条蛇、一些鱼、一些阿尔诺河的鳗鱼、一片嫩牛肉分装在四个大号的广口瓶里，盖紧盖子，封好。然后我在另外四个瓶子里装了同样的东西，唯一的区别是没有盖上。没过多久，第二组瓶子里的鱼和肉就生了蛆，苍蝇随意飞进飞出，但在封口的瓶子里，肉放进去很多天之后，我仍没看到任何虫子。"[11]

这项实验简单又聪明——证明了有防护的腐肉没有苍蝇落在上面，未能生出蛆，而暴露在外的腐肉很快长满蛆——自然发生论由此开始被逐步推翻。

继它之后，一种新的却同样错误的学说出现了。一批主张"预成论"的研究者活跃起来，力图解释世间所有动物的繁殖。他们认为，每一个生物都是由一个身形完备的微缩版个体——即 *homunculus*（拉丁语：微小的人）发育而来，它包含在繁殖细胞里，发育仅仅是一个形体长大的过程。支持预成论的人分为对立的两派：卵源论派认为这个微型个体存在于雌性的卵子中，而精源论派认为它在雄性的精子中。

那时候还很少有人认识到，创造一个生命既需要精子，也需要卵子。18世纪80年代，那位挥着剪刀的生物学家拉扎罗·斯帕兰扎尼终于用实验证明了这一点。我们已经见过他剪蜗牛，剪蝙蝠耳朵。在这一系列实验中，他用剪刀发挥了更好的创造力，为蛙类剪裁出小小的塔夫绸裤子。

＊　　＊　　＊

斯帕兰扎尼对交配这件事非常感兴趣——特别是蛙类的交配。他总觉得能在它们的激情场面里找到线索，揭开所有生物受孕的秘密。因为，蛙是体外受精，所以受孕过程比较容易观察，更关键的是比较容易操控。

但在当时，即使是这样基本的事实也存在很大的争议。著名的分类学家卡尔·林奈在书中明确指出："在自然界，在任何情况下，任何活体动物当中，受精或受孕都不可能在母体以外发生。"[12] 于是斯帕兰扎尼拿出了他的剪子，开始插手蛙类性生活，验证那个瑞典人的说法。他抓来单个的雌蛙，把它们剖开，取出肚里的卵。他观察发现，这些蛙卵始终没有发育成蝌蚪，而是渐渐变成了"一团恶心的腐臭物质"[13]。与之相反，雌蛙在抱对时排出的卵总是能长成蝌蚪。这证明了受孕必定在体外发生。另外，虽然雄蛙看上去只是紧抱着雌蛙，没有其他动作（蛙的精子在水中无法用肉眼看到），但斯帕兰扎尼怀疑它在这一过程中肯定有某种贡献。他的任务就是找到这种东西。

为此，勇于尝试的神父借鉴了法国科学家勒内·安托万·费尔绍·德·雷奥米尔的办法。30年前，雷奥米尔花了很大的力气寻找雄蛙在交配时排出的物质。他想出一个非常别出心裁的主意——给这些两栖动物强行穿上专为它们设计的裤子，其作用类似于套上一层全身防护。斯帕兰扎尼（还有我们）很幸运，这位法国科学家

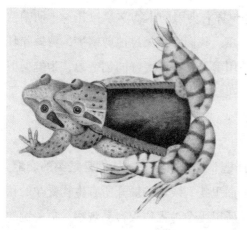

法国科学家雷奥米尔对自己为蛙类量身设计的内裤十分满意，特意聘请艺术家埃莱娜·迪穆斯捷画了一幅画像，背带等等细节全部包括在内，把这份蛙类时尚宣言永久地保存下来。来源：法国自然历史博物馆（Muséum national d'Histoire naturelle）

做事严谨，一丝不苟地记录了他设计制作的每一款裤子。

"3月21日，我们给蛙穿上了一条用膀胱缝制的裤子，"雷奥米尔在笔记中写道，"裤子很紧，能把下半身完全包裹起来。"[14] 动物膀胱做的裤子看起来很不错，有弹性，而且可以轻松给蛙套上。可是到了水里，这裤子马上变得"又软又懈"[15]，很快就不成形了。他不确定这样是不是"足以把蛙包住"[16]，第一代环保紧身裤因此被淘汰。

上过蜡的塔夫绸是用来做雨伞的材料，更加耐用。它的缺点是弹性差，没法保证完全贴合身形。法国人显然有点儿沮丧："我做好了裤子，给蛙穿上，结果它们当着我的面脱掉了。"[17] 他做的裤子横裆太大，蛙们只要蜷腿一蹬就能退出来，轻松摆脱裤子的束缚。

雷奥米尔是个头脑非常灵活的人。他针对这个问题改良了裤子，加上小小的背带，扣在蛙的肩上，稳稳固定住。

斯帕兰扎尼读了雷奥米尔的笔记，深受启发，他也要为这些发情的两栖动物设计一款类似的服装。"穿裤子这个主意听起来很荒唐、很可笑，我倒是并不反感，于是决定自己动手试一试。雄蛙虽然身上多了累赘，追求异性的热情却是丝毫未减，并且尽其所能做

树懒是节能，不是懒！——出人意料的动物真相

完了交配该做的事。"[18]

蛙们完事之后，斯帕兰扎尼小心翼翼地脱下它们的裤子，看看里面有没有留下什么。意大利神父比他的法国前辈运气好，成功采集到了斑斑点点的精液。他马上把这份珍贵的收获涂抹到一团未受精的蛙卵上。这些卵渐渐发育成了蝌蚪，表明雄蛙裤子上的残留物的确对受精作用至关重要。不过，做事严谨的斯帕兰扎尼对这个结果还不是完全放心。他继续做实验，在蛙卵上涂血、醋、烈酒、葡萄酒（各种年份）、尿液以及柠檬汁和青柠汁，一一确认其他物质都无法赋予它们生命。他甚至试过电击蛙卵。就繁殖而言，所有尝试都以失败告终。

斯帕兰扎尼的蛙类时装探索为破解受孕之谜提供了关键的线索。不到100年后，两栖动物再度进入实验室，又一次被用来检验受孕情况——这次不是蛙，而是人的受孕情况。

* * *

这听起来像中世纪动物寓言里的民间偏方，实际上的确是全球首个可靠的妊娠测试，从20世纪40年代持续到60年代，主角是一种小个子、鼓眼睛的蟾蜍。如果给蟾蜍注射孕妇的尿液，它不会变蓝或显现横杠，但是8小时到12小时之后，它会开始产卵，确认检验结果为阳性。

蟾蜍没有家用自测型一说，注射都要由专业的测试人员完成。他们在各个医院及生育诊所的地下室或附属建筑里工作，整天与一缸缸验孕蟾蜍为伴。我就此请教了当年的检测员奥德丽·皮蒂，现年82岁的她住在赫特福德郡，热情活泼，向我讲述了她在沃特福德医院检测蟾蜍的三年经历。

对于一位 20 世纪 50 年代的年轻女子，在一间充斥着尿样和两栖动物的实验室里工作实在是很不寻常。毕业以后，奥德丽的女性朋友大都选择了当秘书，她却在 17 岁的年纪进了沃特福德医院，走上了一条她认为有点儿"古怪"，"不太好意思跟别人讲"，可她还是很喜欢的职业道路。

"我们一天大约做 40 个测试。蟾蜍滑溜溜的，但可以抓住它们两腿中间的位置，把针头刺到表皮下面，注射到肉多的大腿上，"奥德丽回忆说，"完成之后，把蟾蜍放进一个有编号的玻璃罐里，放在暖和的地方过夜，然后到早上看看它们有没有产卵。如果蟾蜍只产下可数的几颗卵，我们会另找一只重新测一次。不过那些蟾蜍几乎没出过错。"

据奥德丽介绍，拥有女巫般特异功能的蟾蜍"不是平常在院子里悄悄爬来爬去那种"，而是来自异国的非洲爪蟾（Xenopus laevis）。这是一个古老的水栖品种，原本分布在撒哈拉沙漠以南地区。它们的长相谈不上好看，爪子很长，躯干扁平，身体两侧的花纹看上去宛如科学怪人的伤疤。它们的鼓眼睛没有眼睑，所以在水里游动的时候，总仿佛一直阴沉沉地盯着实验室里的人。

20 世纪 20 年代末，英国内分泌学家兰斯洛特·霍格本在开普敦大学执教时，偶然发现了非洲爪蟾的验孕本领。霍格本此前在激素研究中用过欧洲蛙，到南非之后便开始用当地的动物做实验。他发现爪蟾对人绒毛膜促性腺激素（hCG），即人类卵子受精之后释放出的一种激素有很强的反应，今天验孕用的化学试剂也是类似的道理。霍格本由此想到，爪蟾可以成为"天赐的"[19]早孕检测工具。他迷上了这种两栖动物，后来甚至用它们命名了自己的家。

他的"霍格本检测法"很快取代了原先准确率低得多的"兔子检测法"，也就是给兔子注射尿液，几小时后将兔子解剖，查看其

20 世纪 50 年代，奥德丽·皮蒂（右）在沃特福德医院的生育实验室工作，让滑溜溜的蟾蜍帮忙做检验，确定女性是否怀孕

卵巢是否有排卵的迹象。奥德丽告诉我，过去的方法相比之下很不实用。"想想看，一天做 40 例的话，要养多少兔子！"蟾蜍起码有一项明显的优势——可以重复使用。

用蟾蜍的另一个好处是它们个子小，可以让它们待在水族箱里，等着某位不确定自己是否怀孕的女士送来荷尔蒙样本。奥德丽说，蟾蜍完成一次检测任务就能休个假，暂时远离激素，"差不多能休息三个星期"。这段时间里，"它们整天就是在水里闲逛"，"吃切碎的肝"。假期过后，它们便要承担起新一轮预言任务。

非洲爪蟾以一己之力彻底改变了早孕检测，这项工作由此摆脱了牺牲动物的坏名声，而且可操作性比以往大幅提高。不过，它们对科学研究的重要意义远不止这一点。数十万只爪蟾离开非洲，被送到欧洲和美国的实验室。它们的出现引起了其他科研人员的注意，特别是在诞生不久的发育生物学领域——这些人延续了斯帕兰扎尼的研究，为详细了解胚胎的发育过程，他们需要大量的卵子做实验。在此之前，研究用的两栖动物只在繁殖季产卵，严重影响了

第七章　蛙　　　　　　　　　　　　　　　155

工作进度。而现在有了这样一种蟾蜍，只要注射人绒毛膜促性腺激素（就像是某种激发自动繁殖的灵丹），它们就会乖乖产下数以万计的卵。用非洲爪蟾还有一个额外的好处：它们的卵格外大——大约是人类卵子的 10 倍——对显微手术和基因操作来说非常理想。另外，孵化出的蝌蚪通体透明，发育生物学家可以很方便地观察它们身体内部的变化，了解幼体到成体的蜕变过程。最后还有一点：成年爪蟾的抗病能力非常强，在人工环境下存活可达 20 年。这种动物简直是科研工作的绝配。

非洲爪蟾原本可以加入小鼠和果蝇的行列，成为人类研究得最为透彻的一种模式生物，成群生活在五大洲四十八个国家的实验室里。到了 20 世纪 80 年代，非洲爪蟾已是世界上分布最广的两栖动物。它们被人类分析、解剖、记录，里里外外接受了彻底的研究。它们是第一种被克隆的脊椎动物，甚至还上过太空。

但是，还有一个关键的问题，研究人员一直没有发现——等他们发现的时候，却太迟了。事实表明，这些走遍全球的爪蟾从来都不是独自旅行的。

* * *

20 世纪 80 年代末，爬行动物学家注意到一个很奇怪的现象。澳大利亚和中美洲的两栖动物开始成群消失，而且往往是很突然的，纯天然环境里的种群就不见了，连尸体都没有留下，仿佛凭空消失了一般。两栖动物在地球上存在已有大约 6500 万年，经历灭绝恐龙的陨石撞击、一系列冰川期以及为数不少的气候巨变之后依然活了下来。现在会是什么造成它们如此大规模地死去呢？

研究人员用了几年时间反复推测，终于找到了罪魁祸首：一种

树懒是节能，不是懒！——出人意料的动物真相

在水里传播的原始真菌，*Batrachochytrium dendrobatidis*，即蛙壶菌，简称 Bd。蛙壶菌会感染蛙类的皮肤——这是它们赖以呼吸的器官，极其敏感——导致后者的皮肤无法吸收氧气和必不可少的电解质，最终引发其心脏骤停。

在这之后的 30 年里，科学家们惊恐地看着蛙壶菌传播到地球各大洲——唯有南极洲得以幸免，因为那里没有两栖动物。它的蔓延造成了至少 200 种动物数量骤降或全军覆没。即使在当今这样一个物种加速灭绝的时代，降临到两栖动物头上的这场灾祸也可以说是"有记载以来脊椎动物遭遇的最严重的一场传染病"[20]。

这种真菌到底是从哪里来的？为什么能传播得这么广，又这么快？几年前，我到壶菌病重灾区智利拜访了克劳迪奥·索托－阿萨特博士，这位学界新秀决心找到这些难题的答案，拯救本国的两栖动物。克劳迪奥是那种极其阳光开朗的人，眼看自己钟爱的动物大规模死去，在面对这么沉重的问题时，他这样的性格是很难得的优势。

与邻国相比，智利的两栖动物种类并不算很多（仅 50 种而已），但绝大多数都是本国独有的珍贵品种。这是因为智利大致上是一条狭长地带，北有沙漠，南有冰川，西有海洋，东有安第斯山脉，把它围在当中。所以这个国家虽然处在一片蛙类遍地的广阔大陆，但当地的两栖动物却一直是在相对隔绝的环境中进化繁衍，灭绝的风险也就格外高。

我跟着克劳迪奥去了一趟野外，寻找一种最为珍奇的智利生物——极其罕见的尖吻达尔文蛙（又称"南达尔文蛙"），是"小猎犬"号的历史性远征中，大胡子科学家达尔文在 1834 年发现的。这种蛙的特别之处在于，它们不像一般蛙类那样在水塘里蜕变成长，而是采用了一种更像科幻小说的方法：交配之后，雄蛙守护着受精卵，等到就快要孵化出蝌蚪的时候，把这些卵全部吞下去。六周过后，仿佛电影《异形》里的场景，它吐出一群蛙宝宝。动物界除了海马，唯有它们是由雄性产下后代，只不过是从嘴里生出来的。

我和克劳迪奥搭乘飞机，降落在巴塔哥尼亚的一个小机场——说是机场，其实基本上只是在荒地上开辟出一条尘土飞扬的跑道，四周环绕着积雪的山峰。克劳迪奥还指给我看智利与阿根廷交界的地方——群山原野间，一条土路上立着一道摇摇晃晃的铁门。这种感觉真的好像来到了一处无人之地。我们从这个荒僻的角落又驱车4小时，终于抵达达尔文蛙栖息的森林——这是一片奇幻天地，有茂密的竹子，叶片大得足以遮风挡雨的智利大叶草，还有野生的倒挂金钟绽放出艳丽的粉红花朵，参天大树上垂下长长的淡绿色藓类在风中飘荡。空中弥漫着浓重的雾气。环顾四周，仿佛置身《指环王》的世界。

好消息是，我们很快就找到了目标。这应该算是一个奇迹，因为我们要找的蛙只有3厘米长，还把自己伪装成一片竹叶的样子，又长又细的鼻子假装是叶柄。坏消息是克劳迪奥用拭子从这些绿色的小家伙身上采集了样本，送到实验室检测蛙壶菌的结果呈阳性。

对蛙类而言，感染蛙壶菌并不一定就是被判了死刑。这种真菌狡猾得让人恼火，根本猜不出它到底会有怎样的效力。有些两栖动物不知是什么缘故，好像自带免疫力似的，能抵挡住它的扼杀。尖吻达尔文蛙大部分时间都在陆地上活动，我们唯有希望这样的生活方式能帮它们避开在水中传播的蛙壶菌孢子，即使感染也不至于达到致命的程度。它们的近亲——智利尖吻达尔文蛙（又称"北达尔文蛙"）运气就不太好。这种蛙的栖息地离智利首都圣地亚哥稍近，相对来讲没那么荒僻，但是，它们已有30年没消息，没人再见过这些同样奇特、同样从嘴里孵出后代的蛙。克劳迪奥推断它们在野外已经灭绝，并认为蛙壶菌就是元凶。他基本可以确定这种真菌如何传播到了智利。

我们探访两栖动物灾难的旅程继续推进，下一站是一座小型农场，位于圣地亚哥以北40公里的城乡交界区塔拉甘特。有报告说一种外来生物入侵了这个地方，克劳迪奥想来实地了解情况，在他看来，这种生物就是传播致命真菌的头号嫌疑犯。

我们到达农场的时候，正是一天当中最热的时候，出来迎接我们的农场主名叫尤尔根，是一位眼睛蓝汪汪的老人，有雪白的长胡子和温暖的笑容。他拿来一袋子蝌蚪和一桶蟾蜍给我们，说这些奇怪的家伙从70年代末就开始在他的土地上成群出没。他按捺不住激动，回忆起蟾蜍入侵两年后，他经历了有生以来第一个"寂静的春天"，他喜爱的本地两栖动物销声匿迹，完全听不到它们的欢快歌唱。他去以前曾黑压压挤满蝌蚪的地方寻找，却什么也没找到。它们彻底消失了。

我朝桶里瞧了一眼，看到一双熟悉的鼓眼睛呆呆地瞪着我。哦，你好啊，爪蟾，你在这儿干什么？

克劳迪奥说，这种外来生物的入侵，应该是智利的著名独裁统治者皮诺切特将军的暴行引发的意外事件。据说在1973年，军政府接管圣地亚哥机场后不久，一批非洲爪蟾空运到港，原计划到首都的实验室去发挥它们的作用。士兵们没接待过外国来的蟾蜍，不知道该拿它们怎么办，于是就把它们放了。从那以后，这批爪蟾和它们的子孙一直逍遥在外。

非洲爪蟾因为自身的一些特点成了理想的实验动物，但换个角度来看，也正是这些特点让它们成了典型的入侵物种。它们有很好的适应力、抗病力，而且繁殖能力非常强。雌性四季都能生育，一年能产下大约8000颗卵。我问克劳迪奥，智利现在有多少非洲爪蟾，他无奈地抱着脑袋叹道："就算没有几亿，起码也有几百万、几千万了。没法说到底有多少，但肯定是一个非常庞大的数字。比如有人估算过，在一个小水塘里就有 21000 只。"

爪蟾甚至出现在了距离圣地亚哥足有 400 公里的地方。它们似乎在以约每年 10 公里的速度从首都向外扩散。雨水丰沛的年份里，它们会大规模迁徙，进一步开拓新的领地。克劳迪奥告诉我，有一年的迁徙季节里，一名护林员目睹了 2000 只爪蟾横穿马路的壮观场面。

非洲爪蟾是胃口很大的食肉动物，它们一路走一路吃，成群的本地鱼、蛙和蝌蚪都被它们吃得一干二净。这支势不可当的两栖动物大军还有一件秘密武器，能将本地的蛙类种群赶尽杀绝：智利有许多在逃的爪蟾携带有蛙壶菌，而它们自己好像已经有免疫力。关于爪蟾在壶菌病的蔓延中究竟起到了多大的作用，人们直到不久前才有了一个比较清晰的认识。

克劳迪奥与来自不同国家的几位研究人员联手完成了一次巧妙的科学探案，对世界各地博物馆里的非洲爪蟾标本做了检测。他们发现，早在 1933 年采集的标本就已感染了蛙壶菌——这是现有记录中最早的病例，时间正是爪蟾第一次离开非洲，被用来做妊娠测试的时候。承担验孕工作的爪蟾并没有一直被关在实验室里。验孕棒取代霍格本验孕法之后，工作人员出于好心，把成千上万只失业的爪蟾放归野外，希望它们在为人类服务大半生后，能够重新享受自由。另外，还有数不清的爪蟾从实验室逃走，或是被养宠物的人弃养。记录表明，非洲爪蟾作为入侵物种已扩散到四大洲，最近的研究显示在智利和美国的加利福尼亚等地，爪蟾的入侵与蛙壶菌的出现以及本地蛙类的消失时间相吻合。其他大规模入侵的两栖动物——比如因腿部多肉而在世界各地养殖的牛蛙——也可能携带有蛙壶菌，但从已知情况来看，大批爪蟾离开非洲很可能是壶菌病在全球暴发的起因。

事情变成这样，实在很让人难过。在了解胚胎受精及发育的过程中，非洲爪蟾帮了我们很大的忙，可是在获取这些知识的同时，我们无意之中给一些奇妙物种带来了灭顶之灾，比如在嘴里孵化后代的智利尖吻达尔文蛙消失了。的的喀喀湖池蟾的高山家园也已被蛙壶菌污染。克劳迪奥长长地叹了一口气："我们生活在一个野生物种分布同质化的时代。在全球化和人口增长的大趋势下，世界各地的动物——以及它们携带的疾病——有了更多迁移、流动的机会。"

克劳迪奥谈到，现代的工业化养殖模式圈出了很多封闭水域，刚好满足非洲爪蟾的生活习惯，浑浊的死水正是它们兴旺繁衍的理想环境。我们拜访的农场主尤尔根在他的农场里建了一个灌溉用的小水池，他称之为"地狱洞"。看着这一池挤满爪蟾的臭水，我心想，要是用亚里士多德的荒诞理论——自然发生论来解释为什么忽然冒出这样一群家伙，听起来倒是挺有道理，好像比蛙类走遍全球、辅助验孕、感染致病真菌这一串古怪的事实更可信。

5000年里，这些蛙经历了巨变。古埃及的农民因它们多产而敬拜它们；如今在尤尔根眼里，爪蟾更像是呈现了《出埃及记》中上帝降下的灾祸："我必使青蛙糟蹋你的四境。河里要滋生青蛙，这青蛙要上来进你的宫殿和你的卧房，上你的床榻，进你臣仆的房屋，上你百姓的身上，进你的炉灶和你的抟面盆。"[21]

《圣经》中还有一种动物"知道来去的定期"。鹳与生育的关联引发了一系列不同的担忧和困惑。它们的来去总显得神神秘秘，于是就有了鸟能变身、能潜水、能上太空等等传说——甚至引发了政治迫害的忧虑。

第八章
鹳

白鹳种（Species *Ciconia ciconia*）

许多种类的飞禽行踪如此隐秘，

我们不知道它们去向哪里，

也不知道它们来自何方，

只觉得它们仿佛奇迹般

从天国降落到我们身边。[1]

查尔斯·莫顿：《探讨"鹳来自何方"

这一问题的答案》（1703 年）

　　1822 年 5 月，一个原本平平无奇的早晨，克里斯蒂安·路德维希·冯·博特默伯爵在德国克吕茨的城堡庄园里打猎，打到了一只不太寻常的白鹳。这只鸟身上已经有一处足以致命的伤——伤它的不是伯爵爱用的武器猎枪，而是一根木制的长矛，长矛将近 1 米长，像烤肉扦子一样插在鹳细长的脖子上。伯爵带着长矛穿颈的白鹳去找本地的一位教授。教授推断，这是一件用异国硬木削出来的原始兵器，做得很粗糙，顶端有一个简易的铁制矛头，应该是由"某个非洲人"徒手投出的。[2] 多么神奇的事情。这只鸟被长矛刺中

这只著名的"箭矢鹳"于1822年在德国被打落,为研究提供了无可辩驳的证据,证明白鹳迁徙远至非洲——它为科学英勇献身,当时就看上去很疲惫

之后非但没有死,还凭着一股莫名的力量,带着夸张的颈部装饰飞行上万公里到了欧洲,刚刚抵达就被伯爵一枪打了下来。

对勇敢的白鹳而言,这无疑是一个不走运的日子,对于科学界,这却成了值得高兴的一天。围绕这只鸟展开的研究帮助我们破解了一个存在已久的自然之谜:白鹳的季节性失踪。

* * *

白鹳(*Ciconia ciconia*)是一种外形很抢眼的动物。成鸟披着一身醒目的黑、白两色羽毛,身高足有1米多,还有一双猩红色的长腿。与它们相关的一切都很引人注目,尤其是它们的巨型鸟巢,直径能达到2.5米,在欧洲各地的城镇里,一眼就能看到它们摇摇晃晃地安置在最高建筑顶上的窝。另外,每到春季来临,它们为求偶起舞的时候喜欢把鲜红的大嘴碰得嗒嗒响，欢快地跟配偶打招呼。

这种鸟很大，又很喧闹，所以到了秋天，它们不见了这件事就格外显眼。整个夏天，它们在公众眼前抚育幼雏，然后它们会消失几个月，等到来年早春又再度出现。在今天看来，这个现象很好理解——消失的这段时间里，白鹳迁徙去了非洲南部，飞行 20000 公里去寻找觅食条件更好的地方。但是在过去，没人能准确解释白鹳以及其他各种候鸟的失踪，博物学史上流传最久的几个答案都没有触及根本。

亚里士多德是第一个认真思考这一问题的人：为什么一到季节变换的时候，有些鸟就消失得无影无踪，再下一个季节到来时，它们却又像变魔术一样出现了？这位伟大的思想家推想出三种可能性。他认为有些鸟类，比如鹤、鹌鹑和斑鸠，会在欧洲迎来寒冬的时候迁往更暖和的地方。他甚至注意到，这些鸟在启程之前都努力把自己吃胖了。他其实一语中的，有这一个观点足矣。但是，也许是这种行为对体能的要求听起来太不可思议，这位动物学先驱觉得有必要再多想出两种可能的解释。可惜这两个答案都是错的，而且按说早该被抛弃了，却仍在科学界流传了许多年。

亚里士多德提出的另一种观点很有创意，就是变形。他在巨著《动物史》中谈到，某些种类的鸟会在季节变换时变成另一种鸟，举例来讲，夏天的园林莺到了冬天会变成黑顶林莺，冬季的知更鸟就是夏季的红尾鸲。这些鸟外表看起来有点儿像，个头和毛色相似，在亚里士多德看来最可疑的一点，是它们从来不会同一时间出现在同一地方（就像克拉克·肯特和超人）。冬季到来时，在北方繁殖的知更鸟会南下到希腊来避寒，而这时候，红尾鸲正好迁徙去了非洲的撒哈拉沙漠以南地区。亚里士多德由此得出结论，二者其实是同一种会变形的鸟。

相对来说，这位哲学家的解释还不算太离谱，继他之后出现的

树懒是节能，不是懒！——出人意料的动物真相

一些观点才是匪夷所思。另一位古希腊人——孟多司的亚历山大在400 年后断言，年迈的白鹳会变成人类。克劳迪乌斯·埃里亚努斯郑重地肯定了这种说法。"依我之见，这不是编造的故事，"他在 2 世纪撰写的动物全书《论动物的天性》中说，"如果不是真事，亚历山大为什么要告诉大家？"他像是辩护似的写道："编造出这样一个故事对他没有任何好处。一个如此有头脑的人绝不会以谎言代替事实。"[3] 古今编写百科全书的人当中，埃里亚努斯肯定算得上是最容易听信传言的一个，就在同一本书里，他还描述了在不同的河边喝水、毛色就会改变的绵羊，极度"痛恨"[4] 鹬鸰的陆龟，还有能长到和鲸一样大的章鱼。

传说中拥有变身本领的鸟类不止白鹳一种。过去流传过一些更离奇的故事，白颊黑雁是其中一例。现在我们知道，这种鸟每年冬天从北冰洋一带迁徙到英国沿海，最北边的繁殖地在格陵兰的高耸峭壁上，中世纪那些写动物寓言的欧洲作家当然从没看到过，所以他们讲了一个听起来不大可信的故事：白颊黑雁是从腐烂的船木里生出来的。

"大自然以最为神奇的超自然方式创造了这种动物，"12 世纪的纪事作者，威尔士的杰拉尔德写道——以他提出的理论而言，这么说倒也不算夸张，"它们诞生自漂流海上的杉木。"这位中世纪的教士还说，有一次去爱尔兰的途中，他亲眼看见了这种鸟的神奇诞生。"它们出生后，用喙攀附在木头上，像附着的海藻一样，周围还有很多贝类满足它成长所需。一段时间之后，当它们羽翼丰满时，便会到水里去，或是自由地飞走。"[5]

杰拉尔德看到的其实是鹅颈藤壶，在分类学上属于有柄类。这种手指大小的滤食生物形如其名，它们附着在潮间带的某处表面，看上去就像一段没有羽毛的长脖子，顶上有一个小小的鸟喙。人类

CHAP. 171.

Of the Goofe tree, Barnacle tree, or the tree bearing Geefe.

Britannica Conchæ anatiferæ.
The breed of Barnacles.

据说除了腐烂木材能孕育出白颊黑雁，树木也可以，所以这种鸟常常出现在植物书籍里，而且（更重要的一点），在中世纪众多禁止食肉的斋戒日里，它们被认定为可以吃的食物

大脑的联想能力真是很强大，16 世纪的著名植物学家约翰·杰勒德说，他解剖了一些样本，在里面"发现了没有毛的生命体，形态像一只鸟"。据说一部分个体"身上覆了一层柔软的绒毛，外壳半开，鸟就快要出壳了"。[6]

这个故事之所以广为流传，其背后有一个很实用的理由：在不能吃肉的斋戒期间准许人们食用烤雁。杰勒德解释道：这些鸟诞生自腐烂的船木，不算是肉类，"因为它们并非从肉身生的"。如此狡猾的逻辑意味着"主教和信徒可以在斋戒日安心食用这种鸟"。[7] 在中世纪，一周有三天需要守斋，除此之外还有大斋节，不难理解为什么饿坏了的神职人员会热衷于传播这种无稽之谈，宣称这些肥美的大鸟实际上可以被列入素食菜单。

* * *

不过，白鹳呢？它们冬天去了哪里？

亚里士多德就这些鸟的失踪提出了第三种解释，没有第二种那么离奇，但影响力长久得多。他在《动物史》中提出，白鹳和其他一些鸟类的避寒方式可能是"藏起来"，听上去有点儿像鸟类亡命徒。亚里士多德进一步解释说，它们进入了一种"休眠"状态。[8]早期自然哲学家观察发现，许多哺乳动物——和鸟类一样属于温血动物——会冬眠，在当时通常被归为鸟类的蝙蝠也是如此。既然这样，为什么白鹳不行呢？

这个问题问得很好，就连现代科学也无法给出一个确切的答案。这也许是多项因素综合作用的结果：白鹳的新陈代谢及心率相对较快，而且很难储备足够的脂肪，所以冬眠对它们来说恐怕难度太高。更何况白鹳自身也没有配备挖掘工具，没法挖一个适合睡觉的地洞。但是，它们有一双很好的翅膀，可以带它们去往冬季更宜居的地方。

世上的确有少数鸟类会进入短暂的休眠状态，比如蜂鸟、鼠鸟和雨燕，但要说真正冬眠的鸟，现代科学研究迄今确认的仅有一种：弱夜鹰——这是夜鹰科的一种鸟，主要分布在北美西部的荒凉地带。部分弱夜鹰会在冬季食物紧缺的时候迁徙到墨西哥，不过那里是非常热门的避寒胜地，它们会遇到来自各方的众多候鸟，竞争压力很大。另一部分弱夜鹰选择了避开竞争，它们放慢新陈代谢的速度，在岩石间睡过整个冬天。它们为适应环境而进化到了这一步，霍皮部族的印第安人因此给它们取了一个名字，意思就是"沉睡者"。[9]

虽然除弱夜鹰之外，没有任何证据表明其他鸟类也会冬眠，鸟类学家们却还是为此争论不断，从古代一直争到了 19 世纪。在这场有关睡觉问题的学术之争中，处在风暴中心的并不是白鹳，而是另一种预告春天到来的常见的鸟——家燕。

亚里士多德说这种娇小的鸟在洞里冬眠，在此期间"几乎脱光了羽毛"[10]。燕子光裸着身体沉睡几个月以抵抗冬季的寒冷，这种观点实在有点儿荒唐，然而在接下来的 2000 年里，陆续出现的各种理论更加不着边际。启蒙运动时期的一些顶尖学者，甚至现代动物学开创者，真心相信入冬以后燕子要在河流湖泊的水底冬眠，像鱼一样。"似乎可以确定，燕子在冬季进入休眠状态，而且要在沼泽的水底度过整个冬天。"[11]乔治·居维叶在很有影响力的 19 世纪巨著《动物界》中写道。

说起来大家应该不会觉得意外，那位挥着剪刀的生物学家拉扎罗·斯帕兰扎尼也曾对家燕的凭空消失产生好奇。他再次拿出他的独家酷刑，做了很多实验寻找相关证据。为了敦促燕子冬眠，他把这些鸟关进柳条编的笼子，埋在雪里，只留一个透气的小洞。不到两天的工夫，燕子跳过休眠这一步，直接死掉了。在法国，布封伯爵也做了类似的实验，把燕子关进冰窖，结果一样把它们害死了。

在美国进行的一项实验残忍到了极致，一位名叫查尔斯·考德威尔的医师在他的"宝贵的朋友"库珀博士协助下，在一对燕子的腿上绑上重物，然后把它们扔进了河里。在谈及这次实验的文章中，考德威尔的文字透着邪恶，他把这两只鸟称作"我们的两个小俘虏"，说它们像石头一样沉了下去，"表现出动物在溺水状态下的焦虑和挣扎"。三小时后，燕子被捞了上来，两位科学工作者试图让它们活过来，最终不得不承认，燕子"并未进入休眠或假死状态，确实是真的死了"。[12]他们只是如实陈述实验结果，完全没有嘲讽的意思。

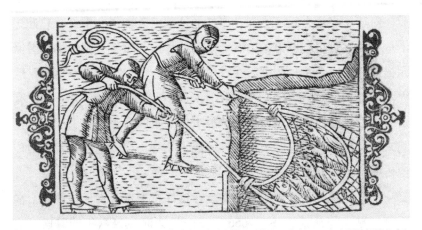

瑞典主教奥劳斯·芒努斯不会因为一个好故事与事实相悖就放弃它。他在 1555 年出版的畅销书《北方民族史》中，把大量荒谬的传说当作事实呈献给读者，比如图中这一例：渔民从河底捞起冬眠的燕子

　　德国的一所大学曾连续悬赏多年，任何人只要在水下找到一只燕子并使其复活，就可以换取同等重量的银子。从来没人拿到过这份赏金。尽管如此，这种无稽之谈却比参与实验的燕子们长命，一直没有从世间消失。那么，这么离谱的"水下燕子"之说到底是从哪里传来的呢？

　　传言的源头似乎是 16 世纪一位不出名的瑞典主教，名叫奥劳斯·芒努斯。当时其他地方传来的消息表明，迁徙或许可以合理解释鸟类的失踪，但芒努斯并不认同这种观点。"据记述各种自然事物的作家说，燕子会改变栖息地，在冬季到来的时候飞往更暖和的国家，"他在《北方民族史》中写道，"但是在北部水域，渔民经常意外捕捞到大量燕子，在渔网中聚成密密麻麻的一大团。"[13] 这位肩负神职的瑞典人告诉我们，燕子像排成一排的小小舞者沉到水下，形成了这样一个巨大的球。"初秋时节，它们在芦苇丛中聚集，然后沉入水中，一只只喙连着喙，翅膀连着翅膀，脚连着脚。"[14]

对燕子来说，很不幸，芒努斯的这部巨著卖得非常好。总计二十一卷的大百科包罗万象，融合了各种传说与事实，把他的冰雪家园描绘成了一个奇异国度，在这里，老鼠如雨点般从天空落下，巨大的蟒蛇在近海游弋。15世纪中期印刷机出现之后，更多的人有了看书的机会，瑞典主教讲述的故事耸人听闻，正好吸引了新成长起来的这批读者。他的大作被翻译成十几种语言，把那些荒诞的传说传播到了欧洲各地。

不过，新成立的英国皇家学会在这件事上也有责任，他们给水下燕子贴上了认证标签。1666年——学会诞生仅六年的时候，这个会集了全球顶尖自然科学家的团体决定展开专项调查，"关于冬季在水下发现冻僵的燕子，打捞上来烤火便可复活一事……明确事实真相"[15]。他们的结论是："可以确定，燕子在秋季到来时自行沉入湖底。"[16]这个赫赫有名的科学团体得出这样一个结论，不免让人有点意外。但了解调查过程之后，你就不会觉得奇怪了。肩负起这项任务的人不是博物学家，而是一位天文学家，他的研究方法基本上就是咨询一位朋友，那个人碰巧是乌普萨拉大学的教授，而乌普萨拉是一个名叫奥劳斯·芒努斯的人的家乡。要从忠诚的母校得到一个不偏不倚的公正答案，其概率与找到一只在水下过冬的燕子差不多。

并不是所有人都赞同冬眠的说法。查尔斯·莫顿是提出强烈反对的人之一。他曾就读于牛津大学，在17世纪撰写过一本评价极高的物理学概要，被哈佛大学用作标准教材长达近半个世纪。莫顿以物理学家一贯的逻辑性指出，从冰冻的温度和缺氧的环境来看，燕子"躺在河底的泥里"[17]这种观点荒唐至极。他提出了一种更合理的假说：燕子以及白鹳等季节性消失的鸟类，实际上迁徙去了月球。

"白鹳，当它们完成了繁殖，后代羽翼丰满，便一同启程，结成一个庞大的群体飞走……起初贴近地面，而后越飞越高……一大片云似的鸟群……渐渐远去，直到彻底消失，"细细描述一番之后，莫顿谈到了问题的关键，"除了飞去月球，这些鸟还能去哪里呢？"[18]

是啊，哪里呢？关于旅居太空，莫顿提出的证据有点站不住脚。据他分析，既然没人知道候鸟在冬季去了哪里，那么它们肯定是躲到了地球以外的地方。这些鸟的举止表现为此提供了佐证。动身离开的时候，它们的"快乐似乎在暗示，它们要去实现一个宏伟的计划"——勇敢飞向一个鸟类不曾去过的地方，或许，"换句话说，它们要飞出大气层，飞向一个截然不同的世界"[19]。

他的奇特假说其实反映了那个时代的思想。17世纪的科学家们对月球非常着迷。伽利略是最早使用天文望远镜的人，他观察发现，月球表面并非平滑如大理石，而是有山峦、有谷地，和地球一样。约翰·威尔金斯曾在莫顿就读的大学任职，是英国皇家学会的创始成员，他写了一本《发现月球上的世界》，满怀热情地讲述了月球的地理环境与地球很像，有海，有山，有溪流——还可能有生命存在。在莫顿看来，月球绝不是一大块没有生命和大气的石头，而是一个迷人的冬季好去处。

太空迁徙的观点得到了更多人的认可，支持者纷纷写信给皇家学会，争论哪个天体最有可能成为鸟类的目的地。清教牧师科顿·马瑟认为月球太远了一点儿。他提出，这些鸟去了"地球近处某个尚未被发现的卫星"[20]。马瑟在新英格兰地区很有名，一是因为他布道时的渊博学识，二是他在塞伦女巫审判案期间很活跃，煽动民众的恐慌，甚至为"灵异证据"大力辩护。这样看来，他相信鸟类的太空旅行应该说不足为奇。

不过，查尔斯·莫顿对这个问题的研究独树一帜。他非常认真地做了计算，有时似乎分析得头头是道。他代表鸟类宇航员探索了它们的星际迁徙旅程。

他把一年分成三个部分。往返月球的旅程占了4个月，也就是单程60天。这样算来，这些鸟可以有4个月在地球上生活，另有4个月在月球上生活。月球绕地球一周需要一个月，所以莫顿估计，鸟儿们沿直线飞行奔赴月球的话，"抵达的时候会发现月球刚好还在它们出发时的位置上"[21]——多么方便。

两个月的飞行靠身体里额外储备的脂肪支撑，启程的动力来自气温以及食物来源的变化。对于在地球上迁徙的鸟类，这些倒是没有说错。

据莫顿估算，地球到月球的距离为179712英里（约289218公里）。这个猜测不算太糟——月球沿椭圆轨道环绕地球，距离最近的时候大约是22.6万英里（约36.4万公里）。

按照莫顿的设想，这些鸟在往返月球的途中不会受到重力影响，没有空气阻力，它们的飞行时速可以稳定在125英里（约201公里）左右，相比平常的每小时20英里（约32公里）快了不少。但是这里面有一个现实的问题，莫顿并没有解释：他的太空旅行白鹳要想摆脱地球的引力作用，飞行速度大约需要达到他计算出的最高时速的200倍。除非给这些鸟绑上喷气背包，不然它们无论如何也飞不了那么快。除此之外，鸟儿们上了太空还会遇到其他一些小问题，比如要命的真空，辐射，极端气温——能在这种环境里活下来的生物只有一种，就是拉扎罗·斯帕兰扎尼曾经复活的极小、极古怪的水熊虫。

对于莫顿那一代人，太空旅行当然还只是一个梦。人类还要再过300年才能确定，环绕地球的轨道上到底有没有卫星似的白鹳、燕子或其他鸟类正飞向月球。但另一方面，那也是一个探索发现的伟大时代，陆续有一些目光敏锐的欧洲探险家报告说，他们在异国海域航行，在偏远国度游历的时候，看到了在家乡季节性出现的鸟。1686 年，一艘荷兰船在南非海岸附近失事，幸存者说"在荷兰没有白鹳的季节里见到了这种鸟，只是数量不多"[22]。

反对的一方对这类目击报告不屑一顾。坚决否定迁徙说的英国皇家学会会员，尊贵的戴恩斯·巴林顿阁下是极为活跃的一个代表。他热衷于驳斥旅人讲述的经历，专横地标榜自己的观点。英国海军大臣查尔斯·韦杰爵士亲眼看到一大群燕子落在他的舰船帆索上歇脚，巴林顿狡猾地歪曲了证据支撑自己的主张。他说，这恰恰说明燕子不适合长距离迁徙。"它们其实疲惫不堪，所以一旦在海上遇到一艘船，它们便顾不上害怕船员，径直飞了过去。"[23]

做过法官的巴林顿能凭一张嘴颠倒黑白，每次听到合理的意见，他都能找出一个荒唐的理由予以反驳。他否定了鸟类的迁徙，理由是相信这种说法太危险，而且看到这种"极不可能发生的"[24]事情的人太少，所以不足为信。有人指出，看不见这些鸟是因为它们飞得很高（它们飞行时需要借助合适的高空气流），结果被批评是"找不到目击证据"[25]就乱说。还有人提出了相当准确的猜测：鸟类在夜间迁徙（这是避开天敌的一种方法），但被斥为可笑，因为法官阁下认为，大家都知道鸟和人一样，夜里要睡觉（事实并非如此）。

有巴林顿这样顽固的反迁徙论者疯狂打击所有不同声音，要想终结这场争论，必须有人拿出铁证。就在这时，克里斯蒂安·路德维希·冯·博特默伯爵打下了长矛穿颈的白鹳。这只海外归来的鸟带回了一件无可辩驳的纪念品，由这件证物开启的研究最终改变了我们对鸟类的认知。

事实证明，伯爵的英雄白鹳并不是一个怪异的特例。包括它在内，从 19 世纪到 20 世纪，欧洲各地共有 25 只类似的坚韧白鹳被打下来，它们被统称为 *Pfeilstorch*，也就是"箭矢鹳"。鸟类学家受到这些身上带箭的白鹳启发，开始建立自己的追踪标签系统，用来做标记的东西比箭温柔一点——一个打上烙印的铝环，可以套在鸟的脚上。这个小小的圆环为鸟类研究带来了一场变革，逐步以确凿的证据证明了白鹳以及其他鸟类的季节性迁徙。

早期实践者当中，最重要的人物是一位个性张扬的德国新教牧师，名叫约翰内斯·蒂内曼。蒂内曼并不是第一个给鸟类戴脚环的人——丹麦的一位教师在几年前率先做了尝试——他的创新在于大规模开展这项工作，而且标记的对象是长途迁徙至非洲的鸟类。这是一个非常有意思的人，他喜欢打猎，爱穿粗花呢的灯笼裤，但他和一般的科学家不一样，他完全没有专业基础。然而凭着满腔热忱和自我宣传能力，他建起了一座全新形态的科研设施。1901 年 1 月 1 日，蒂内曼打开大门，世界上第一个永久性鸟类观测站投入了使用。

这是一个专门用于研究候鸟的观测站，坐落在东普鲁士一个偏僻的小地方，罗西滕。蒂内曼最喜欢研究的鸟是白鹳——"上天安排的实验对象"[26]——因为这种鸟非常醒目，迁徙行为可预料，而且一般人都认得它们。

蒂内曼对观鸟的热爱很有感染力，再加上他的公关才能，一大批来自德国各地的志愿者响应了他的号召，共同出力为 2000 只白鹳戴上了脚环，每个脚环都带有专属编号及标记地点。这是整个项目中比较简单的部分，余下的部分就不太好掌控了。蒂内曼能做的，就是目送白鹳们远去，然后开始等待，盼着在广袤的非洲大陆上，有人看到这些鸟，注意到它们的脚环，传出消息，让这项发现通过某种渠道传回普鲁士的追踪总部。

对于这位狂热的鸟类学者构想的宏大目标，也有人提出了反对。当时很有影响力的科学杂志《宇宙》的主编是言辞格外激烈的一位。他认定铝环会伤到鸟，把这种做法形容为"没用的伪科学把戏"，宣称这将导致"大批白鹳被害死"。[27] 蒂内曼对这些批评倒是无所谓，他需要尽可能扩大宣传，哪怕是负面的报道也可以，这样才能广泛传播消息，让更多的人了解这项雄心勃勃的计划。那个年代没有电视，连电话都很稀罕。要想知道珍贵的白鹳脚环到了哪里，蒂内曼只能仰仗国际报刊的电讯以及派驻非洲的殖民队伍。假如有传教士或殖民长官因此而留意大批死掉的白鹳，那也不失为好事一桩。

结果，几个月之后，蒂内曼真的接到了第一条有关脚环的消息。连同消息一起传递回来的，还有戴脚环的那只白鹳——没气了。牧师从没想过脚环会以这样的方式回来，但不管怎样，他毕竟是成功了。

脚环北上回到蒂内曼手中的旅程，与白鹳当初南下的迁徙一样意义重大。它们由传教士、殖民官员、商人、报刊编辑一路传送，几经辗转才回到罗西滕，途经之处还出现了关于它们的神话故事。许多脚环都是非洲本地的猎人发现的，他们认为这种神秘的金属物件"来自天国"。据说有一位酋长把白鹳脚环套在了自己的长矛杆上当作护身符。这件东西被他视为珍宝，直到他过世之后才由蒂内曼收回。

1908 年至 1913 年，蒂内曼共得知了 48 个脚环的下落，并将其发现地点一一标在一张地图上，世人由此第一次见识了白鹳迁徙的漫漫征程，看它们沿着尼罗河一直向南飞到非洲的最南端。然而就在谜底揭开的时候，这些鸟却开始陆陆续续从欧洲西部及北部的城镇村庄消失。而且这一次，它们似乎是永远地消失了。

迁徙成了一件危险的事。白鹳年度旅行途经的国家这时陷入了战火。那些地方食物紧缺，人们很盼着打到一只大鸟改善伙食（所以有报道说，欧洲出现的带箭白鹳多了起来）。1930 年，蒂内曼沮丧地写道，受到当地人打猎的影响，"我们心爱的白鹳"日趋减少。[28]

另外，他怀疑心爱的研究对象数量下降与南非政府毒杀蝗虫也有关系。他猜对了。现代的工业化农耕方式的确威胁到了它们的生存。白鹳遭遇这样的命运格外让人难过，因为这种鸟吃起常见的害虫来胃口奇大，被称作"农夫的朋友"。

有人做过计时测试，有一只白鹳在一分钟里吃掉了 30 只蟋蟀；还有一只用一个小时解决了 44 只老鼠以及两只仓鼠和一只青蛙。据估计，一群白鹳能在一天之内消灭掉一大批——超过 20 亿只——坦桑尼亚黏虫。杀虫剂出现之后，这些鸟没有了用武之地，而且吃下去的食物对它们造成了致命的伤害。

在杀虫剂、污染、排干湿地用于农耕这三者的共同作用下，欧洲的白鹳数量在 20 世纪急剧下降。比利时最后一次见到配对繁殖的白鹳是在 1895 年，瑞士是 1950 年，瑞典是 1955 年。发现白鹳再也不回来之后，许多村庄都很失落。这种鸟因为不时地凭空消失，自古就是民间传说中的重要角色。它们是报春的使者，是驱邪的吉祥鸟。欧洲各地的人们都欢迎白鹳在自家屋顶上筑巢，相信它们的到来能让这个家和睦、健康、兴旺。

不过，假如白鹳真的在屋顶上筑了巢，很难说这户人家到底会有多高兴。白鹳会世代返回同一个窝，每年回来扩建一点。鸟巢的主要材料是小树枝，但蒂内曼做过一份清单，列出了在白鹳窝里找到的各种物品，包括"一只女士手套，一只男士连指手套，马粪，一个雨伞把，一个儿童九柱戏的球，一个土豆"[29]。

一代代累积起来的鸟巢非常大，超大号的能有 2 吨重，深度超

　　　　树懒是节能，不是懒！——出人意料的动物真相

过 2.5 米。要支撑这样一个庞然大物，现代住宅都很勉强，更不要说中世纪的房屋了。然而有些鸟巢还是顽强屹立了几个世纪（虽说人类帮了不少忙）。在德国城市朗根萨尔察的一座塔楼顶上，有一个白鹳窝经受住了 400 年时光考验。1593 年的一份文件记录了修缮、养护这个窝的费用，可见人类居民多少觉得自己有责任维护屋顶上那堆 2 吨重的树枝。

* * *

说起白鹳，首先让人联想到的就是生育。在许多欧洲国家，人们相信一对夫妇家中如果有白鹳做窝，他们不久便会有一个宝宝。甚至在今天的德国，迎来新生儿的人家常在门口摆上一个叼着包裹的白鹳木雕，女性怀孕还有一种说法是"腿上被白鹳咬了一下"。这种观念深入人心，有时也会引发尴尬。最近美国的福克斯新闻台报道了一对德国夫妇，他们一直没有小孩，于是去生育门诊就诊，结果医生告诉他们，要同房才可能有孩子。两人以为有白鹳就可以了。

白色大鸟送子的传说源自异教文化。白鹳每到春天就会再度出现，而春天往往是生育高峰期。6 月 21 日的夏至是一个赞美婚姻和生育的传统异教节日，很多人在这个浪漫的日子里结合，9 个月过后，刚好在白鹳归来的时候，他们的孩子呱呱坠地。这两件事被联系在一起，人们由此相信白鹳送来了小宝宝。

欧洲的生育率已连续下降几十年，这片大陆上的白鹳数量也是不断减少（尽管二者并无关联）。但最近 30 年里，大家一直在为保护它们而携手努力。2016 年 6 月的一天，我冒着倾盆大雨前往诺福克郡的迪斯了解一个相关项目。专注动物保护的本·波特顿来火车站接我，开车沿着雨水漫流的乡间小路抵达滨海野生动物园，他独自构想、极具创新精神的一项计划正在这里展开，目标就是让白鹳重新回到英国来。

本对付动物很有一套办法，能哄着犹犹豫豫不想生的珍稀品种去繁殖后代，因此他可以定期为动物园及保护项目提供各种动物。他格外怜爱"褐色的小家伙"——他这样称呼那些长相普通、被大规模保护行动遗忘的动物。他的野生动物中心是一个乱哄哄的嘈杂地方，到处都是深棕色、模样不出众的古怪动物，从侏狨到红胸黑雁，很多都可以在园区内自由活动。我遇到的第一个动物是一只格外聒噪的鸭子，它不顾天性，一心要避开雨水。我们和它一起坐在咖啡馆里，本大致讲述了他设想中英国白鹳的未来。

2014 年，波兰的一个动物救助中心联系到本，说他们那里白鹳太多了，需要另找地方安置。多数白鹳都是碰到输电线触电受了伤，这应该算是职业伤害，都怪它们总是不要命地在电缆塔顶上筑巢。瘸腿的白鹳没法再迁徙，又经受不住波兰的寒冬，因此救助中心正全力寻找一个愿意收留 22 只残疾白鹳的地方。本想到，波兰的白鹳完全可以产下健康的后代，为失去了白鹳的英国海岸填补空白。于是他去了波兰，把这些鸟装进挂衣纸箱——他说这种纸箱"装白鹳正合适，刚好一箱一个分开运输"——开车把它们拉回了英国。

我和本冒雨看望了他的移民白鹳们。大部分白鹳湿漉漉地聚成一大群，趾高气扬地绕着旁边的一块场地散步。但是，有两只白鹳脱离了大部队，搭了一个窝。本非常自豪地指给我看，在大天鹅围栏的后面，一个泥泞的小土丘顶上，堆了一堆乱七八糟的树枝。在这个格外接地气的白鹳窝里，住着大约 600 年来第一批在英国出生的白鹳宝宝。

据记载，白鹳上一次在英国产卵还是 1416 年，有人看到它们在爱丁堡的圣吉尔斯大教堂顶上筑巢。本说，它们从这个国家消失，迁徙旅途的险恶只是原因之一，除此之外还有近在身旁的威胁。在欧洲其他国家，白鹳是一种受人敬畏的鸟，伤害它们甚至可能被判死刑；在英国，它们却遭到了人类的迫害。

"当时的教会、统治者和政客专门针对白鹳制定了一个方案，"本告诉我，"教会不喜欢白鹳送子这种说法，因为孩子是上帝赐予的。"[30] 这种鸟与非基督教的、异教的信仰有危险的关联，教会对此深恶痛绝。在欧洲其他地方，白鹳在屋顶做窝是好运的象征，而在英国，这成了屋内有人通奸的标志。以中世纪对婚外情的惩罚来说，轻则流放（对男方），重则削掉鼻子和耳朵（对女方），在这样的大环境下，一对高调筑巢的白鹳很难受到屋主的欢迎。

白鹳还因为"政治倾向"而遭到抨击，一直有传言说，它们只在共和政体或没有国王的国家繁殖后代。另外，这件事还牵扯到宗教差异。在伊斯兰文化中，白鹳是一个重要符号，而且人们相信这些鸟和虔诚信徒一样，迁徙的目的地是圣城麦加。苏格兰作家及旅行家查尔斯·麦克法兰在 1823 年游览奥斯曼帝国时写道："这种精明的鸟非常清楚人类的喜好。"为迎合信奉伊斯兰教的土耳其人，它们把鸟巢建在了清真寺和宣礼塔上，"从来不在基督教建筑上做窝"。

在英国，人们对于欧洲大陆飞过来的离群白鹳充满戒心，见到便会射杀。1668 年，就在英国差点儿被奥利弗·克伦威尔变成共和国后不久，诺福克郡曾有这样一只白鹳刚好流落到著名的流言终结者托马斯·布朗爵士的家门口。布朗收留了受伤的白鹳，亲手喂它吃蛙和蜗牛，一直照顾到它伤愈，和它建立了相当深厚的感情。布朗的邻居们则比较警觉。他们难掩紧张地开玩笑说，但愿这只鸟不是又一个联邦政体的预兆。布朗一向很理性，对这些"世俗谬见"不屑一顾，认为这不过是"自以为是地发表时政观点"，还列举了一长串实例，从古代的埃及到眼前的法国，都是有白鹳筑巢的君主国。[31]

本·波特顿希望今天诺福克的人们能够善待他的白鹳。在我拜访野生动物中心的这一周里，英国进行了脱离欧盟的公投。"脱欧"是出于对移民涌入的恐惧，这种氛围让人禁不住想，鸟类移民说不定也会再度被当成入侵者。报纸上也许会出现这样的大标题："波兰来的白鹳正在吞食我们的蛙"。但我忽然想到，从很多方面来说，这些伤残的波兰白鹳其实是在帮助英格兰重现旧时风光，而这应该也是"脱欧派"期盼的风光，考古证据显示，早在中更新世时期（350000—130000 年前），白鹳就已在英国安家。不过本告诉我，英国一旦脱离欧盟，像他做的这种野化项目因为要从国外引进野生动物，届时将面对各种烦琐的官方手续，会变得非常艰难。

现在最大的疑问是本的这些白鹳会不会迁徙去非洲。过去一些卓越的生物学家，包括查尔斯·达尔文在内，坚信迁徙完全是一种与生俱来的本能。但如今科学家认为，对于白鹳之类翱翔高空的鸟类，在群体中的后天学习也发挥了重要作用。刚会飞的幼鸟或许生来就有南下的欲望，但是这并不足以支撑它们完成迁徙。路途中的各种复杂情况，特别是在哪里歇脚、补充食物，都要跟着父母边飞边学。对于本的白鹳，这是无法实现的奢望，但他还没有放弃希望。在诺福克沿海，每年都会零星出现一些由丹麦途经此地的白鹳，和托马斯·布朗遇到的那只一样。本盼着丹麦白鹳开启常规的迁徙之旅，而他的白鹳能够跟上，跟着它们一路飞到非洲去。

不过，他能否如愿还不好说。最新研究显示，欧洲白鹳的迁徙习惯正悄然改变。许多白鹳渐渐抛弃了长途奔波的传统生活方式，更倾向于安居一地，待在家里享受垃圾食品。

几年前，德国马克斯·普朗克鸟类研究所的研究员安德烈娅·弗拉克博士花了一个月时间，追踪观察一群迁徙的白鹳幼鸟。"我们赶在初长成的白鹳离家之前，给60只装上了追踪标签，"她告诉我，"我追踪了其中27只组成的一群，每天开车跟着它们走。"

弗拉克的第一步工作是在当地消防员的帮助下，给研究所附近的白鹳幼鸟装上小小的卫星定位装置。这件事做起来很不容易。护子心切的白鹳父母不喜欢弗拉克碰自己的孩子，看她摇摇晃晃爬到很高的梯子顶上就伸嘴过来攻击她。但装好之后，等到幼鸟羽毛丰满，弗拉克就可以追踪它们到任何地方。

白鹳和兀鹫一样，借助上升的热气流翱翔，所以它们在白天太阳高照的时候赶路，碰上适宜的条件可以飞很远。不过，它们可不一定沿着便利的高速公路飞行。"开车任务很重，"弗拉克说，"我一般等到晚上8点或9点，然后上车，开几百公里赶上它们。"她大部分时间都是走在漆黑一片的陌生地方。"有时顺着小土路连续走上几个钟头，忽然就开到了一个养猪场，几百只白鹳正聚在那里。"

在异国的荒僻地带，孤身一人在黑夜里摸索前进，她的这份勇气实在值得敬佩。"狗是最吓人的，我知道它们是在守卫农场，但黑暗中听到它们狂叫还是很吓人。"弗拉克通常在车里睡一觉，等天亮以后再去跟语言不通的农场主解释，想办法说明她不是乱闯进来，而是在追踪一群飞到农场上找食的白鹳。

弗拉克一路往南，沿途人烟渐渐稀少。白鹳越来越难找。它们经常出现在隐秘的绿洲中，她的地图上根本没有标注。"尤其是西班牙，它们在非常荒凉的地方——很干燥，尘土飞扬。在那里开车开很长时间，一路上什么也没有，最后到了地方却发现有一个非常漂亮的池塘，很美的一片绿，水边聚着火烈鸟和白鹳，"她说，"它们总有办法找到这种荒僻角落里的小池塘。"弗拉克目前还无法确定，但她怀疑白鹳会搜寻高空中乘着热气流盘旋的同类，通过它们找到下方的隐蔽绿洲。

弗拉克由这次不寻常的自驾旅行发现，白鹳在觅食方面绝对是机会主义者，找到歇脚的地方就给自己补充能量，从蛙类到猪饲料，什么都吃。这些白色大鸟的欧洲美食之旅呈现了许多出人意料的新知，但最让人意外的还是它们觅食的最后一站：西班牙的巨型垃圾填埋场。

西班牙最大的几座城市——马德里、巴塞罗那和塞维利亚——周围都有巨大的垃圾场，堆积成山的有机废弃物以及与垃圾为伍的各种虫子和啮齿动物构成了无可比拟的自助盛宴。弗拉克发现，"白鹳到了这种地方，一待就是两三个星期，甚至一个月，还有的干脆放弃了继续迁徙"。

弗拉克的白鹳们对这里的高热量快餐非常满意，有一半选择了留下，不再辛辛苦苦地飞往非洲。整个冬天，它们哪儿也没去，就在垃圾场里吃垃圾食品。等到冬去春来，有些白鹳甚至没有启程返回欧洲北部。它们彻底停止了迁徙。迁徙本身可能是原本定居一地的动物在一系列进化之后形成的习性，弗拉克这群白鹳的祖先为避开竞争或追逐季节性的丰盛食物，逐步迁移繁殖地或冬季觅食区，而现在，欧洲的一些白鹳或许正在逆转这个漫长的进程。

我亲眼看见了白鹳行为的这一巨大变化。不过，我没有像弗拉克那样在欧洲各地往返奔波。我是在伦敦，舒舒服服地坐在我的沙发上看到的——你也可以。马克斯·普朗克研究所开发了一款很让人上瘾的应用程序，叫作"动物追踪器"（animal tracker），可以接收弗拉克标记过的白鹳以及其他许多动物的卫星定位数据，在你的手机上画出它们的行动轨迹。2015年至今，我一直在关注一只名叫"奥德修斯"的白鹳，它在德国被装上追踪装置，从数据来看，它似乎背弃了漫游的天性和它的名字的含义。自从2015年9月抵达西班牙南部的垃圾填埋场，它几乎没再动过。偶尔，它会飞过直布罗陀海峡，到摩洛哥北部的垃圾填埋场去大吃一顿——仅此而已。它的兄弟费利克斯在同一个窝里装上定位器之后，行动模式和它基本一样。

新的追踪技术开启了迁徙研究的黄金时代，有望完整勾勒出白鹳的生命旅程，而且不仅仅是白鹳，还有已知的1800种长距离迁徙的候鸟。一些研究项目已渐渐找到确凿的证据，证实了鸟类在迁徙中展现出无法想象的耐力。最近的追踪结果显示，雨燕可以连续飞行10个月，往返非洲的途中一直在空中觅食，在空中小睡恢复精力，甚至到了目的地也不降落。北极燕鸥创下了迁徙距离的纪录，它们每年从英格兰到南极洲的往返旅程足有将近100000公里——一次旅行等于绕赤道两圈多，而这种鸟的体重还不及一部苹果手机。终其一生，这些娇小飞行家的飞行里程累计约300万英里（约483万公里），相当于往返月球6.3趟——这样说起来，查尔斯·莫顿的太空挑战好像也没有那么不得了。

还有一些研究，比如弗拉克做的这项，实时揭示了迁徙行为的根本性变化。在英国，不会再有人像亚里士多德那样，以为黑顶林莺是由园林莺变来的。近年来，这里的冬天变得比较温暖，而且人类安置的鸟食槽保证了食物的稳定供应，于是，自古只在夏季出现的园林莺觉得再也没必要离开英国了。另外，本该从英国迁徙返回非洲的燕子，最近也变得越来越不愿意启程。在欧洲、亚洲和美洲，燕子等数十种长距离迁徙的鸟类的数量呈现危险的下降趋势，这是全球变暖、栖息地被破坏、狩猎和杀虫剂共同作用的结果。有些科学家认为再过不久，长途迁徙或将成为过去式。鸟类的神奇消失困扰了我们千百年，可是现在，虽然谜团终于得以破解，这种令人惊叹的行为却可能要彻底消失。

人类的影响让白鹳变得不爱出门，我们对下面要讲的动物——河马造成的影响却是刚好相反。因为一位闻名世界的大毒枭一时心血来潮，这种被许多人误解的巨兽竟开始了意想不到的环球旅行。

第九章

河　马

河马种（Species *Hippopotamus amphibius*）

有人说它身高五腕尺，长着牛蹄，嘴的两边各伸出三颗牙，
体型比其他兽类都更大，它有耳朵，有尾巴，嘶鸣像马，站立休
息如大象；它有鬃毛，鼻子朝上翻，脏腑与马或驴并无不同，体
表无毛。[1]

爱德华·托普赛尔：《四足兽的历史》（1607 年）

17 世纪的教士爱德华·托普赛尔在热销的动物寓言集里，对
独角兽和萨蒂尔①的存在深信不疑，还非常详细地进行了描述。对
于河马，他却提出了强烈的质疑。这倒也不能怪他。那时候的博物
学家很难有机会亲眼看到河马，而民间流传的故事把这种动物说得
神乎其神，一点也不像我们认识的河马。

自罗马帝国时代起，河马（*Hippopotamus amphibius*）就被描
述成一种庞大而可怕、长着鬃毛的"河里的马"[2]，能"吐火"[3]，
身上会渗出血来。希腊作家阿希莱斯·塔蒂乌斯形容说，它"大大

---

① 希腊神话中半人半羊的森林之神。

地张开鼻孔，喷出一股红色的烟，仿佛着了火"[4]。这难免让人觉得作家大概是自己吸了某种烟，激发出这样的想象。但这也有可能只是因为他熟读了《圣经》。《约伯记》中扰乱天地的巨兽贝希摩斯与古代的河马出奇地相像，很多人认为这种动物就是它的原型，上帝在回应约伯的苦难遭遇时提到过它："它伏在莲叶之下，卧在芦苇隐秘处和水洼子里"，"它的气力在腰间，能力在肚腹的筋上"[5]。

关于河马的体型和喷火本领，人们的猜想完全不着边际，这肯定和《圣经》对这种神秘巨兽的描述有关系。不过，河马身上渗血的传言应该是源自现实场景，只是人们理解有误。罗马博物学家老普林尼在 77 年完成的巨著《自然史》中提出了一种很有想象力的分析：

> 河马在持续的过量进食之后，身体变得过于肥胖时，便会到河岸边去，在芦苇丛中找一根新近折断的，一旦找到了锋利的芦苇残茎，它马上将身体压上去，刺破大腿上的一根血管。若是在平常，身体会因血液的流失而虚弱，这时却是如释重负。完成后，它用泥巴将伤口盖住。[6]

这似乎是一个遭遇体重危机的河马自残的悲伤故事，但实际上呈现了古老的放血疗法——一种用于治疗各种病症的方法，被使用了近 3000 年。假如你是一个发烧的古希腊人，或是一个得了腹股沟淋巴结炎的中世纪英国人，那么医生的首选疗法就是刺破一根血管，把你的血放掉一点儿。假如你的运气格外好，或许医生不会用尖利的小木棍扎你，而是用水蛭。古埃及人就用过放血疗法，但是据老普林尼说，他们是从尼罗河边的另一位著名居民——河马那里学来的。他宣称，"河马发明了放血疗法"[7]，还说了不止一遍——

在他那本巨著里说了两遍。

今天我们也许会嘲笑老普林尼，他竟认为古代世界最流行的医学手段是河马发明的。不过，这种栖息在水边的巨兽倒是在制药领域开创了一股新潮流，不是在老普林尼的时代，而是在我们这个时代（而且，关键是它确实有用）。

古人看到河马皮肤上渗出的液体的确很像血，我第一次看到的时候也被彻底蒙住了。但这不是血——完全不是。在河马的粗厚皮肤下面，有一个特殊的腺体，分泌出了这种深红色的黏液。很多年里，人们一直以为它就是一种黏稠的红色汗液，能帮河马降温。科研人员最近发现，它其实还有远比降温更神奇的功效。

黏液像血一样的颜色来自红色和橙色的色素，这些不稳定的聚合物起初是透明的，但在吸收并反射紫外线的过程中，它们逐渐改变了形态和颜色。这样倒是很方便，因为河马等于是自己制造出了独一无二的防晒霜——这是一种体型巨大、没有毛发的哺乳动物，又常年暴露在撒哈拉以南的烈日照射下，为适应环境，它们在进化中做了很有创意的改变。

另外，研究人员认为这种黏液含有抗菌剂——正是因为这个缘故，虽然河马喜欢在满是自己排泄物的水里打滚，打架留下的伤口却极少感染，而且，在粪便中玩耍的癖好并没有害得它们身上爬满苍蝇，看样子这种超级黏液也能发挥驱虫剂的作用。

三效合一的河马配方要比平常那些定价过高的名牌防晒霜复杂多了，这甚至可以说是一种颠覆传统的物质，加利福尼亚的仿生学专家克里斯托弗·瓦伊尼正在做相关的研究，希望能把河马的汗液变成防晒领域的新宠。他告诉我："它的魅力在于几种特性的独特组合：防晒霜、驱虫剂和抗菌剂全部融为一体。"

"自然界最成功的物质都有充裕的时间完善自身，达到最优效

HIPPOPOTAMO

Dicono i naturali, che l'inuentore della Flebotomiæ è ſtato l'Hippopotamo animale, che habita preſſo il fiume Nilo, di grandezza ſimile à qual ſi voglia cauallo di Friſia, & è di terreſtre, & acquatica natura, il quale, quando ſi ſente aggrauato dalla copia del ſangue, và in vn canneto, ò coſa ſimile & per iſtinto di natura ſi feriſce la vena, & ne laſſa vſcir tanto ſangue, fin che ſi ſenta ſgrauato: poi troua la belletta, ò fango, & iui ſi imbelletta, & ſi ſtagna, e ſerra la ferita della vena.

在这份意大利中世纪关于静脉切开术的简介（1642 年）中，河马成了这项技术的发明者。这种动物（据说"体型与弗里斯兰马相当"）凭本能刺破一根血管，让血液流出，"等到它感觉恢复了活力"，便在泥里打滚，直至伤口愈合。多么有益、健康的疗法

果。如果大自然创造出一种优质护肤品，我们要想再做改进会非常困难。"瓦伊尼说。他的研究也遇到了一些难题。"最大的难题，"他说，"就是要想办法收集没有被粪便污染的样本。"被污染的样本怕是很难散发出药妆界竞争对手推广的那种夏日味道。

尽管如此，我还是想亲身体验一下教授的研究，在我的皮肤上抹一点新鲜的河马黏液。我去拜访的河马是一个非常乖的孤儿宝

我用美食贿赂河马孤儿艾玛之后，取了一点从它身上渗出的深红色黏液，涂在自己的皮肤上测试防晒效果

宝，名叫艾玛，住在南非的一个动物救助中心。我给它喂食的时候，发现一条条红色的液体从它的后背流下来，聚在脖子上的脂肪褶皱里。于是我决定自己动手。这种液体的黏稠质地与蛋清差不多，涂在手上成了一片浓浓的泡沫，迅速被我的皮肤吸收。可惜我的手已经被晒得不成样子，没法判断它的防晒指数，但涂过的这只手明显比另一只柔滑了一些。救助中心的经营者也很喜欢这种黏液的保湿效果，发誓说她真的经常把它当润唇膏用。

除河马之外，没有哪种哺乳动物会自己分泌防晒霜。它们不需要。一般来讲，毛发足以起到保护皮肤的作用。可是，河马对阳光非常敏感，甚至进化出了功能超强的汗液来保护皮肤，这似乎意味着老普林尼把河马的分类也搞错了。犯这种错完全可以理解，因为河马隐瞒了一个很离奇的家族秘密，直到不久前，学界还在为它们的分类争论。

20 世纪 90 年代初，我还是动物学专业的学生，老师说比起马来，河马与猪的亲缘关系更近。这好像说得通——但是很遗憾，也不对。在分类学上，河马的近亲是一种绝对出人意料的动物，我的大学导师理查德·道金斯在《祖先的故事》一书中写道，这件事"太不可思议，我到现在都不愿意相信，可是从事实来看，我好像不能不相信"[8]。

与河马亲缘关系最近的动物，其实是鲸。

$$* \quad * \quad *$$

几个世纪以来，科学家一直是用常规的方法，通过牙齿及骨骼研究确定河马的分类。但结果表明，实际上还有一种方法可以让河马吐露它们的惊人秘密：跟它们说话。

比尔·巴克洛博士投入 20 年时间，一心想搞清楚河马之间到底在说些什么，在这个孤独的研究领域里成为世界级的权威专家——准确来讲，是唯一的专家。

我为一个讲动物交流的系列片做调研时，在乌干达见到了比尔。他已年近七十，我把享受退休生活的他请了出来，教我几句河马语——这可不是容易的事，要知道我学法语学了几年，会说的单词不超过五个。比尔是一个非常有意思的伙伴，他能惟妙惟肖地模仿河马的滑稽咕哝、喷气和咆哮。独自与这些水边的巨兽相处多年后，没人能超越他的完美技巧。

一个闷热的非洲午后，我们驾船逆流而上，前往尼罗河的源头，路上谈到他为解决分类难题贡献的力量，他的蓝眼睛亮了起来："做科研工作的人都期待着灵光闪现的时刻，脑子里忽然冒出一个从来没人想到过的主意，"他对我说，"但是很少有人能等来这一刻。"

树懒是节能，不是懒！——出人意料的动物真相

那是 1987 年一件很偶然的事。当时比尔正在研究北美洲的潜鸟——就是叫声诡异、很像人声的那种鸟——他决定用梦想的假期犒劳自己：到非洲去做一次野外旅行。一天早上，他第一次在野外观察河马的时候，忽然注意到一个奇怪的现象。一头公河马发出粗哑的叫声宣告自己的地盘，不一会儿，其他河马便会从水下浮上来回应它。"我心想，这怎么可能？它们这样违反了物理学原理！"

水的密度比空气大，水上或水下的声音会在交界处反射回去，因此在水面以上发出的声音，在水下是听不到的，反过来也是一样。可是从比尔看到的情况来说，水下的河马似乎能听到那头公河马的叫声，因为它们做出了回应。"回到家，我直奔图书馆查找有关河马叫声和交流方式的文章。我很努力地查了半天，什么也没查到。"

真正的科学家一旦迷上一件事，就再也放不下了，比尔也是如此。他告别他的潜鸟们，搬到了非洲，打算用后半生搞清楚河马到底用什么办法打破了物理定律。他花了近 10 年时间，最后因为一个偶然找到了答案：河马在水上和水下都可以交流。

河马泡在浅水里的时候（只有鼻子、眼睛和耳朵露在外面），它们的吼声在水面以上通过鼻孔传出去，同时也在水面以下通过咽喉部位的一大块脂肪传播。脂肪的密度和水差不多，所以由声带发出的声音可以直接穿过脂肪，传进河水里，基本没有失真。待在水下的河马通过下颌骨接收这一波波低沉的声音，而它们的下颌骨又与内耳相连。

比尔为我做了演示，在我们的小船上用一个大扩音器播放河马的叫声。我们在尽量保证安全的前提下，停在一小群河马附近，它们正在河道的浅水处休息，一半身子泡在水里。这时临近傍晚，灼热的空气让人昏昏欲睡。音质不佳的吼声在我们船上响起，打破了这份宁静。过了不到一分钟的样子，第一头河马发出了回应的叫声。然后，仿佛变魔术一般，一个接一个河马脑袋从水里冒了出来，加入合唱。这一波连锁反应顺着河一路传递下去，一直到视线尽头，大约有十几头河马从浑浊的水里探出头来打招呼。

随着研究的深入，比尔发现虽然大家对这些两栖巨兽雷鸣般的低吼比较熟悉，但实际上，它们的大部分交流都是在水下进行。他把一个水下扬声器和一个麦克风绑在一根长杆上，做成可以伸到水下去的简易装置，向我展示他如何进入河马的秘密声音世界。当初他给一艘潜艇配置了类似的装备，结果非常惊讶地录到了一片嘈杂声，河马让气流穿过声带或扇动鼻孔，发出了呱呱声、咔嗒声、尖叫声等等各种声响。这些声音完全不像河马叫，而且是通过脂肪传出去，再由下颌骨接收。比尔想起来，这很像一种跟河马不相干、生活在水下的哺乳动物：鲸目动物，也就是鲸和海豚。这样看来，它们会是亲戚吗？他认为答案是肯定的。

比尔取得的突破引起了分子生物学家约翰·盖特西的关注，他一直在尝试从分子层面证明河马与鲸由同一个最近共同祖先进化而来。这是一个推翻现有分类的大胆想法，在动物学界毫不意外地引起了轩然大波。盖特西正在寻找生理学证据支撑自己的观点。他的目标是共同衍征——即由一个共同祖先传下来的、河马和鲸都具备，而任何其他动物都不具备的特征。比尔的发现正是他要找的东西。

"我发现河马在水下会发出零星或成串的咔嗒声，与鲸类用来回声定位的声音非常像，"比尔说，"另外，河马也没有毛，也在水下产崽和哺乳，而且有一整套在水下使用的声音。这些都有可能是共同衍征，也就证明了河马和鲸从共同祖先那里继承了相同的特征。"由此诞生的"河马形亚目"理论——把鲸类和河马归入同一个进化分支——遭到了一些古生物学家的嘲笑，他们对分子及衍征的证据都提出了不同意见。分类之争持续了数十年，研究远古证据和寻找现代证据的科学家形成了对立的两大阵营。

这其中有一个关键的问题，就是河马这一支的化石记录并不完整，似乎到大约2000万年前就消失了。远古鲸类的化石证据可以上溯到更加久远的年代。但在2015年，肯尼亚的一座山谷中出土了一批远古河马的牙齿，为厘清这种动物的进化谱系提供了一个至关重要的证据：臼齿非常明确地把河马与鲸家族联系在一起。

河马的亲缘故事还有一个很有意思的小插曲：恶名昭著的贝希摩斯，实际上是《约伯记》中另一个扰乱世间的巨兽利维坦（很多人认为其原型是一头鲸）的兄弟。这样一来，《圣经》中出现的两个巨无霸或许是由同一个祖先进化而来——一个体型比西班牙猎犬大不了多少的娇小祖先。

* * *

千百年来，河马经常出现在神话故事和民间传说里，混淆了世人对它们的认识。著名的法国博物学家乔治-路易·勒克莱尔（布封伯爵）在撰写1795年出版的巨著《自然史》时，希望能用一个标准答案取代过去流传的所有说法。"尽管这种动物自古就有记载，但古人并不完全了解它们，"布封写道，"一直到16世纪将至，我们才开始掌握准确的信息。"[9]

布封的大百科无疑开了先河，第一次以现代的科学原理为依据，尝试将自然界的各种生物分类。他致力于破除中世纪动物寓言里充斥的民间迷信，可惜他的文字过于自负了一点儿，他对河马的描述几乎全都是错的。不过，他的观点还是值得仔细看一看，因为这在后来很长一段时间里影响了人们对河马的理解。

首先，他说，"河马很会游泳，并且吃鱼"。[10]错了。河马吃素，而且充其量只会一点儿狗刨式。浮力作用下，它们在水里变得身轻

过去的博物画家画河马和画树懒一样吃力，《绅士杂志》（1772 年）的这幅插图就是一例，河马被画成了一头唇上有毛、眼睛像人的怪兽

如燕，可以在河床上像迈着太空步一样行进。

布封接着写道："它的牙齿十分强壮，且质地极其坚硬，咬到铁块能够打出火花。古人传说河马会喷火，或许正是因为这个缘故。"[11] 想法不错，布封，可惜还是错了。自古埃及时代起，河马的牙就和象牙同等珍贵，它们比象牙稍硬，但手工雕刻不成问题，而且时间久了不会发黄。事实上，假如伯爵缺了牙，说不定会配上一副河马牙做的假牙。这种假牙在 18 世纪风靡一时——就连乔治·华盛顿都有一副（就我所知，没有任何报道说美国的第一位总统由假牙里"喷出火来"）。

还有——"它因而拥有强大的武器，足以让所有动物都怕它，"布封写道，"但是它天性温和。"[12] 又错了，非常错。河马是出了名的暴脾气，捍卫领地时极为凶狠，会毫不犹豫地以巨大的牙齿为武器投入战斗。它们的体重与家用轿车相当，而且虽然身形庞大，它们的起跑加速度与人类相差无几，跑起来还可以轻松超过人类。河马因为进攻的速度以及攻击船只的嗜好，获得了"非洲最危险的动物"这样一个恐怖名号。虽然经常有人引用这种说法，但我怀疑这也许是互联网上的讹传，不大可能是在河马栖息的所有非洲国家统计得出的结论。不过，作为一个亲身体验过河马进攻的人（当时是我的问题，不小心走得离河马栖身的水塘太近了），我可以证明，它们的确跟"温和"二字不沾边。

最后，布封提出"这种动物离不开非洲的河流"[13]。今天的事实表明：这依然是错的。但是话说回来，就连诺查丹玛斯也不可能预见河马的神秘进化史会有这样的新进展：哥伦比亚的一个偏僻角落在 21 世纪成了河马的乐园。

* * *

几年前，我去麦德林做了调查。哥伦比亚的第二大城市坐落在安第斯山上，海拔 1500 米，虽然靠近赤道，却是一个意外清凉湿润的地方。走下飞机，看到阴沉沉的灰色天空，我禁不住有点儿失望，本以为这里会和希思罗机场不一样。来接我的卡洛斯·巴尔德拉马三十来岁，是一位英俊的兽医，他跟河马的关系非同一般，稍后我再详细讲。我们先开车走了 4 个小时，穿过郁郁葱葱的山丘，下山进入马格达莱纳河谷，深入牛仔之乡。卡洛斯利用路上的这段时间向我介绍了事情的背景。

2007 年，哥伦比亚环境部陆续接到安蒂奥基亚省乡村地区打来的电话，说看到了一种奇怪的生物。"他们说那家伙非常大，有一对小耳朵和一张巨大的嘴。"卡洛斯回忆说。

当地人感到害怕。卡洛斯的专长是处理动物与人类的冲突，于是被派了过去。看过之后，他跟困惑的乡民解释：这种怪兽是非洲来的动物，叫作河马。

卡洛斯也一样困惑，想不出它们是从哪里来的。在当地问起来，大家给他的答案全都一样：那不勒斯庄园。

庄园巧妙地建在麦德林与哥伦比亚首都波哥大中间的位置，占地近20平方公里，其建造者是恶名昭著的大毒枭巴勃罗·埃斯科瓦尔。他坐镇这个大本营，掌控着美洲90%的可卡因出口，靠这项买卖成了全球最富有的人之一，据《福布斯》杂志估计，他的财产超过了30亿美元。庄园是他的私人游乐场。他在这里举办奢华聚会，收集古董车，还为儿子建了一个恐龙公园，里面有实物大小的石棉恐龙。和许多狂妄的人一样，埃斯科瓦尔还梦想拥有一座完全属于自己的野生动物园，并且以身价亿万的毒枭独有的手段去实现了。

据传说，埃斯科瓦尔搞到了一架俄国的巨型运输机，然后把这架飞机派往非洲，如同一艘怪诞的现代挪亚方舟，装满（打过镇静剂）非法走私的野生动物。"方舟"要赶在动物们醒来之前回到哥伦比亚，这时他忽然发现任务没那么简单，因为庄园里的跑道是为运毒品的小型私人飞机设计的，不够长。他连忙命人紧急扩建跑道，确保运输机能带着昏睡的乘客顺利降落。

那些年里，埃斯科瓦尔偷偷运回了狮子、老虎、袋鼠，以及我们故事中的关键角色：四头河马——三头雌性，一头交配欲望高涨的雄性，名叫"艾尔比埃乔"，这是哥伦比亚黑帮里流行的一个名字，意思是"老头子"。河马被安排到庄园主屋旁的一个小湖里。现在它们还住在这儿。不过我去看望艾尔比埃乔的时候，发现它的后宫里远不止三头母河马。

埃斯科瓦尔在20世纪90年代初被军警击毙。他的帝国就此崩塌，他养的动物被分送到南美各地的动物园——唯独河马留下了。

要运送一头体重可达 4.5 吨的巨兽，即使是很想养河马的人也会觉得难度过高。就这样，此后 20 年里，河马们继续在水塘里悠闲度日，昔日主人的巨型庄园被洗劫一空，渐渐荒弃。后来政府想出一个不寻常的方案：把这块地方的一部分改建成巴勃罗·埃斯科瓦尔主题乐园——接待喜欢埃斯科瓦尔的人，还增设了水上滑梯；另一部分变成一座戒备森严的监狱，接待以埃斯科瓦尔为榜样的人，没有水上滑梯。

多年来，河马家族一直兴旺繁衍。卡洛斯说，它们的数量每 5 年翻一番，如今大概有 60 多头了。我在艾尔比埃乔的水塘一带只见到 20 来头。卡洛斯告诉我，其余的河马冲破了庄园周围不大结实的铁丝网，在哥伦比亚的荒野里胡作非为。

河马的领地意识极强。艾尔比埃乔的儿子一旦到了性成熟的年纪，就会被"老头子"赶出家族池塘，禁止靠近自家的母河马。环绕庄园的马格达莱纳河谷中，纵横交错的宽阔河道成了河马的高速公路，一心想找配偶的年轻河马们由这里扩散到了几百公里远处的哥伦比亚乡间。如果是在非洲，这是再正常不过的行为；年轻雄性会离开家，去寻找属于自己的爱情。可是在哥伦比亚，乡野间没有其他河马，风流少年们失望之余开始胡闹。

卡洛斯带我去拜访了它们当中的一个。这是一头正值青春期的大个子雄性，无精打采地待在一个水塘里，距离村里的学校仅 100 米。我走到近前想仔细看看它，它沉着脸张大了嘴，气势汹汹地吼起来。我正拼命回想比尔·巴克洛教我的河马语，河马就朝我冲了过来，速度快得激起了巨大的波浪，从它身边涌向四周。它吼叫的意思非常明确：这里不欢迎访客。听说学校的孩子们再也不敢来池塘玩水了，我一点儿也不觉得意外。一个男孩告诉我，就在上个星期，他的奶奶被这头失恋的河马猛追，差点儿虚脱。

不过，也有人不怕河马。据英国广播公司报道，有个男孩告诉当地报纸说："我爸爸抓了三头了。家里养点儿动物挺好的。它们的皮很滑溜，倒点儿水上去，它们就会生出一种黏液一样的东西，摸起来感觉像肥皂。"[14]

卡洛斯认为比起非洲居民，哥伦比亚人更容易受到河马伤害，因为他们习惯了河马在迪士尼电影里的可爱形象。"大家觉得河马长得胖墩墩的，是一种讨人喜欢的动物，"他说，"可它们不是这样的。"卡洛斯把哥伦比亚的河马种群形容为"待爆的定时炸弹"。

卡洛斯担心的不仅仅是人类的安全。河马能够极大地改变自己居住的环境，这些生态工程师可能对当地动植物种群造成怎样的影响，这才是最让他忧心的问题。

* * *

在非洲，河马的日子过得很艰难。它们要面对旱季的严酷考验。每到这时，水塘干涸，食物紧缺，它们还要全力保护孩子，防备饥肠辘辘的鳄鱼和鬣狗。埃斯科瓦尔的河马们完全没有这些烦恼。水汽弥漫的哥伦比亚一年到头下雨。河马有吃不完的草，有很多水塘供它们白天泡澡打滚，而且这里没有天敌，几乎没有同类跟它们争抢资源。舒适的生活改变了它们的行为习惯。在非洲，河马的性成熟年龄通常在 7 岁到 11 岁之间，而埃斯科瓦尔的河马 3 岁就开始生育下一代。另外，母河马变成了一年产一胎，不像在非洲两年才生一次。用卡洛斯的话说，马格达莱纳河谷是"河马的天堂"。

如果一个入侵物种失控蔓延，威胁到本土物种的生存，一般的解决方法是将其全部清除。世界各国都花了很大的力气消灭老鼠、蚂蚁、贻贝等等各种外来生物。关岛政府的一项聪明举措曾大获好评，他们把一群猫空降到一座海岛上，让这支特殊的突击队去对付在岛上作乱的林蛇。加拉帕戈斯政府用别名"犹大羊"的领头羊（源自犹大出卖耶稣的典故）把入侵本地的山羊带到空旷地带，再由直升机上的狙击手射杀。美国政府动用了所有想得到的手段消灭椋鸟，从毒药丸到恶作剧用的痒痒粉，试了各种办法还是不行。事情的起因是纽约的一位药剂师梦想把莎士比亚作品中提到的每一种鸟都引进美国，他在19世纪90年代把鸟送进中央公园，结果，最初的60只椋鸟发展成了足有几千万只的大麻烦。

不过，哥伦比亚军方第一次射杀离群的河马时，引起了民众的强烈抗议。各国媒体纷纷报道了这件事。对于一个正在努力摆脱血腥历史的国家，枪杀迪士尼动画明星无异于公关灾难。清除河马的计划就此被搁置。

备选方案是根除隐患：给公河马做绝育手术。这项棘手的工作交给了卡洛斯。阉割自然界最凶狠的一种动物绝对是个疯狂的主意，但卡洛斯显然有这份胆量，他决定试试。目前为止，这位哥伦比亚兽医已完成一例手术——那是一头孤零零的公河马，出现在庄园下游250公里远的地方，吓坏了当地的渔民。由于事先没有料到河马生理上的古怪特点，手术用了6个多小时。"一般的绝育手术需要30分钟，"卡洛斯告诉我，"但是到了河马这里，每一个步骤都很难。"

首先，河马个头大，麻醉起来并不容易。麻醉药的剂量必须很大，同时又很精确，而且它们身体里脂肪多（脂肪吸收药物），很容易用药过量。卡洛斯用了5支麻醉镖才让河马睡着。打药本身也是一个难题。河马的皮很厚，好几支麻醉镖都被弹开了，而扎进去的几支又刺激了河马，本来就脾气暴躁的它这下更是怒不可遏。"我们专门找来几位牛仔引开河马的注意力，可还是有几次，它非朝着我们冲过来，"卡洛斯说，"那情形真是吓人。"他说得太保守了。

等到河马终于睡着了，他却还有更多的难题要解决。这种体型巨大的哺乳动物一旦离开水，就很容易体温过高。卡洛斯不可能在水下实施手术，唯一的办法就是以最快的速度——或者说尽他所能以最快的速度——完成工作。河马的性腺藏在几英寸厚的皮肤和脂肪下面（这一点跟它们的表亲鲸很像）。更麻烦的是，河马的睾丸被形容为"非常灵活"，因为它们会在身体里移动，尤其是感觉有危险的时候，位置偏移可达40厘米。[15]卡洛斯告诉我，他一连用钝了3把手术刀。虽说河马的睾丸足有甜瓜大小，但他花了几个小时才找到动来动去的目标，接着又花了一个小时缝合切口。

手术完成后，卡洛斯借到一架老旧的俄式直升机，把去势的河马送回了那不勒斯庄园。这头河马现在有了名字，叫"纳波利塔诺"，住在庄园的大池塘里。绝育之后的它显然不再被艾尔比埃乔视为眼中钉，漫长的手术折磨也算换来了意外的成果。

不过，哥伦比亚政府为这场手术花费了超过15万美元——对于一个严重缺钱的发展中国家，这远远超出了他们的承受能力。卡洛斯估计，往后推广绝育手术的可能性微乎其微。政府各部门把河马问题推来推去，谁也不想为这件事负责。看样子河马要在哥伦比亚长住下去了。假如它们继续在孤立的环境中兴旺繁衍，最终会发展成哥伦比亚独有的一个新亚种，或许可以命名为河马埃斯科瓦尔亚种——算是这位毒枭富豪给世间留下了一份料想不到的遗产，同时这也是一个很有意思的实例，让人们看到一个偶然事件如何导致了一种生物分化成两支。

性情危险的大个子动物不只有河马一种。要说可怕，驼鹿——特别是喝醉的驼鹿——几乎与河马不相上下。不过我们在下一章将会了解到，动物王国里最著名的酒鬼如何帮助美国摆脱了"退化国度"的标签，而且，它们并不（完全）像传言中那样堕落。

第十章

驼 鹿

驼鹿种（Species *Alces alces*）

日耳曼人称这种动物为"*Ellend*"，

在他们的语言里，

这个词有痛苦或悲惨之意……[1]

爱德华·托普赛尔：《四足兽的历史》（1607 年）

　　古时候，人们常说驼鹿是自然界的牢骚鬼。"这是一种忧郁的动物。"博物学家爱德华·托普赛尔在他的动物年鉴里写道。它们终日愁苦，甚至可以把这份难过的情绪传染给吃掉它们的人。"驼鹿的肉，"他提醒读者，"会引发忧愁。"[2]

　　驼鹿要面对很多郁闷的事情。它们的美国名字源自阿尔冈昆语，意思是"吃小树枝的动物"，它们的生活方式由此可见一斑。驼鹿是体型最大的鹿科动物，进化过程中，它们要想办法适应横跨北美、亚洲和欧洲的亚北极区，在最严酷的气候条件下，依靠少得可怜的食物活下来。但要说忧郁，驼鹿并不比一般的河狸或野牛更忧郁。它们只不过形象如此。

　　进化从不在意人类的审美——看看水滴鱼就知道了。漫长而

The Elk falling down in an Epileptick fit being pursu'd by ye Huntsmen.

《药物全史》（1737年）的插图描绘了一头癫痫发作的驼鹿。据说这种动物的自救手段是把一只蹄子塞进自己的左耳。这也成了人类治疗癫痫的一种常规方法，耳朵里塞上一只脏兮兮的蹄子——这就是患者需要的良方

曲折的进化中，它选择了最实用的生存方案，即使长得难看也无所谓。驼鹿需要在厚厚的积雪中长途跋涉，一路靠嗅觉搜索能吃的植物。为应对生存环境的挑战，它们进化成了现在这种傻乎乎的模样：干瘦的长腿像踩着高跷，驼着背，口鼻部分很长，向下耷拉着，看上去的确有种长年受苦、郁郁寡欢的样子，很容易引起人们的误解。

托普赛尔相当随意地提出了一个观点，把驼鹿的抑郁归因于慢性癫痫。"它处在最痛苦、最悲惨的一种境地，一年到头，它每一天都要忍受癫痫的折磨。"[3]他写道。驼鹿被凭空诊断出这样的病症真是格外不幸，因为，据说这种腿很长的动物没有膝盖。按照这位教士兼博物学家的说法，它们"腿上没有可弯曲的关节"，这有可能带来不大体面的后果："一旦倒在地上，它们就再也起不来了"。[4]

关于驼鹿没有膝关节这件事，最早的记述来自一个不像是会传播这种无稽之谈的人——伟大的罗马将军尤利乌斯·恺撒。

恺撒在广袤的海西森林里见到了驼鹿。那时候驼鹿还广泛分

布在欧洲各地，罗马人叫它们"Alces"。"它们的腿没有关节和韧带，"将军在他的《高卢战记》中写道，"树木就是它们的床。它们倚着树干，身体稍稍斜靠过去便可休息。"[5]

驼鹿其实有膝盖，而且膝盖的柔韧性很好——比其他鹿科动物都要好得多。它们的腿强健有力，能朝各个方向踢，甚至能侧踢。驼鹿好端端地被认定为身体有缺陷，罗马人把它们当成了一种可以围捕，然后扔进斗兽场的动物。244年这一年里，有5000头异国兽类被迫加入血腥的生死之战，包括60头狮子、32头大象、30只花豹、20匹斑马、10头驼鹿以及1头河马。场上的赌博庄家肯定高兴坏了。

命运如此悲惨，换了哪种动物都有足够的理由借酒浇愁。可怜的驼鹿就这么醉酒出了名，成了动物界第一大酒鬼。

* * *

9月是瑞典的警察队伍最忙碌的一个月。这是果实成熟掉落的季节，每到这时，阿尔宾·内韦伯格警官就要全力对付一个大麻烦：醉酒乱跑的驼鹿。我们开车穿过斯德哥尔摩，去调查最近一桩驼鹿胡闹闯下的祸，路上他告诉我："驼鹿喜欢发酵的水果，跟人类喜欢酒是一个意思。"

瑞典栖息着大约40万头驼鹿，这里和欧洲其他地方一样，习惯把驼鹿叫作"elk"，不像北美叫"moose"，它们其实是学名为 *Alces alces* 的同一种动物。（不同的叫法经常引起混淆，因为北美也用"elk"这个词，但是指鹿科的另一种动物。）一年之中，瑞典的驼鹿大部分时间都在森林深处过它们的日子，远远躲开热爱打猎的瑞典人。可是到了秋天，它们仿佛暴露出双重性格，在酒精作用下彻底变了一副模样。这些驼鹿就像结婚前夜聚会狂欢的青年，结伴跑到城镇村庄里捣乱，害得当地人担惊受怕。"这是这个季节里的大问题，"阿尔宾强调说，"在斯德哥尔摩，我们每年秋天大约会接到投诉 50 个驼鹿的报警电话。"

我和阿尔宾来到首都郊外的一座小农场。面积不大的果园里，矗立着一幢质朴的乡村木屋——看上去一派美好的田园风光。空气中弥漫着一股熟过头的浓郁水果味儿。阿尔宾捡起一个苹果递给我。"它们就是为这个来的，"他说，"但它们不吃绿色的，只挑那些软烂变黄、已经开始发酵的苹果。"

农场主人报告说，一头母驼鹿带着年幼的孩子连续两天跑到园子里来，毫不客气地吃地上掉落的果实。到了第三天，他们出门一看，小驼鹿死了，它的妈妈不知去向。

"它们闯进居民院子里，很长时间都不走——能待上一两个星期，"阿尔宾说，"而且它们死守着发酵的水果，觉得那是它们的东西。要是怀疑有谁想拿走水果，它们就会发火。它们有时非常暴力。"

驼鹿可不好惹。虽然让它们在古罗马斗兽场里对抗一群狮子有点儿不公平，但是有一点毫无疑问：遇到威胁的时候，个子最大的鹿科成员确实非常凶悍。最大的公驼鹿有近 1 吨重，身高超过 2 米，头上 2 只巨大的鹿角，中间足能挂起一个小吊床。在发情期，或者说交配季节里，它们用这对角与其他雄性决斗。对我们人类来说，需要当心的则是驼鹿的腿。它们的膝关节很灵活，4 条腿的力道犹如 4 个气锤，连续出击的杀伤力能与拳王泰森相媲美。有生物学家建议："把每一头驼鹿假想成一名连环杀手，拿着上膛的枪站在小路中央。"[6] 这好像有点儿危言耸听，但据说在阿拉斯加，人比熊更经常遭到驼鹿攻击（不过我一直没找到相关的数据）。

阿尔宾说，驼鹿醉酒的时候最危险。近些年里，成群醉醺醺的

树懒是节能，不是懒！——出人意料的动物真相

驼鹿吓唬过一队徒步旅行的挪威人，还包围了瑞典的一家老年护理院（持枪警察赶到现场才驱散了这群长角的小混混）。最稀奇的一件事是一名男子被控谋杀了他的妻子，案件调查到最后，大家才发现凶手原来是一头吃了太多发酵苹果的驼鹿。

鹿科大家族里，因为神志不清闯祸的不止驼鹿一个。多年来一直有传言说，驯鹿会特意去找毒蝇伞吃，据说吃了这种致幻伞菌之后，它们"举止就像喝醉了一样，没头没脑地乱跑，还发出古怪的叫声"[7]。我想不出这样的迷幻行为能对它们的进化有什么促进作用。或许，如果传言属实，这种红底白点的著名毒蘑菇刚好含有某种毒素，能帮助这些极易感染寄生虫的反刍动物杀死体内的虫子。

据说在斯堪的纳维亚的原住民萨米族中，萨满会在主持仪式时借助毒蝇伞的致幻效力，通常采用的方式是在驼鹿吃过毒蝇伞之后取其尿液，喝一小口。这样一来，毒蘑菇中毒性最强的化学物质都被驯鹿的消化系统分解掉了，而作用于神经的成分依然完好，可以说是一种"安全的"（尽管有点儿倒胃口）摄入方式。

* * *

驼鹿的为所欲为是瑞典媒体钟爱的题材，他们热衷于实时报道这种动物醉酒后的古怪行为，并配以粗俗的大标题。《本地人报》刊登过一篇题为"三头驼鹿的后院性爱震惊瑞典人"的报道，文中引述34岁的销售经理彼得·隆格伦的投诉说，驼鹿"正吃着苹果，忽然就变成那种姿势了"[8]。他看到一头年轻的公驼鹿骑到一头年纪稍长的母驼鹿身上求欢，而母驼鹿正把嘴凑到另一头年轻雄性的后身。

在人类销售经理看来惊世骇俗的行为，对驼鹿来说其实不算稀奇。一位瑞典动物学家告诉记者，在居民区看到驼鹿交配的确是"极其少有的事"，但它们在旁观者面前交配的情况并不少见。"一个区域内通常有几头雄性争夺一头正在发情的雌性。一般来讲，最强壮的那个会胜出，余下的几个只能在一旁看着，"这位驼鹿性爱顾问说，"这是很正常的行为。"[9]

公众觉得驼鹿行为不雅，这样的道德评判与中世纪的动物寓言有种莫名的相似。那些故事虽然专注于动物世界，主旨却不是向人们介绍动物的生活，而是借动物宣讲重要的道德规范——如今很多有关动物的小报报道可以说并无不同。说起来有点儿好笑，中世纪的作者选了驼鹿当典范，教育民众远离酒精的毒害。

在中世纪，驼鹿的栖息范围要比现在大得多。它们遍布北美、亚洲东部以及欧洲，活动区域向南一直延伸到法国、瑞士和德国，那时候的叫法更是混乱，*alg*、*elch*、*hirvi*、*tarandos*、*javorszarvas*等等都是它们的名字。12世纪的一本用拉丁语写的《野兽之书》谈到了一种面目不清的"羚羊"，历史学家分析认为，这极有可能是驼鹿。

书中称赞这种"羚羊"有着"无可比拟的敏捷身手，从来没有猎人能够靠近它"——很多人家壁炉上方装饰的驼鹿头标本肯定不同意这种说法。驼鹿的速度虽比不上箭或子弹，但它们确实跑得很快，甚至比灵缇还要快，最高时速能超过55公里。

驼鹿奔跑速度快，在雪地里尤其表现出众，而且它们很容易被驯服，所以在17世纪的一小段时间里，它们承担了一项意想不到的工作：王室邮差。据苏格兰博物学家威廉·贾丁爵士记述，在瑞典国王卡尔九世的宫廷里，驼鹿曾为信使拉雪橇。这位君王还考虑过组建一支驼鹿骑兵队，不管战斗力如何，那一定会是战场上最别

《诺森伯兰动物寓言集》（1250—1260 年）里的"羚羊"未能抵挡住灌木的诱惑，结果被枝条缠住动弹不得，得到了应有的惩罚（被猎人杀死了）

致的一支队伍。

《野兽之书》接着介绍说，驼鹿"长着锯子一样的长角"，"能锯断很大的树，把整棵树锯倒"。[10] 这种说法就更古怪了。驼鹿从来不以伐木技术见长，不过雄性即将进入发情期时，总要在树干上用力地蹭鹿角，把树皮上覆盖的一层细软茸毛蹭掉。作者绞尽脑汁把驼鹿的这种行为编写成宗教寓言，把两个鹿角比喻为《圣经》的《旧约》和《新约》，说它们能够切断"一切肉体的恶习"，包括"醉酒和贪欲"。作者还提醒，要当心"灌木诱惑"：长长的树枝有可能缠住鹿角，平常行动敏捷的驼鹿会被困住，最终落入猎人手中送了命。[11]

驼鹿的确应该当心。书中描述的情况不时在现实中上演。阿尔宾告诉我，经常有醉醺醺的驼鹿身陷各种困境需要解救。"我见过驼鹿从山坡上掉下来，挂在了树上，"他说，"它们常常被足球网或晾衣绳缠住。"这些意外一般不至于让它们丢掉性命，但是一定会很丢人。

在安克雷奇，人们常看到本地一头名叫"巴兹闪闪"的驼鹿夜里饱餐苹果之后，脚步蹒跚地在城边游荡，鹿角上缠着长串的圣诞彩灯。瑞典曾有一头狼狈的驼鹿名扬世界，它被灌木迷惑，高大的身躯陷入枝条的纠缠。现场抓拍的画面记录了这次格外丢人的宿醉，在美国有线电视新闻网播出后传遍全球，驼鹿遭到了前所未有的嘲笑。

有人把驼鹿醉酒的故事列为"互联网上最精彩的内容"。不过，虽然这些又高又瘦的动物长了一双天生醉意蒙眬的眼睛——可以很自然地盯着相反的方向，看上去像是没救的酒鬼，但实际上，它们只不过是"像"醉了而已。

＊　＊　＊

其实不单是驼鹿，还有不少动物也被认定为沉迷发酵的果实。各地报刊报道过各种各样醉酒的野生动物，在澳大利亚北部有烂醉的鹦鹉从树上掉下来，在加里曼丹有红毛猩猩被烂榴梿的难闻汁液醉倒，还有一篇报道说，德国有一只獾扰乱了交通，据说它吃了太多发酵的樱桃，东倒西歪地走在一条主干道上。

我调查之后发现，大多数报道都是没有实证的传闻——可信度大概跟驼鹿酒后说的话差不多。不过，有一个长鼻子醉酒的故事一次次反复出现。很久以前就有一种说法：非洲的大象会吃发酵的马鲁拉树果实，一直吃到醉倒，1875 年的一本狩猎经典说，这时候的大象就像周六晚上在闹市聚会撒欢的青少年。它们"变得脚步不稳，晃晃悠悠地乱走，动作很搞笑，尖叫声在几英里开外都能听到，还常常打架打得惊天动地"[12]。

有一部自然题材的纪录片叫《可爱的动物》，用镜头捕捉到了大象、鸵鸟等一系列动物醉酒的滑稽模样，1974 年播出后轰动一时。影片以荒唐的拟人手法呈现各种动物，在本尼·希尔①节目音乐衬托下，一幕接一幕地播放它们吃了马鲁拉树果实后醉眼迷离、踉踉跄跄的醉态。这是一部相当吸引人的纪录片，近年在视频网站"油管"上再度走红，已有超过200万人观看。

著名心理药理学家罗纳德·K. 西格尔第一个开始探究这个故事背后的真相。在动物醉酒研究方面，西格尔是一位经验丰富的科学家。身为加利福尼亚大学洛杉矶分校的副教授，他一直在潜心研究酒精和药物的影响——他的主要实验对象是人类，被他称作"航行在精神世界的人"，但他有时也把研究扩展到更广阔的动物王国。他给猴子吃可卡因口香糖，还说教会了鸽子"报告它们在迷幻药作用下看到了什么"[13]——答案有点儿无趣：蓝色的三角形。

1984年，西格尔开始做一项危险性高得多的研究，给一群"从未接触过酒精的"圈养大象提供不限量的酒，观察它们的反应。他发现大象喝得很开心，一天的饮酒量相当于35罐啤酒，酒精引发了一些"不当行为"[14]，比如伸长鼻子抱着自己，闭着眼睛靠在某处，一个个把鼻子搭在伙伴的尾巴上，西格尔形容那场景像是"驯化的大象排队走直线"[15]。

招待一群大象喝酒是要冒风险的。西格尔曾开着吉普车被一位嚣张的客人在后面猛追，那是一头名叫"刚果"的大个子公象，教授要断掉它的啤酒供应，它一怒之下把空酒桶砸了过来。还有一次，西格尔不得不亲自上场劝架，当时"刚果"和一头河马险些打起来，没喝酒的河马来得不凑巧，而且偏偏跑到了大象最钟爱的水塘里。"我知道它们马上就会有一场要命的冲突。"西格尔决定开车冲到这两头巨兽中间，结果差点儿引火上身。"我早该知道那样不

---

① 本尼·希尔（1924—1992），英国喜剧演员。

妥。"[16] 他后来写道。那天的事给所有人上了宝贵的一课，但愿大家从此能记住，不要以科学的名义为危险动物提供酒精饮品。

观察这群醉醺醺、闹哄哄的研究对象之后，西格尔得出了一个思路清奇的结论：大象的确会喝酒喝到醉，或许是因为栖息地不断减小，觅食竞争激烈，它们借酒精麻痹自己，暂时忘记这些"环境压力"[17]。可是，即便大象会在有人不断供应酒水的情况下喝醉，并不代表它们在野外会吃发酵的果实吃到同样醉。

在南非参加生理学研讨会的时候，一群英国生物学家决定把这个传说彻底搞清楚。相比西格尔，他们采用了更清醒的科学研究手段，没有不负责任地让大象开怀畅饮，而是借助统计学寻找答案。他们根据大象的平均体重及马鲁拉果实的酒精含量建构了多种数学模型，结果计算出大象要想吃这种果子吃到醉倒，食量需要达到平常的400%。"这些模型在设计上已经很偏向醉酒因素，"研究人员说，"但就算是这样，结果还是显示大象一般情况下不会醉。"[18] 生物学家们由此判定，马鲁拉果实的故事又是动物界的一个无稽之谈，因人类总喜欢赋予动物人性而越传越广。《可爱的动物》里面那些醉酒的明星似乎是被注射了兽医用的麻醉剂，在镜头前做出种种晕头晕脑的举动。研究人员最终总结道："大家就是想要相信大象会喝醉。"[19]

驼鹿应该也是同样的情况。一位瑞典教授告诉我，从来没有人做过检测，确定驼鹿的血液酒精含量超标。"如果你能拿出一份研究报告给我看，用数据说明吃苹果的驼鹿血液里有多少酒精，那样的话，我会更认真地对待这个问题。就目前而言，我认为这种说法其实反映了我们北欧日耳曼民族与酒精的不健康关系。"

加拿大的一位教授提出了一种比较合理的解释，他认为驼鹿的醉态实际上来自苹果酸中毒，起因是短时间内超量摄入诱人的高糖食物。这会导致乳酸在它们的肠道里积聚，引起身体不适，症状包括瞳孔放大，站立不稳，严重的情绪低落[20]——每一条都符合早期博物学家笔下的驼鹿形象。看样子他们描绘的动物并不是喝醉了，也不是抑郁，而是忽然消化不良。

话虽如此，驼鹿倒也不是从没醉过。起码有一头驼鹿的确有这样的记录——那是一只宠物，其主人是16世纪的丹麦天文学家第谷·布拉赫，在没有天文望远镜的年代，他的精准观察为现代天文学奠定了基础。

养一只驼鹿当宠物听起来有点儿怪，但第谷这个人基本上没法用"正常"来形容。在学生时代，他因为数学问题与人决斗，被砍掉了鼻子，后来一直戴着一个黄铜制作的假鼻子。他在汶岛为自己建造了一座城堡，配备地下实验室，不时邀请有名望的人来参加豪华的聚会，席间为宾客助兴的是一位通灵的侏儒，名叫杰普，还有第谷的宠物驼鹿。这位天文学家曾在日记中写道，他的驼鹿"极其讨人喜欢"，"它充满活力，跑来跑去，还跳舞，过得很快乐……就像狗一样"。[21]

第谷显然非常钟爱这只宠物，但还是答应把它作为礼物送给资助人，希望此举有助于提高天文学研究者的社会地位。运送途中，驼鹿不幸死在兰斯克鲁纳的一座城堡里，据说它在那里喝了不少啤酒，醉得腿脚发软，从台阶上滚下去送了命。

这也许是唯一一个确定的驼鹿醉酒实例。但有一点不该忽略：一头清醒的驼鹿要下台阶恐怕也是有难度的。

* * *

驼鹿背负着醉酒闹事的名声，《反社会行为令》在动物王国也适用的话，它们就是被警告的对象。然而这样一种动物却帮助了刚刚独立的美洲殖民地，避免了这片土地被贬低成"退化的国度"。18世纪80年代末，一具有些腐坏的驼鹿尸体发挥了出人意料的作用，为捍卫美国的名誉出了力。

旧大陆对新大陆完全不信任，而且明显感觉到了威胁。有一个人把这份戒心具体化，有条有理地提出了一种学说。此人就是傲慢的布封伯爵，乔治-路易·勒克莱尔。他在《自然史》中阐述了"美洲退化论"，引发了激烈的争论。他宣称，"在美洲，生物界相对较弱，活力较差"[22]。在新大陆，不仅生物种类较少，而且"所有动物都比旧大陆的小得多"。一种动物如果在两边均有分布，那么新大陆的那些"退化"[23]了。另外，美洲没有值得引以为傲的非凡巨兽："没有哪种美洲动物能与大象、犀牛、河马、单峰骆驼、驼豹（长颈鹿）、非洲水牛、狮子、老虎相媲美。"[24]

布封从未踏上过新大陆，但和往常一样，这并不妨碍他构建理论。他对美洲动物体型缩水的了解基本来自动物标本和各种游记，二者都称不上是很准确的信息来源。不过，他自己有一套判断可靠性的标准：假如他在至少14篇游记中看到了同样的"事实"，那么，根据他计算概率的古怪方法，就可以肯定其"诚信度"[25]。

他得出结论，美洲的动物生来弱小，原因在于环境。这块大陆刚从海里冒出来不久，大部分区域被沼泽覆盖，它与欧洲大陆不同，还在慢慢变干，所以，美洲的动物和植物更小、更弱，种类更少。长得稍微像样的生物，只有昆虫和爬行动物——"在烂泥里栖息的各种生物，血液中水含量很高，可以在腐烂物质中大量繁殖，它们在低洼、潮湿、沼泽遍布的新大陆体型更大，数量更多"[26]。

比如美洲的狗，它们个子很小，"极其蠢笨"。伯爵还提到只有法国人格外在意的一个问题，声称那边养出的羔羊"肉质不够鲜嫩"。[27]

据布封描述，美洲的原住民同样退化了——他们头脑迟钝，没有体毛，缺少"激情"，生殖器"小且无力"。[28] 他虽然没有直说，但在文中暗示欧洲人到了美洲也会经历同样的退化，因为所有运送到美洲的动物都会"在恶劣的天气条件下、在物产贫乏的土地上变小、变弱"[29]。

布封的理论狠狠打击了发展中的美洲。对于一个（在当时）正想尽办法吸引移民的国家，要说这里有巨大的虫子，生殖器会萎缩，恐怕没法起到很好的宣传效果。更关键的问题是，这些幼稚的嘲讽诽谤被包装上了毋庸置疑的权威性。在那个时代，布封伯爵是首屈一指的博物学家，启蒙运动的领军人物，他撰写的博物学巨著热销全球。因此，他的"美洲退化论"一经提出便如野火般迅速传播开了。欧洲人这下有了科学的依据，坚信自己所在的这块大陆的确比那边的美丽新世界更优越。

面对这种状况，美洲必须想办法捍卫自己的阳刚之气。托马斯·杰斐逊，也就是后来的美国总统，是率先行动起来的人。在起草《独立宣言》、担任弗吉尼亚州州长以及在巴黎担任驻法公使之余，他针对布封伯爵的衰退理论展开了反击。除了政治，杰斐逊最喜欢的就是大自然，所以他完全有资格在自己热爱的国家遭人贬低时，拿出美洲健硕的实证来予以驳斥。

杰斐逊写信给共同制定宪法的同人，号召大家带上卡尺到野外去测量美国的各种动物，用亲手收集的数据反驳法国博物学家的观点。政治家们兴致勃勃地投入这项新奇的工作。詹姆斯·麦迪逊在写给杰斐逊的一封长信中，首先探讨了不同形式的代议制政府各自的优点，然后格外精确地描述了弗吉尼亚本地的一只鼬，测量了它全身上下每一个部位，包括"肛门与外阴之间的距离"[30]。麦迪逊最后指出，鼬的测量结果"无疑与他（布封）的论断相悖，他认为在两块大陆均有分布的动物，新大陆的那些从任何角度来看都不比旧大陆的同类小"[31]。

杰斐逊担任美国驻法公使期间，曾接到邀请去伯爵在巴黎的消夏别墅做客。那场社交晚宴想必气氛紧张。两人在庭院里都刻意避开对方，后来在图书室还是碰上了。杰斐逊备好了扎扎实实收集到的资料，胸有成竹。但不等他向布封亮出鼬的对比数据，布封就搬出一部巨大的手稿——那部自然大百科的最新修改稿，咚的一声放在他面前，说道："杰斐逊先生读过这个之后，他会非常认同我的观点。"[32] 当晚后来的时间于是变成了一场关于驼鹿的争论。

布封说他"完全不熟悉"美洲的驼鹿，认为那不过是一种归错类的驯鹿。杰斐逊告诉伯爵，"驯鹿能从我们的驼鹿肚子下面走过去"。[33] 话说得有点儿草率，遭到布封的嘲笑也在情理之中。辩论到最后，法国贵族做出让步，提出了一项高难度的挑战：假如杰斐逊能找来一头"鹿角长一英尺"[34]的驼鹿，他就把"美洲退化论"从他的下一卷《自然史》巨著中删掉。

杰斐逊早就预见到驼鹿会成为他的王牌。他在此之前已开始搜集资料，发出一份列有 16 个问题的调查表，了解各种相关信息，比如"它们跑起来是否会发出嗒嗒的蹄声"[35]。他还恳请政治盟友们帮忙打猎，把他们打到的体型最大的驼鹿做成标本寄给他，要"身高 7 英尺（约 2.13 米）到 10 英尺（约 3.05 米）""鹿角尺寸非同一般"的[36]——绝对是棘手的任务。

帮杰斐逊找驼鹿的人里面，最积极的是一位名叫约翰·沙利文的将军。与伯爵见面后，杰斐逊满脑子都是驼鹿，于是致信沙利文将军表达了更加急迫的心情。"在寻找驼鹿皮张、骨架、鹿角这件事上，你的鼎力相助对我是莫大的鼓励，" 1786 年 1 月 7 日，他在

Male Moose.

THIS remarkable Animal is said to be the largest, and to discover the greatest variety in his looks, of any Animal that America produces. When at their full growth, they are from eight to twelve feet high, short neck, a very large and long head and ears, and no tail. They part the hoof, and chew the cud. In these two points they resemble the Ox. There is something very extraordinary in the horns of those animals---they grow five feet in one season---they are extensive, one foot wide, and full of branches. They shed their horns every winter. They are said to trot at the rate of twenty miles an hour---they will swim fourteen or fifteen miles across ponds and lakes. They defend themselves by striking with their forefeet.

This animal will eat hay, indian meal, and most kinds of fruit, and may be seen in this City, at any hour in the day, from sun rise to sun set, at a convenient place, at

He is one year and eight months old, and is sixteen hands high.

The striking and curious appearance of this Animal is really worth the attention of all those who are inclined to satisfy an anxious curiosity.

There are many other discoveries to be made at the sight of this animal.

Admittance for Gentlemen and Ladies, One Shilling.---Children, half price.

N. B. Should any person be disposed to purchase the above Animal, he can have him on easy terms.

PRINTED BY G. FORMAN, No. 64, WATER-STREET, NEW-YORK.

1778 年的一张宣传告示专门夸耀了公驼鹿的高大健硕，也许是针对布封伯爵的"美洲退化论"，驳斥他所说的新世界生物都弱小无力。不过告示宣称"这种不同凡响的动物"身高可达 12 英尺（约 3.66 米）——这未免太夸张了

第十章 驼鹿 215

巴黎写道，"在此我想重申我的请求，在这边拿到这些东西，其重要意义超出你的想象。"[37]（他特别强调了最后一句。）

杰斐逊接着极其详细地交代了如何处理标本，力求完整呈现这种动物的高大。"头部的骨骼要连同皮和鹿角一起原样保留，"他在写给沙利文的一长串指示中嘱咐说，"这样我们可以把驼鹿皮的脖子和腹部重新缝合起来，恢复它本来的模样和体型。"[38]沙利文果真为杰斐逊找到了一头身高 7 英尺的驼鹿，可惜到他手上的时候，驼鹿的尸体在路上走了 14 天。一路的颠簸造成了不少损害，尸体已经"呈腐坏状态"[39]。将军不懂标本剥制，修补起来实在吃力。最关键的问题是，驼鹿那对神气的鹿角不见了。沙利文只好另外找来一对，跟腐坏的尸体一同寄了过去。"这不是这头驼鹿的角，"他向杰斐逊坦言，然后轻松补充了一句，"但是装上也无妨。"[40]

驼鹿标本又经历了几次波折，还差点儿在码头丢失，最后终于在 1787 年 10 月抵达巴黎。这时的它已是惨不忍睹：扭曲变形，毛秃了，巨大的鹿角也没了。不过杰斐逊还是很乐观。他让人把驼鹿送交给布封，并附上了一张字条表达歉意，因为这头庞然大物的样子太糟糕，特别是它的角，简直"小得不像话"。他甚至夸口说，"以我往常所见，它们的体重肯定有现在的五六倍"。[41]

杰斐逊在日记中写道，布封收到了驼鹿，尽管看到的是这样一个七零八落的标本，"他答应在下一卷书中纠正这个问题"[42]。然而偏偏这时发生了一件不幸的事。1788 年，布封伯爵做出承诺不久便辞世了，没有留下话让后人从他的巨著中删除这段内容。但不管怎样，这头腐坏的驼鹿的确在捍卫美洲尊严的行动中扮演了重要角色。杰斐逊后来进一步完善了他的论据，将新旧大陆动物的对比数据汇总、整理，收录在他的《弗吉尼亚纪事》中。这本书出版后大受欢迎，而"美洲退化论"自此渐渐瓦解。

在国际关系中发挥作用的动物不仅仅是驼鹿。下一章我们要讲讲大熊猫——这个星球上最优秀的动物政治家。世人对这些大熊的认知有很大的偏差，在它们的外交才华推动下，大家看到的不过是一个虚构的形象。

第十一章

大熊猫

大熊猫属（Species *Ailuropoda melanoleuca*）

大熊猫不懂情爱，极度挑食……

雌性一年只有几天处在发情期；

雄性的社交能力等同于刚毕业的毛头小子。

它们集这些天生的缺陷于一身，

要不是长得那么可爱，说不定早已经灭绝了。[1]

《经济学人》（2014 年）

　　20 世纪渐渐形成了一种普遍的观点，人们都以同情的眼光看待大熊猫，觉得它们的进化好像出了一点儿差错，这种动物连最基本的生存能力都很差。大家一方面把它们当作滑稽的大熊，漫画形象似的可爱长相人见人爱，另一方面，它们对交配的冷淡态度和与众不同的素食选择又常被人嘲笑。就连权威的博物学家都说它们"不是一个强健的物种"[2]，甚至认为它们没必要继续存在。从来没有哪种动物需要像大熊猫这样证明自己存在的意义，大家都觉得，要不是人类出手相助，它们肯定和恐龙以及渡渡鸟一样，早就在进化路上被淘汰了。

可是，真的是这样吗？

令人同情的大熊猫是近些年才塑造起来的形象。准确来讲，世间有两种大熊猫。[3] 一种是生活在动物园里的大熊猫，媒体的宠儿，这是我们自己创造出来的一个卡通形象，一个性情温和、笨头笨脑的搞笑角色，确实需要人类的帮助才能活下去。另一种则是大自然中生存能力超强的大熊猫，至今保持着它们的本来面貌，在地球上存活的时间起码是人类的 3 倍，而且完美适应了绝对称得上古怪的生活方式。野生大熊猫是不为人知的情场高手，交配时喜欢三个凑在一起，粗暴激烈。它们也吃肉，撕咬起来相当可怕。不过，它们栖息在外人无法接近的深山老林里，结果让一个冒名顶替的家伙当上了主角，知名度最高的一种动物其实不过是冒牌货。

* * *

大熊猫虽然红遍全球，从科学研究的角度来说，它们却是相当"新"的物种。就在 150 年前，大熊猫还默默过着自己的日子，即使在家乡中国，也很少有人提到它们的存在。这种状况在 1869 年被彻底改变，一位法国传教士的记述引发了轰动，让大熊猫一举成为世界瞩目的超级明星。

阿尔芒·达维德神父对大自然的感情不亚于他对上帝的爱。"真是不可思议，造物主在地球上创造了那么多形态各异的生物，"他在日记中写道，"却任由自己的杰作——人类将它们推向毁灭。"[4] 到中国探索，让神父得以全心投入他热爱的两项事业——在这个国家，他可以一边说服"异教徒"皈依他所属的天主教派，一边寻找新的物种，送往位于巴黎的自然博物馆。我们不知道他的传教效果如何，但在发现新物种方面，这位目光敏锐的神父无疑取得了令人惊叹的成绩：100 种昆虫、65 种鸟、60 种哺乳动物和 52 种杜鹃，还有一种蛙（"叫起来像犬吠"[5]），全都是他第一个发现的。他有很多成就，原本最有可能长久流传的一项是他让世界认识了沙鼠——一种繁殖能力极强的动物。但后来，他因为一次偶然的相遇而在动物学研究史上稳稳占据一席之地。

一天下午，达维德神父在四川山区的一个猎户家中喝茶，偶然看到一张兽皮，那是一只"极其漂亮的黑白相间的熊"，他认为有可能是"科学界还不知道的一种新奇动物"。[6] 几天后，"皈依天主教的猎人"为他打到了一只，神父查看之后认为它"样子不是很凶猛"，肚子里"满满的都是树叶"。[7] 他将其命名为 *Ursus melanoleucus*（意思是"黑白熊"），并将兽皮寄回巴黎的法国国家自然历史博物馆，请馆长阿方斯·米尔恩－爱德华兹辨别分类。

这是一个未知的新物种、一项了不起的发现。不过，米尔恩－爱德华兹并不赞同神父的判断。这种动物的牙齿以及脚掌底部的浓密毛发很像前不久在同一片中国山区发现的另一种哺乳动物，它们也吃竹子，与浣熊有亲缘关系，被命名为小熊猫（*Ailurus fulgens*）。因此米尔恩－爱德华兹认为，这种黑白相间的熊应该和小熊猫归为一类，在分类学上自成一个科，学名为 *Ailuropoda*（意思是"熊猫脚"），与熊有很大的差别。

关于不同寻常的大熊猫究竟应该归到哪一边，分类学领域由此开始了一场持续一个多世纪的争论。正如同所有与熊猫相关的问题，大家各执一词，有科学的观点，也有非常主观的看法。分子生物学家一味纠结于线粒体 DNA 和血蛋白，争个不停，另一些专业人士在这件事上凭直觉发表了意见——包括颇有名望的生物学家、致力于自然资源保护的乔治·夏勒。他说，"大熊猫虽然和熊有很近的亲缘关系，但我认为不能就这么简单说它是一种熊"[8]。夏

树懒是节能，不是懒！——出人意料的动物真相

勒觉得把大熊猫跟其他熊科动物放在一起，破坏了它们的独特性。"大熊猫就是大熊猫。"[9]这是他提出的观点。"我希望世上真的有野人，可惜永远不可能有人找到它，所以就让大熊猫像现在这样保持一点神秘感好了。"

然而遗传学家找到了无可辩驳的遗传证据，他们完成了大熊猫基因组测序工作，明确揭示了这种动物与熊的关联。达维德神父说对了：大熊猫不该叫大熊猫，它们是最古老的一种熊，熊类家族中一个很早形成的分支，大约在2000万年前分离出来。事实虽然如此，"大熊猫"这个名字还是留了下来，沿用至今，更凸显它们的神秘与特别。

透过表象看本质，大熊猫其实与熊族兄弟没有那么大的差别。它们的繁殖周期以古怪著称，可受孕的时间非常短，而且胚胎可以延迟着床，但这在熊类当中并非独一无二。大熊猫宝宝出生时还没有发育完全——眼睛看不见，通体粉红，与鼹鼠差不多大——各种熊都是这样，刚生下来的时候个头还不到成年后体型的百分之一。见此情景，早期博物学家——如活跃在3世纪的克劳迪乌斯·埃里亚努斯曾得出这样的结论："熊产下一坨奇形怪状的东西，没有明确的形体和五官。"[10]母熊随即"将它舔成熊的样子"[11]——因为这个充满想象力的误解，英语里多了一个短语"lick into shape"（舔出模样），意思是塑造成形。

埃里亚努斯擅长写作，虽有谬误，但他充分发挥文字天赋，描述了熊的习性。他指出，熊喜欢不吃不喝地冬眠，致使肠道"脱水萎缩"，它们重启肠胃功能的办法就是吃野生海芋。他说熊吃了这个"会放屁"，接着它再"吞食大量蚂蚁"，然后"顺顺畅畅地排一次便"。[12]大熊猫不会冬眠，也不会自己调理身体，但严格来讲，任何一种熊都不做这些事。少数几种熊——黑熊、棕熊

这部法国动物寓言集（约 1450 年）里的熊看上去像是有一点食粪癖，或者是在呕吐，也可能二者兼有。实际上，这幅画展现了一个荒诞的传说：据说熊宝宝生下来是一团不成形的东西，之后由母亲舔成该有的模样

和北极熊——在冬季的确会进入长时间的睡眠状态，变得"迟钝（ torpor ）"。这段时间里，它们体温下降，不再进食，抑制排泄，但这并不是一种真正意义上的"冬眠"（ hiber-nation ）。至于它们是不是真的很"享受"醒来之后第一次清空肚里存货，我们恐怕是无从了解了。

大熊猫对食物很"挑剔"，但也谈不上特别反常。大多数熊虽被归为食肉动物，其实都是见机行事的杂食动物，植物在它们的日常食物中至少占到了 75%。大熊猫在这一点上做得比较极端，几乎完全以竹子为生，反正它们栖息的山区有享用不尽的竹林。其他熊也一样挑食。懒熊习惯了顿顿吃白蚁（而且它们门齿缺失，更方便伸出超长的舌头吸食白蚁）。北极熊钟爱环斑海豹，很少吃其他东西。不过，大熊猫食物单一，并不意味着它们对肉类没兴趣了。乔治·夏勒在野外研究大熊猫时，经常在诱捕陷阱里放上羊肉，因为他发现这个办法百试百灵。我也在影像资料中看到过一只大熊猫啃食死去的鹿。熊猫吃斑比[①]一点儿也不符合迪士尼塑造的那种毛茸茸、吃竹子、小朋友们都喜欢的可爱形象，这让人很难接受，但却是赤裸裸的事实。

不过，人们对大熊猫误解最深的一点还是它们的交配欲望。这个现代传说的起源是当年有一批大熊猫被分送到各个国家的动物园，结果出于人类的缘故，它们闹出了一连串两性笑话，简直可以拍一部20世纪70年代风格的情景喜剧，大熊猫和它们的搞笑性生活由此一举成名。

* * *

最早踏上异国土地的"黑白熊"在"二战"爆发前夕抵达美国。在持续多年的大萧条重压下，这时的美国人身心疲惫，大熊猫的出现为人们带来了一份久违的欢乐。第一个抵达的是一只圆滚滚的熊猫宝宝，名叫"苏琳"，包含"美好的小东西"之意。它有神似人类的滑稽举动，有无可比拟的异域特色，还有一位不一般的保护人——露丝·哈罗斯。她是服装设计师、社交界的名人，这位看上去跟探险不沾边的女探险家经历了丧夫之痛，遭遇过土匪和不可理喻的官僚，甚至不顾形象地坐着手推车赶路，唯一的目标就是亲自从中国山区带回一个黑眼睛、毛球似的小家伙。偷熊猫本身就足

---

① 美国迪士尼动画影片《小鹿斑比》（1942 年上映）中的主角。

以成为一桩热门八卦，再加上她的桃色传闻，还有一个卑鄙的竞争对手（据说此人把一只大熊猫染成了棕色，想赶在哈罗斯之前偷运出中国），如此丰富的报道材料让记者们一连兴奋了好几个月。所以，当探险家终于带着她的小熊走下轮船时，苏琳受到了电影明星般的热烈欢迎。

动物界的秀兰·邓波儿没有让大家失望。任何动物只要稚气未脱，或是有婴儿似的模样——具体来讲就是凸起的大脑门、深邃的大眼睛，还有圆鼓鼓的脸颊——都会唤醒人类的本能，情不自禁地想要喂养、呵护它。这种神经化学作用如同大自然设定的一道保险，确保我们认真照顾异常娇弱的新生儿。由于人类的大脑很大，胎儿不得不在尚未发育完全的时候离开母体，这样大得不成比例的头部才能顺利通过产道。这是一种极其根深蒂固，但又不是很明确的冲动，哪怕是没有生命的物体稍稍呈现出这类特征——比如大众的甲壳虫汽车，我们看到之后都会心生怜爱。

大熊猫有着独特的毛色，坐姿和吃东西的样子都与人类十分相似，简直就像经过了基因改造，可以精准启动人类的哺育本能。它们能蒙骗我们的大脑，激活奖励中枢，也就是大脑中对性爱和毒品产生强烈反应的区域。由此说来，动作笨拙如孩童的大熊猫宝宝本质上是可爱的毒品。看着苏琳在人类"母亲"的怀里用奶瓶喝奶，像淘气的幼儿一样在众人的镜头前捣蛋，美国人的心都要化了。

苏琳抵达后不久，大熊猫"梅梅"也来到了美国，算是它的"小妹妹"，最后还有一只——肩负着配对任务的"美兰"。芝加哥的动物园尝试让它们交配，却没想到它们三个实际上全都是雄性。结果，全世界屏息期待着见证一段浪漫爱情，然而两只雄性大熊猫之间什么也没发生，媒体追踪报道了它们的每一次失败。《生活》杂志刊出了醒目的标题：《熊猫爱情——梅梅向男友求爱未果》，当时到处都是诸如此类的报道，大熊猫羞于谈情说爱的传言就这样悄然萌发。

纽约布朗克斯动物园在 1941 年隆重迎来了两只"配成对"的大熊猫，它们的经历也与之相似。潘弟和潘达——这两个名字早在当年就证明了"船族之子船号"法则 [13]①：即重要的命名绝对不要采用有奖征集的形式——其实并不是男孩和女孩，它们两个都是雌性。"布朗克斯工作人员查看的外在差异显然是个体的特点，而不是性征。[14]"动物学家德斯蒙德·莫里斯在 60 年代撰写的《人与熊猫》一书中提出了这样的解释。

后来的事实证明，大熊猫的性别鉴定的确是一项高难度技术，搞错性别的例子数不胜数，交配一次次让人失望。而且，即便了解了事实也没有太大帮助。雄性和雌性大熊猫的外生殖器几乎看不出区别，以人类的标准评判它们的话，当然不会对雄性的生育能力有多高的评价。

假如一公一母两只熊猫成功实现了同处一室，说实话，结果并不会更让人满意，它们也不会享受到更多隐私。曾经有一桩失败的联姻非常轰动，主角是一只名叫"琦琦"的大熊猫。

1958 年，年少的琦琦来到伦敦动物园，一下子成了电视明星，一档热播节目追踪记录了它的一举一动，呈献给喜爱它的观众。拍了几年精心布置的泡泡浴、跟饲养员踢足球，琦琦的生活连续剧需要增加一点爱情戏码了。当时在中国以外，人工喂养的大熊猫只有一只，就是生活在莫斯科动物园的"安安"。于是在"冷战"正酣之际，东西方竟携手制订了一项合作计划，让国际媒体大为兴奋。

---

① 2016 年，英国一艘造价 3 亿美元的极地科考船公开征集船名，"船族之子船号"（Boaty McBoatface）在网络投票中一举夺冠，但因过于奇葩而未被采纳，引发公众强烈不满。

对于这件事，琦琦倒不是很热心。在莫斯科初次约会之后，它便开始不停地与安安打架。安安每次笨拙地上前求爱，结果都是惨遭拒绝。后来大家发现，琦琦对大熊猫没兴趣，它爱慕的对象似乎是人类，特别是身穿工作服的人类。据伦敦动物园的哺乳动物主管奥利弗·格雷厄姆－琼斯报告，苏联饲养员走进它的笼子时，琦琦"抬起尾巴和臀部，做出交配的反应"——害得那位俄国人"尴尬极了"。[15]

这种事不是第一次发生了。"琦琦在两性方面表现得不大正常。"格雷厄姆－琼斯回忆说。它更喜欢动物园工作人员，"甚至初次见面的陌生人"，而不是它的同类。那是 20 世纪 60 年代，"自由恋爱"的年代，但是接连三次熊猫恋爱失败后，事情已经很明确，动物园的大明星成亲无望了。最后伦敦动物学会无奈之下发文称："琦琦多年不曾接触同类，因而在求偶时认定了人类。"[16]

感情不和的大熊猫不只是琦琦和安安。配对告吹后不久，另一对备受瞩目的大熊猫——"兴兴"和"玲玲"抵达位于华盛顿的美国国家动物园，它们肩负着一项重要使命——拯救大熊猫这一物种。世界自然基金会以琦琦为原型设计了现在人们熟知的徽标，一场大熊猫保护运动开展起来，为确保物种存续，大家几乎把全部精力都投注在人工繁育上。可惜大熊猫们没看过保护计划备忘录，暴露在公众面前的恋爱生活依然滑稽可笑，没有实质性的进展。兴兴表现得糊里糊涂，几次求欢错将玲玲的耳朵、手腕和右脚当作了目标。但在当时看来，这不仅是个体的失败，更代表了所有大熊猫的命运。媒体拿这件事开了不少下流玩笑。公众替这对大熊猫着急，甚至给它们送去了一张水床。

此后的 20 年里，权威动物学家一直在努力研究华盛顿大熊猫的生理特性；媒体和公众一直在盼着熊猫宝宝降生。研究发现，一年之中玲玲的发情期只有不到两天——专家认为最大的问题就是这样稍纵即逝的受孕机会。后来这对大熊猫终于交配成功，它们的孩子出生之后却只活了几天。有一只熊猫宝宝被玲玲坐在了身下，不幸夭折，玲玲做母亲的能力因而更加让人不放心了。

这些戏剧性事件在公众面前上演，每一次都进一步加深人们的印象，觉得大熊猫繁殖和育儿的先天条件真的很糟，而且好像缺少生存所需的原始本能。要求人类插手干预、想办法人工繁育大熊猫的呼声日渐高涨。

在人工环境下繁殖野生动物一向很难成功。稍有常识就能看出这是为什么：对野生动物来说，混凝土打造的空间太没情调了。要激发它们的繁殖欲望，需要有一系列行为以及环境因素综合发挥作用——就好比人类需要一杯好酒配上一点巴里·怀特的情歌。动物园往往并不了解动物的需求，不知道该为它们创造什么样的交配条件。举例来讲，圈养的白犀牛就没繁殖成功过，因为饲养员只是把一头雄性和一头雌性关进一个围栏里，然后期待着能有好的结果。他们没有考虑到犀牛是群居动物，雄性在交配之前，先要与多位异性调情，然后从中选出一个最中意的。大熊猫也是这样，只不过角色反转——挑挑拣拣的是雌性。

20 世纪 80 年代，乔治·夏勒第一个发现这些一向独来独往的动物到了交配的时候完全不是平常不合群的样子。[17] 在它们的深山栖息地，夏勒目睹了复杂的求偶仪式：一只雌性大熊猫爬到树上，发出楚巴卡①一样的低沉叫声，几只雄性聚在树下，为了争宠打作一团。最终胜出的那一个可以独享奖励，一个下午交配多达四十余次——从最近的一项大众调查结果来看，日本成年人平均一年

---

① 美国电影《星球大战》中的人物。

的性生活次数大致上也就是这个数字，但没有人因为这样就说日本人快要灭绝了。另外，据说大熊猫的精液中含有"大量优质的精子"[18]，比人类男性的多10倍到100倍。所以说，这些动物传宗接代的能力完全没有问题。

大熊猫的交配过程激烈而粗暴，伴随着不少撕咬和吼叫。雄性知道怎么做是表示支配或顺从，这大概是通过儿时与母亲玩耍、观察母亲的行为学来的。熊猫宝宝由母亲抚养，可以一直在妈妈身边生活到3岁。在此期间，它们至少会经历一个繁殖季，有机会详细了解异性在交配时的喜好。

大熊猫的领地非常大，约有4—6.5平方公里，需要依靠嗅觉找到大家聚会求偶的地方。它们在特定的树上留下气味标记，借此公开自己的最新信息，包括身份、性别、年龄和生育能力——相当于大熊猫的手机约会软件。雌性大熊猫进入发情期后，要吸引异性，就在这样一棵充当公共留言板的树木根部用肛腺蹭一蹭。它留下的信息散发出浓烈的气味，引来了远近各处的雄性，为博得它的青睐，它们随即开始了一场"尿尿大比拼"，把性感的气味标记留在树干上，雌性大熊猫会挑选标记位置最高的那一个。据科学家描述，雄性为此展现了各种矫健身姿——下蹲，高抬腿，还有最不可思议的：倒立——一个个都想尿到树干尽可能高的地方。[19]研究人员认为雄性也会把自己的身体当作散发着性感气味的活动广告牌，像用须后水一样在耳朵上沾一点尿液，让这两个毛茸茸的信标在山风中送出期待良缘的消息。

熊科动物的嗅觉敏锐是出了名的，所以雌性大熊猫的发情期虽然很短，对它们在野外的繁殖并不是妨碍。这甚至有可能是进化过程中，因雄性生育能力太强而产生的一项适应性变化，这样有利于控制种群规模，确保新生儿数量不会超出竹林的承受范围。一只雌性大熊猫平均 3 年到 5 年养育一个后代，繁殖率算是正常。它们的繁殖速度如果再快一点，用不了多久就会耗尽栖息地的资源。

野外的交配与人工环境下的完全不一样。在人工环境下，大熊猫被关进一个混凝土围栏，和一个陌生异性强行配成对，还要把私密行为公开在大众面前。但是，尽管天差地别，近几十年来，中国人还是破解了人工繁育的难题，熊猫宝宝成批成批地降生，可爱得让人受不了。几十个小家伙排成一排的样子简直就是一剂超强的迷魂药——这些动物保护的成功事迹也因此传遍了全世界。于是在 2005 年，我决定去中国实地了解他们采用的方法。

我的目的地是四川的省会成都市，也是中国最大的大熊猫繁殖中心所在地。原以为大熊猫的家乡腹地会是一个绿树成荫的宜人地方，没想到出现在我眼前的是一座有着 1400 万人的纷乱城市，与之相比伦敦都不算什么。我见到的第一只大熊猫是印在香烟盒上的图案，感觉竟好像是顺理成章的事，毕竟这里总有团团烟雾飘荡在污染严重的空气中。成都有一句成语叫"蜀犬吠日"，在我逗留期间，它们真的一声也没叫。

我此行是为一部纪录片搜集有关大熊猫繁育的资料，因此得到特别许可，进入成都大熊猫繁育研究基地，一位在这里工作的资深研究员先带我参观了一圈。走在灰色混凝土的建筑中，他介绍了他们想出的一些挺有创意的办法，在这种极端无趣而冷冰冰的环境里调动大熊猫的恋爱情绪。工作人员注意到，少年大熊猫没机会从母亲那里学习必要的性知识（它们大都一出生就由人类喂养），因此做了一项尝试，把这些少年安置在一台可移动的电视机前面，给它们播放圈养大熊猫交配的录像，算是送给它们的成年礼。想到懵懂的公熊猫在 3 岁生日那天看黄色录像的情景，我强忍住没有笑出声儿来。不过，大熊猫的视力那么差，而且除人类之外，任何动物在电视上看到自己时，都不会意识到那就是"我"，所以大熊猫情色片的作用恐怕也只是逗人一乐而已。基地还试过用成人玩具刺激母熊猫。另外，有一些繁育中心尝试过用万艾可；一只名叫"壮壮"的十六岁雄性大熊猫表现不佳，作为第一个实验对象用了药，可惜最终还是辜负了它的名字。

这些事让人感觉像是安·萨默斯公司[①]受聘担任了科学顾问，仿佛转过墙角就会看到一只大熊猫系着红色绸缎的吊袜带，胸前晃动着两个亮闪闪的流苏。我不明白像这样纯粹从人类的角度出发去解决熊猫的问题，怎么可能促成超乎寻常的出生率。后来我了解到，这些办法其实都没用。真正促成大批熊猫宝宝降生的手段不需要香艳的女生聚会，那场景倒是更接近詹姆斯·巴拉德[②]笔下的噩梦：真正有用的手段是人工授精。

为了让各种圈养动物成功产下后代，人工授精成了一种常规做法。只要有一点有活力的精子和一只昏昏欲睡的雌性，事情就能办成了。采集精液有时要用"手动操作"，这是委婉的科学用语，通俗来讲就是为动物手淫——这肯定是动物保护工作中最无奈的一项任务，但绝不少见。世上最后一只纯种的平塔岛象龟在加拉帕戈斯出生、长大，名叫"寂寞乔治"，它有专属的"手动操作员"——一位年轻漂亮的瑞士动物学家，专门负责最大限度地采集这个活化石的精子。她的技术日臻完善，后来可以在 10 分钟之内让慢吞吞的百岁象龟完成任务，也因而得了一个绰号叫"乔治的女友"[20]。

有一次我亲眼看见了一匹获奖的夏尔马被人采集"珍贵液体"的过程。那情景看过之后真是一辈子都忘不掉。不过像这样剥削动

① 英国著名内衣及成人用品品牌，主打女士性感内衣。
② 詹姆斯·巴拉德（1930—2009），英国作家，新浪潮派科幻小说代表。

物，现场操作的人并非没有风险。在柏林的一个动物保护中心，曾有一位资深科学家试着直接上手按摩公象胡乱甩动、长达一米的生殖器，结果一边眼眶被打得乌青，这副样子去酒吧的话，他怕是要费不少口舌解释了。

还有一种对动物不太友好，但对人类来说比较安全，也比较文明的方法，就是电刺激采精法。这听起来有点恐怖，实际上也的确有点儿恐怖，需要将一根电探针插入动物的直肠，然后接通电源，直到动物高潮。美国兽医学家卡蒂·莱夫勒博士在成都繁育基地以及史密森学会工作过几年，她告诉我说，这项技术原是为家畜的集约化养殖研发的。现在，这是中国繁育大熊猫的常规操作。氯胺酮能让大熊猫昏睡，缓解电棒强行插入直肠的不适。莱夫勒认为，正是借助这些工厂化养殖业使用的手段，近几十年里，圈养大熊猫的数量猛增到了近 500 只。

但这些毛茸茸、黑白相间的动物长着熊猫的模样，可是长大之后的行为不完全像熊猫。雌性大熊猫接受人工授精后，常常一次产下一对双胞胎，两个小宝宝轮流由妈妈照看或是住进恒温箱，这样可以确保两个都能喝到母乳，在身体发育的同时增强生存所需的免疫力。长到三四个月的时候，它们就要彻底离开妈妈，让母熊猫回到圈养、繁殖的路径上去。在这之后，年幼的熊猫被人为分成群，由人类抚养，直到变得个子太大，又爱打架，这时它们便会被分开，各自住进独立的围栏里。

"繁育中心和动物园里的幼崽在人类环绕的环境里长大，这一点严重妨碍了它们在社交和行为方面的正常发育，"莱夫勒说，"年幼的大熊猫根本没机会学习成长为一只正常的大熊猫。"

等到这一代大熊猫凑在一起准备生育后代的时候，面对任务手足无措的样子进一步暴露了它们与野生的大熊猫有很大不同。通过人工繁殖，我们把大熊猫在两性方面有问题的传说变成了现实。

将这些大熊猫放归大自然是人工繁育项目努力的目标，然而实际尝试的结果一直不理想。最近的研究显示，号称独居动物的大熊猫其实挺合群，在繁殖季以外的时间也是如此。"在野外，熊科动物必须精通同类间的交往，"莱夫勒说，"它们学习掌握了非常复杂的沟通方式，因此能合作，能分享食物资源，也能一起迎接交配季。"大熊猫如果有社交障碍，面临的问题将不仅是挨饿或找不到交配对象，一只名叫"祥祥"的年轻雄性深刻体会到了这一点。

祥祥是中国的人工繁育项目中第一个被放归野外的大熊猫。莱夫勒告诉我，选择雄性做尝试并非偶然。"他们需要留下雌性，因为那是产金蛋的宝贝。"她说祥祥开头几个月过得还好。"可是，然后就到了繁殖季，雄性都聚到发情的雌性身边，而祥祥完全不知道该怎么办——它是在围栏里孤单长大的——结果可想而知，它被那些雄性围攻，受了重伤，差点儿送命。"后来，祥祥还是死了，因野生大熊猫的凶暴不幸丧生。截至目前，放归自然的 10 只大熊猫，仅有 2 只还活着。

把人工繁育的动物送回野外，有点儿像把一只吉娃娃送进狼群里。近年来，中国的一个繁育中心一直在努力改进培训方式，帮助大熊猫更好地应对野外的生活。母熊猫可以在半野化培训圈里与幼崽一同生活。人类饲养员穿着熊猫样子的连体衣守护在附近，不时推着装上轱辘的花豹标本出来转转，希望能教会熊猫宝宝识别猛兽。如此怪诞的场景很适合拍照，但北京大学的保护生物学教授吕植认为，这种野放尝试"没什么意义"[21]。

动物保护专家萨拉·贝克塞尔博士制定过成功的野放方案，曾将狮面狨和黑足鼬送归大自然，她解释了为什么这么做没意义。"首先，大熊猫栖息地上已经没有花豹。"她说。此外还有一些根本性问题。"动物的生活常识不能由人类来教。只有它们的母亲，或是同种动物——也就是同一个物种的动物——可以教它们。"而这些熊猫宝宝的母亲是由人类抚养长大的，本身也没有多少野外生活的经验可以传授给孩子。

不过，我在前往秦岭的途中注意到，其实最严重的问题是日渐缩小的大熊猫栖息地。从成都开车去秦岭要很长时间，那边据说现在还有野生的大熊猫。我们开了几个小时才出城，路旁一连十几公里都是城市里延伸出来的散乱建筑，接着便是工厂，喷吐出的粉尘笼罩了周边的村庄，仿佛反乌托邦科幻电影中的场景。最后，当我们终于进了山，迎面而来的竟是一座座巨大的水坝。这还只是我十几年前看到的情况。

中国政府设立了50余个大熊猫保护区，观察报告称大熊猫数量已有增长——基于这一点，最近大熊猫的状态由"濒危"下调到了"易危"。但是卡蒂·莱夫勒对此表示怀疑。她告诉我，当局划出这些"受保护"的区域，然后在里面耕种、开路，甚至采矿。"人类太自负了，自认为有必要帮助大熊猫生育后代，再送回野外，因为它们太笨，没办法自己活下去，"她说，"假如人类把栖息地还给大熊猫，它们能和任何一种动物一样，自己繁衍生息。它们没有什么致命的缺陷需要人类去帮忙纠正；唯一需要人类帮忙纠正的问题就是把它们的家园还给它们。"

萨拉·贝克塞尔也同意这种观点："我很担心动物保护组织是在用这种方式表示，'看到了吧，各位，我们有这个能力，我们是科学家，能化解这场严峻的生物多样性危机，我们做的这些项目可以纠正全人类犯下的错'。这是让人舒心的说法。公众听了放下心来，坐在乐至宝沙发上舒舒服服地吃着薯片，出门开着SUV，住着有5间卧室的大房子，养着3个孩子，他们觉得：'太好了，这个问题有科学家帮我解决。'"她对我说:"可是,科学挽救不了生物多样性;人类改变自身行为才是唯一有效的解决办法。我认为我们还需要进一步努力,首先要做的就是在全球范围内控制人口的增长,同时引导人们开始反思,改变大众消费文化。"

说起来有点儿矛盾,大熊猫的外交能力不同凡响——唯独在外交方面,这种神秘的大熊表现得不是那么无可救药,它们推动了中国的迅猛发展,也增加了伴随而来的环境成本。

几年前,我和这样两只外交大熊猫相处了一段时间。它们是"甜甜"和"阳光",在 2011 年 12 月搭乘一架机身画有大熊猫的波音 777 专机抵达爱丁堡。孩子们在街道两旁挥着小旗向它们问好,风笛奏响了音乐,为迎接它们的到来,当地还推出了一款为大熊猫特别设计的苏格兰花呢(我想它们一定感受到了当地的热情)。滚动新闻全程播报了活动实况。甜甜和阳光的任务是为当地的动物园施展一点大熊猫魔法,希望能将惨淡的门票收入提高 70%。不过,它们到访的背后还有其他经济因素支撑,只是宣传没有这么多:两国签订了贸易协议,苏格兰将为中国日益壮大的中产群体提供工厂化养殖的三文鱼,包括这一项在内的一系列合同估计总价值约 26 亿英镑。[22] 近年来,类似的协议还有铀矿(与澳大利亚)以及海豹肉和石油(与加拿大),交易的达成都有出使全球的大熊猫助阵。

"大熊猫可以用来敲定协议,标志着双方要努力争取建立一段长久繁荣的合作关系,"一份"大熊猫外交"研究报告的第一作者凯瑟琳·白金汉博士在接受英国广播公司采访时说,"把一只大熊猫送给一个国家并不是成交的意思——他们把一只珍贵的濒危动物交给了这个国家,从某种意义上说,这一举动代表了两国关系的一个新开始。"她说,中国有意"借由一个全球认可的有形形象来构建自己的软实力、影响力"。[23] 大熊猫似乎是承担这一使命的不二之选。

大熊猫外交不算是新鲜事。早在 7 世纪，唐朝就曾将一对活的大熊猫（连同七十张熊猫皮）赠予日本的统治者。1941 年，中国再度采用这种外交方式，把潘弟和潘达送给了布朗克斯动物园，以感谢美国在抗日战争中提供的帮助。毛泽东主席非常欣赏作为国家符号的大熊猫展现出的外交能力。在他执政期间，中国不但向朝鲜、苏联等共产党执政的老朋友，也向新的政治伙伴赠送了大熊猫。1972 年，尼克松开启具有划时代意义的访华之旅，结束了长达 25 年的中美对立，后来交配表现不佳的兴兴和玲玲就是在这时被送到华盛顿，掀起了一场"大熊猫热"。[24]

白宫也向中国回赠了一对动物特使。美国人原本可以选择神气的白头海雕或威武的棕熊作为国家的形象代表，可最终，一对毛发乱蓬蓬、散发着难闻气味的麝牛被迫担起了重任。这种生性好斗的动物没能像大熊猫在美国那样，在中国引起轰动。那头名叫米尔顿的雄性麝牛总是不停地流鼻涕，而且因为皮肤病的关系大把掉毛，变成了半秃。它的配偶玛蒂尔达的身体状况也没有好到哪里去。当时《纽约时报》的一篇社论写道："但愿一百年后，'麝牛'不会变成中文里的一个俚语，特指那些没用却又不能扔的东西。"[25]

从北极熊到鸭嘴兽，全世界有数不清的动物被当作政治棋子送来送去，取得的成效各不相同。1826 年，法国收到了埃及赠送的一只长颈鹿，巴黎"被卷入长颈鹿掀起的一股狂热潮流"。[26]这种动物的独特毛色影响了高级时装设计，女性当中甚至流行起"长颈鹿式"发型。

动物王国里有很多外交官，但大熊猫始终是其中出类拔萃的一个。"大熊猫是中国独有的本土动物……而且外形极具辨识度，所以非常适合担当使者，吸引各国民众，同时为中国——起码就目前而言——树立一个良好的形象，"就此做过大量研究的外交学者法尔克·哈尔蒂希写道，"大熊猫代表中国向世界传递的信息十分明确。"[27]

不过，这些毛茸茸的中国外交使者如今不再是免费出访。动物园租借大熊猫需要支付一年 100 万美元的费用，并且要配合实施人工繁育计划。我在 2014 年去爱丁堡动物园的时候，主管大熊猫的伊恩·瓦伦丁正期待着耳边响起大熊猫宝宝啪嗒啪嗒的小小脚步声。为此，大熊猫尿主宰了他的生活。大熊猫怀胎的过程神神秘秘，要想确定甜甜是不是快生了，唯一的办法就是严密监测它的激素水平。甜甜接受过训练，能在听到指令时排尿，但并不是每次都乐意服从，结果就是工作人员每天都要在它的围栏里到处找，想办法用虹吸管收集一点包含预兆的尿液。瓦伦丁坦言，早知道为了一点大熊猫尿要花这么多工夫，他肯定在设计围栏的时候就考虑了。

最终，甜甜还是让大家的希望落了空，它腹中的胎儿被母体吸收回去了。这听起来像恐怖片的情节，实际上可能是大熊猫进化出的一种生存策略，能确保仅在条件适合的时候生育后代。假如甜甜顺利产下了后代，这只熊猫宝宝将归中国所有，同样要支付一年100 万美元的租借费。所有海外出生的大熊猫必须在两年后回到中国的繁育中心——有政治需要的话，连两年都到不了。

"全都是为了钱和政治，"卡蒂·莱夫勒对我说，"人工繁育大熊猫是一个专门的、价值几百万美元的产业，要是能让公众相信大熊猫没有能力自己繁殖后代，那就更不得了了。"

大笔赚钱的大熊猫并不仅仅是异国动物园里那些。在中国，国内旅游在新兴的中产群体中流行起来，熊猫观光业的规模随之增长了 5 倍，现在已是成都市的一个重要收益来源。在繁育中心，喜欢大熊猫的人支付 170 美元可以抱着一只大熊猫宝宝照相；或者，还有更难以理解的付费体验项目：亲自清扫大熊猫围栏。面对人类的爱意，年幼的大熊猫也不是个个都领情。2006 年，一位游客付了钱去跟大熊猫宝宝玩，没想到闹出尴尬，冷不防遭到毛茸茸的新朋友攻击，报上说："她错在抚摸大熊猫脑袋的时候稍稍热情过头了——结果突然被撞倒在地。"[28] 这名女子后来哭着被解救出来，所幸没有受伤，只是自尊心受了点儿打击。就在几个月前，也是在这个中心，一位游客拍照拍得太投入，为捕捉理想镜头而被咬掉了拇指。

大熊猫过着整天啃竹子的生活，因而进化出极强的咬合力，能咬穿坚韧的茎秆。它们两颊的肌肉非常发达，整个大脑袋看上去圆滚滚的，很可爱。但也正是因为有这样的肌肉，从最近一项针对食肉动物咬合力的研究来看，大熊猫可以排在狮子和美洲豹之间，位列第五。

有一个名为"当熊猫发起攻击"的网站进行了整理，汇集体验过大熊猫 1300 牛顿咬合力的受害者，人数多得令人惊讶，勾勒出一个截然不同于憨憨笨熊的形象。这些案例当中，有香港一家游乐园的护理员被一只名叫安安的大熊猫咬伤；有一位法国前总统在看望名叫燕燕的雄性大熊猫时险些落入"熊"口，多亏被人及时解救（总算避免了一场外交上的重大失误）；还有一名醉汉在北京动物园跳进场地，想去拥抱有过多次攻击行为的大熊猫古古，结果在病床上醒来，差点儿丢掉一条腿。他后来接受美国有线电视新闻网采访时说："我一直觉得它们很可爱，只吃竹子。"[29] 由此可见，广为流传的现代大熊猫传说有多么危险。

这类攻击事件原先一直都是人工饲养的大熊猫所为，但是2014 年，在白水江国家级自然保护区附近，一只在村子里乱跑的野生大熊猫攻击了一位老人，他的腿被咬成重伤，在医院里治疗了五十多天。谁知道呢，如今大熊猫的家园不断被人类侵占，说不定往后这种事会越来越多。以人类眼光来看的话，大熊猫承受了这么多年的曲解、嘲弄和直肠探针，或许这就是它们的复仇。

我想，大熊猫的美好形象不大可能被它们野蛮的一面破坏。毕竟我们喜欢大熊猫憨厚又无助的样子。这就是可爱长相的影响力。下一章要讲的企鹅也是一种被拟人化的动物，因为憨态可掬而受到很多人的喜爱。不过，它们表面上是无数儿童动画片里的可爱明星，私下里的两性生活却是骇人听闻，了解实情的人一直守口如瓶，把这个秘密隐藏了近一个世纪。下面就请做好准备，来看看变态企鹅的限制级惊悚故事。

第十二章

企　鹅

企鹅目（Order Sphenisciformes）

全世界都爱企鹅：我想这是因为

它们在许多方面与人类很相像，

另外还有一些我们希望拥有的品质。[1]

阿普斯利·彻里－加勒德：

《世上最糟糕的旅行》（1910 年）

　　完全意想不到的情况下，我生平第一次见到了野生企鹅。首先，当时我在澳大利亚。这种动物也不是全都在冰原上过一辈子；现存的各种企鹅中，有一半栖息在气候相对舒适的地方，分布范围向北可达赤道。但这件事还是有点儿奇怪：我第一次遇到南极洲最有名的居民，竟是在一片暖洋洋的金色沙滩上，离墨尔本不远。话说回来，公众对企鹅的印象其实绝大部分都与事实不符。

　　在澳大利亚南部海岸，栖息着几群小蓝企鹅。假如能在实验室里用基因技术制造出"可爱"这种东西，呈现的大概就是它们的娇小模样吧。这是世界上体型最小的企鹅，身高只有 30 厘米多点儿，不过，迷上它们的人可是最多的。

从 20 世纪 20 年代开始，不断有大批游客到菲利普岛去看小蓝企鹅。我去的时候，现场还有几百位企鹅迷，有的抱着新买的玩具企鹅，个头比真企鹅大了好几倍。大家一起等着观赏岛上企鹅结队前进的著名场景。这是每晚都会上演的一幕，太阳一落下，个子小小、羽毛光亮的蓝色企鹅便从水里出来，摇摇摆摆地走上海滩，返回它们在沙地上修筑的窝。

进化为企鹅配备了精良的装备，足以在寒冷的海域觅食生活。但身为鸟类，它们又必须回到陆地上产卵，养育后代。不说别的，这样起码是不大方便的。企鹅的身体构造基本上与保温杯类似，在海冰上生活不会有问题。但有些企鹅住在比较暖和的地方，裹着一身厚实的羽毛潜水服走来走去可就有点儿危险了。

为防止自己被烤煳，这些鸟进化出稍嫌麻烦但很有创意的办法。有的企鹅站在那里像狗一样喘气散热，还有的被迫徒步去找阴凉。黄眼企鹅要往内陆方向走 1 公里（以它们的小短腿来说算是一场马拉松了），在新西兰的清凉雨林里养育雏鸟。加岛环企鹅在看上去很不舒服的海岸熔岩缝隙里筑巢，躲避毒辣辣的赤道阳光。洪氏环企鹅的生活环境可谓更糟糕。它们住在光秃秃的秘鲁海岸边，无奈之下只好把自己的排泄物堆起来，借着粪便堆的阴影躲太阳。小蓝企鹅的解决办法是干脆彻底避开阳光，改在夜间活动。所以每天晚上，它们都要成群结队地返回菲利普岛上的家。

当地的旅游协会在宣传企鹅归巢时，骄傲地称之为"摇摇摆摆行走荒野"。娇小的企鹅没有让大家失望。当澳洲暖阳沉入地平线后，海浪便开始将数十只小不点企鹅推上岸来，它们有如专业演员，一出场就牵动了观众的情绪。看它们摇摇摆摆地走上海滩，大家都情不自禁地微笑起来。

企鹅的滑稽步子很容易让人产生误解。那双僵硬的脚在陆地

　树懒是节能，不是懒！——出人意料的动物真相

上行走十分别扭，其实到了水下就变成了方向舵，让企鹅能以超过50公里的时速完成急转弯。所有鸟类之中，它们动作最快，潜水最深：帝企鹅能潜到500多米深处（相当于纽约新世贸大楼的高度）。企鹅一生有80%的时间是精明灵巧的海上猎手，根本不像小丑，倒更像是特工邦德。然而我们能看到的却只是余下的20%，也就是企鹅像卓别林似的在陆地上行走的样子。

"我们对动物的认知来源于我们能够观察到的部分。"罗里·威尔逊博士解释说。他为数以百计的企鹅装上了速度测量仪、鸟喙测量仪，甚至屁屁测量仪，希望能借助这些手段了解它们在水下的生活。"只看到企鹅在陆地上磕磕绊绊，就好比只看到世界一流的运动员在黑暗中磕磕绊绊，却对其真实能力一无所知，"他对我说，"没有哪种动物既能在水里像企鹅一样游泳，又能在陆地上像猎豹一样奔跑。"

控制企鹅脚掌的肌肉需要保持温暖才能正常活动，所以它就在腿部很靠上的位置，藏在羽毛下面。企鹅移动双脚要靠一个"远程滑轮"系统，效率类似于操纵提线木偶，走起路来就成了摇摇摆摆的企鹅步。我们被这种无意间呈现的可怜模样蒙蔽，忽略了企鹅的真实故事——那是一个关于性交易和变态的骇人故事，细说起来能让企鹅自己都觉得毛骨悚然。

* * *

欧洲人记录描述的第一只企鹅实际上根本不是企鹅。那是一只大海雀。公平来讲，这也不能全怪16世纪那位闹笑话的船长，大海雀的体貌特征的确与企鹅很接近，它们也是胖墩墩、不会飞、黑白两色的鸟，大群栖息在荒僻的岩石岛屿上，只不过是在地球的另一

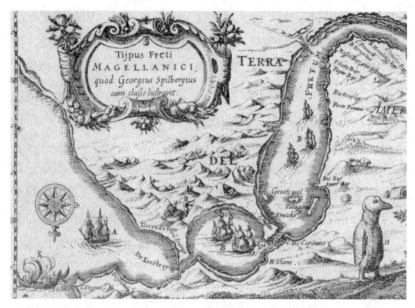

一幅麦哲伦海峡的早期地图（16世纪）上画了一只外出散步的企鹅，模样温和——以此表明在这一带海岸线上，这些胖墩墩又不会飞的鸟是随手可得的美食

端——北半球。二者还有一个关键的共同点：它们都非常好抓。

这些肥硕的鸟对饥肠辘辘的水手来说简直是上天的恩赐。弗朗西斯·德雷克爵士[①]描述过麦哲伦海峡中的一座岛，说他在那里捕杀了三千只"不会飞的鸟"，"像鹅一样大"。[2]神秘的"企鹅岛"被当作宝藏一样标示在地图上，由此可见它们对水手在海上的生存至关重要。从德雷克那个年代开始，"企鹅"一词在大家的概念里就成了一种蹒跚行走的速食食品。据行家说，如果把"企鹅"肉连带脂肪一起烹煮，吃起来很像鱼肉。

如果去掉油脂部分，（或许再加上一点美好的想象）味道则与

---

① 弗朗西斯·德雷克（1540—1596），英国航海家，政治家，曾率船队完成环球航行。——译注

牛肉相差无几。他们还夸赞这种鸟妙就妙在脂肪厚实，自己的骨架就能充当烧烤架。有一位能干的水手在1794年写道："拿一个烧水的锅，往里面放一两只企鹅，在下面点上火，就能得到一个纯粹由可怜的企鹅自己燃起的火堆。它们身上有很多脂肪，很快就能烧起来。岛上没有木头。"[3]

大海雀虽然外表——或许还有味道——像企鹅，但实际上完全是另一个科的鸟，与海鸦和北极海鹦关系更近。二者的相像仅限于表面——这是趋同进化的一个范例。所谓"趋同进化"就是两个不同种类、没有亲缘关系的动物种群面对生存困境，做出相同的适应性变化。以这一例来说，两种鸟都进化出在水下飞行的本领，以捕食小鱼和其他海洋生物为生。它们舍弃了适合空中飞行的大而脆弱的翅膀以及骨骼轻盈的身体，把自己变成了脂肪包裹的子弹模样，它们的鳍状前肢短而有力，不能用来飞行，流线型的身体矮小而结实——这种体形极为高效，人类迄今没有哪项设计能比企鹅的阻力系数更小。它们还披上了同样的晚礼服式外衣作为伪装：当天敌或猎物由下方看向明晃晃的水面时，胸前的白色部分能够掩护它们；如果天敌从上方向下看，背部的黑色部分能让它们融入幽暗深水的背景中。除此之外，这两种鸟长着一样的脚蹼和小短腿，在陆地上摇摆行走很吃力，所以也难怪有人会把它们混为一谈，尤其是饿得头晕眼花的海员。

大海雀的命名也没起到好作用，它们的拉丁文学名叫作 *Pinguinus impennis*，意思是"没有羽毛的企鹅"——而实际上它们既非没有羽毛，也不是企鹅。在这两种黑白海鸟被混淆的问题上，不恰当的命名对澄清事实没有任何助益，大家就这么乱用了几百年。乔治－路易·勒克莱尔，即布封伯爵对这件事非常恼火，提议重新给企鹅取名。这位法国贵族本来可以借用"后臀脚"[4]

这个名字，一些海员看到企鹅游泳时两脚拖在身后的样子，便给它们起了这个绰号。但不知出于什么考虑，伯爵选定的新名字叫"manchot"，在法语里是"独臂"的意思。可是企鹅和其他鸟一样，明明白白地长着两个翅膀，或者说前肢，这个名字没能得到公众认可。后来鸟儿的不幸遭遇对伯爵而言倒可以说是一种幸运——大海雀被吃到灭绝，也算是解决了他个人的"企鹅烦恼"。

关于企鹅究竟该归类为哪种动物，人们也一直觉得很困惑。有些早期探险家认为它们一半是鸟，一半是鱼。也有人认为它们介于恐龙和鱼类之间，是进化历程中的一种过渡动物。这种观点不难理解，我曾长时间观察企鹅的脚掌，惊叹于它们与爬行动物的脚多么相似，看上去简直像从鳄鱼身上偷来的。然而事实出人意料，这原来是一种危险的错误认知。由此引发的一件事可谓史上最惨痛的"寻蛋冒险"，最终有两人丧生，还有一个人从此精神失常。

构建这种理论的主要人物是极地探险家爱德华·A. 威尔逊，罗伯特·福尔肯·斯科特船长在 1901—1904 年率"发现号"赴南极探险时，他是随行的鸟类学家。爱德华·威尔逊是一位备受敬重的企鹅研究先驱，他的探究和观察为破解谜团提供了线索，让我们了解帝企鹅的艰苦繁殖季。雄企鹅把鸟蛋放在自己脚背上，不吃不喝地承受着南极寒冬的风雪，而雌企鹅为了产卵，体内的能量储备已消耗到极限，这时要到海上去尽情饱餐两个月。在这之后，雄性和雌性轮流抚育雏鸟，出海捕食——这是一场极端考验耐力的接力赛，威尔逊说"即使在鸟类学领域里，怪异到这种程度的行为也实属罕见"。他认为帝企鹅是古老的残遗物种，有关进化的秘密就隐藏在它们的蛋里。他在南极考察报告中说："帝企鹅有可能成为研究原始形态的最佳途径，不仅仅是企鹅，而是所有鸟类的一种原始形态，因此全面解析其胚胎是日后工作的重中之重。"

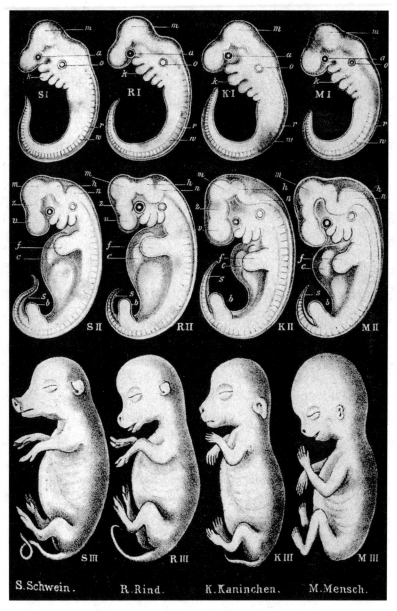

恩斯特·海克尔精心绘制的胚胎对比图——这张图所举的例子分别为猪、牛、兔和人——把本身有漏洞的生物重演律呈现得很有说服力（三位探险家因而踏上了前往极地的旅程，最终仅有一人归来）

威尔逊的胚胎学观点受到了德国生物学家恩斯特·海克尔的影响。1868 年，海克尔提出了一种看似很有道理（可惜并不正确）的理论：动物胚胎经历的各个发育阶段，再现了它们由远古祖先开始的进化过程——用他的著名论断来说，就是个体发育是系统发育的重演。这位动物学家以巧妙的手法亲自绘图解释了他的伟大"重演律"[5]，精美的胚胎发育图虽然引发了争议，但的确很有说服力。

假设海克尔的理论成立，威尔逊认为帝企鹅的蛋就像一部时光机，可以带他回溯爬行动物到鸟类的进化历程，找到其中缺失的过渡阶段。[6] "最早的鸟类——始祖鸟是有牙齿的，"威尔逊在 1911 年一场介绍企鹅的讲座中说，"成年帝企鹅没有牙，但我们希望能在胚胎嘴里找到牙齿。"[7] 除此之外，威尔逊也想看看变成企鹅羽毛的小突起是否对应着爬行动物身上发育为鳞片的突起。这时距达尔文发表震惊世界的自然选择学说刚过了五十多年，还有些人并不接受这种观点。威尔逊希望帝企鹅的蛋能够一举驳倒反对者，证实达尔文的学说。

他不知用什么办法说动了斯科特船长，让这位探险家在第二次进军南极时，把这个站不住脚的项目列入科考重点。于是 1911 年 6 月，威尔逊、绰号"小鸟"的亨利·鲍尔斯和绰号"樱桃"的阿普斯利·彻里－加勒德开始了一场异想天开的远征，到世界尽头去帝企鹅的蛋里寻找失落的恐龙牙齿。他们从大本营出发走了 200 公里，这段额外的行程后来被唯一的幸存者彻里称作"世上最糟糕的旅行"。这并不是夸张的说法。他在同名回忆录中如实讲述了这场不幸的寻蛋之旅，再现了当时的恐怖经历。

帝企鹅在南极的隆冬时节繁殖后代，所以这三个人不得不在黑漆漆的极夜里借着烛光照亮，摸索着前往罗斯岛最东端的克罗泽角，那里有唯一一片已知的帝企鹅栖息地。在呼啸的南极狂风中，这项任务异常艰难。一路上冰隙密布，队伍里不时有人掉下去。气温降到了零下 60 摄氏度以下，雪很黏，他们一次只能拖动一个雪橇。三人被迫采取接力的方式，步履沉重，走上 3 英里（约 4.83 公里）的距离，实际才前进了 1 英里（约 1.61 公里）。他们的衣服被汗水浸透，变成了硬邦邦的冰甲，呼出的气把套头帽冻在了他们的脸上。彻里疯狂地打冷战，竟把牙磕碎了，还有他的水疱，那里面的液体都冻成了冰。

这是一段艰难而缓慢的跋涉，可怕至极，当一行人终于到达目的地时，彻里已经一步也不想再走了。"痛苦到这种程度，起码就我而言是无所谓了，只要能让我不太痛苦地死掉就好。人们常说赴死是多么英勇的行为——其实他们不懂——死很容易……难的是坚持走下去。"[8]

冻僵了的三个人强迫自己继续前进，摸黑爬上 60 米高的冰崖，来到企鹅群聚的地方。

企鹅并不是很高兴见到他们。"帝企鹅受到惊扰，爆发出震耳欲聋的吵闹声，"彻里回忆说，"用那种金属质感的奇特声音拼命地叫。"[9]几位探险家从闹哄哄的企鹅群里抢了五个它们护在腿间的蛋，还抓住几只企鹅剥了皮，用它们的油脂当燃料。可是还没等他们庆祝"大功告成"，形势急转直下。

探险队迷路了。三个人在黑暗中摸索着找路。彻里的手指冻得失去了知觉，摔碎了两个企鹅蛋。还好他们侥幸脱险，总算回到了设在特罗尔山（原义为"惊恐"的这个名字倒是很恰当）脚下的营地，抵达后的第一件事就是想办法让自己暖和起来。这是威尔逊生日的前夜，他们用企鹅油脂生起了炉子。然而仿佛是企鹅想要复仇，"炉子里溅出一个滚烫的油点，正飞进比尔的眼睛里"。威尔逊的眼睛看不见了，他躺在那里，整夜"抑制不住地呻吟，显然非常痛苦。"[10]

"我一直觉得那个炉子不保险。"[11]彻里说。但是,更糟糕的事情还在后面。猛烈的暴风雪来了,"感觉就好像世界突然歇斯底里大发作",他们的帐篷和大部分装备都被刮走了。三个人只好找了个临时的避风处,遮在头顶的一块帆布被11级大风"撕扯成了小碎片"。[12]他们与死神相伴,度过了威尔逊生日这一天。[13]没有食物,没有火,几个人蜷缩在各自的睡袋里,唱着赞美诗,想象着桃子罐头的美味,不时捅一下过生日的寿星,看他是不是还活着。

两天后,暴风雪暂时平息,鲍尔斯奇迹般找回了他们的帐篷。"我们本来死定了,结果又捡回了一条命。"[14]彻里写道。

1911年8月1日,一行三人跌跌撞撞回到了大本营。他们的衣服破烂不堪,手指基本都已坏死。相比五周前启程去找企鹅蛋的时候,三个人像是一下子老了30岁。这场磨难给彻里留下了难以愈合的心理创伤,成为余生纠缠他的梦魇。威尔逊和鲍尔斯倒是很快就恢复了,但这反而招来了厄运,因为他们有了再度出发的体力,跟随斯科特踏上了寻找极点的死亡之旅。最终,这两人与同行的队友都倒在了从南极点返回的路上,留下彻里独自一人守护三只珍贵的帝企鹅蛋以及相关的进化科学研究。两个人的死沉甸甸地压在彻里肩头,作为"宝贝企鹅蛋保管人"[15],他把这份责任看得极重。回到伦敦后,他亲自把它们送到了位于南肯辛顿的自然历史博物馆。他或许期待着受到凯旋英雄般的待遇。然而接待他的只是一名死板的小职员,对他带来的东西完全没兴趣,还很粗暴地质问他:"你是谁?有什么事?这儿不是鸡蛋铺子。"[16]彻里后来写信给博物馆投诉这件事:"我送去克罗泽角的企鹅胚胎——差点儿让三个人牺牲生命、一个人付出健康代价的胚胎——亲手交给了贵馆……接待我的工作人员却连一个'谢'字也没说。"[17]

这位探险家还不知道，他在博物馆遭冷遇其实是因为一件不太凑巧的事，即人们对进化的看法发生了重大改变。就在彻里与队友们为了科学在冰原上冒死探索时，海克尔的重演律已让位于更新的研究。科学在发展，不会为了谁而停下前进的脚步。帝企鹅的蛋没用了。

此后半生，彻里投入大量时间呼吁对胚胎展开研究，然而一直过了 21 年，事情才算有了结论。可惜这不是一个值得期待那么久的结论。首先，动物学家詹姆斯·科萨尔·尤尔特在显微镜下观察胚胎切片后认为，鳞片和羽毛并非同源，威尔逊的希望落空了。而后在 1934 年，解剖学家 C. W. 帕森斯的结论可谓最后一击，他尖刻地指出，这几个企鹅蛋尚处在发育早期，根本无法"增进我们对企鹅胚胎学的了解"[18]。

* * *

为了企鹅，彻里失去了趾甲和牙齿，精神状态也严重受损。这位极地探险家若是由此怨恨企鹅，大家都会觉得情有可原。但是，彻里对企鹅的喜爱不曾有过一丝一毫的动摇。每次谈及这种神似人类的鸟，他的文字中总是洋溢着温情和钦佩。"阿德利企鹅过得很艰苦，帝企鹅的生活简直就是可怕，"在回忆那段纷乱经历的书里，他最后提到，"我敢说，你在这世上找不出比它们更活泼、愉悦、强健的一个群体。它们理应受到赞赏——至于理由，单是它们远比人类优秀这一条就足矣！"[19]

企鹅人格化的魅力由此可见一斑。"它们特别像小孩子，"阿普斯利·彻里-加勒德写道，"非常自以为是，吃饭迟到，穿着黑色燕尾服，衬着白色前襟，还有点儿胖墩墩的。"[20]用这种眼光看企鹅的不只是他一个人。第一次发现企鹅之后没多久，大家就普遍开始把它们比作孩童。甚至素来严肃的18世纪科学家在致信皇家学会时，也禁不住热情地描述说这种海鸟"第一眼看上去就像一个孩子，戴着围嘴和围裙，走路摇摇晃晃"[21]。17世纪的水手虽然把企鹅抓来吃，却也觉得它们"像小孩穿着白围裙似的站在那里"[22]很有趣。

企鹅的情况与大熊猫类似，蹒跚无助的模样看起来有如学步的婴儿，让人本能地想去呵护照料。再加上它们长年在极端环境中艰难求生，又生来具备做小丑的天赋，动作滑稽搞笑，这些元素足以造就一个人格化的动物巨星。

集坚毅和搞笑于一身的企鹅魅力无穷，第一次走出南极洲就引发了轰动。《泰晤士报》在1865年报道伦敦摄政公园动物园里的企鹅时，大篇幅讲述了这种鸟如何笨手笨脚，同时又带着"一点儿让人觉得好笑的严肃气质"[23]。它们就算不停地滑倒也仍努力保持着风度，而且很喜欢在冰上像雪橇似的滑行，所以活动电影诞生之后，企鹅立刻成了银幕上的明星。它们是动物王国里的卓别林，儿童读物的完美素材；它们天生一身醒目的黑白套装（和大熊猫一样），正是广告公司梦寐以求的形象。从书籍到饼干盒，企鹅模样的标志出现在各种商品上。因为一部赢得奥斯卡奖的纪录片《帝企鹅日记》，美国宗教右翼组织还把这种鸟奉为典范，认为它们体现了基督教家庭价值观。

"这是一个不可思议的真实故事，讲述了一个家庭迎接新生命的艰辛历程。在世间最严酷的角落，爱依然存在。"[24]演员摩根·弗里曼深沉缓慢的旁白响起。画面中是一对漂亮的帝企鹅夫妇，正忙着照料它们那个小毛球似的可爱孩子。从这里开始，影片内容不时地偏离事实。帝企鹅在荷尔蒙驱使下踏上一年一度的漫漫征程，跨越浮冰去繁殖后代，解说词将这种行为描绘成了一段宏大的爱情故事。这种解释并不正确，但是成就了可观的票房。正统派基督教徒对这部影片推崇备至，认为帝企鹅的艰难生活是一部精神修行的寓言，它们的行为是人类的榜样。

保守派影评人迈克尔·梅德维德评价《帝企鹅日记》说，这部影片"热情弘扬了传统规范，比如一夫一妻，自我奉献，养儿育女"。一个名为153家庭教会网的团体专门组织了"《帝企鹅日记》领导者研习会"，带领大家讨论影片对各自生活的影响。组织者表示："片中企鹅的一些经历与基督教徒要面对的情况非常相近。"[25] 教会在影院为信众订购团体票，截至此刻，这部影片在美国历来公映的纪录片中，依然保持着观影人数第二的成绩（前后分别是迈克尔·摩尔剖析批判布什政府"反恐战争"的《华氏911》以及《贾斯丁·比伯：永不言败》，夹在它们中间的这部片子似乎显得奇怪）。

企鹅笔挺的社交姿态——单纯从实际的生物力学角度来讲——也许堪称范例。不过，把一种不会飞的、吃鱼的鸟树立为道德楷模，实在不是理想之选。实际上大多数企鹅的表现与传统的基督教家庭观念相去甚远，而且从一些两性活动来看，甚至可以把它们比作思想最开放的群体。

首先，大多数企鹅根本不是一夫一妻长相伴，其中最不专一的就是大银幕上"浪漫的"明星——帝企鹅，年年换伴侣的比例竟高达85%。但它们有一个合理的借口：它们把蛋放在脚背上孵化，没有固定筑巢的地方，也就没有一个明确的会合地点，在每年繁殖季到来的时候与伴侣重聚。它们只能在吵吵嚷嚷的大群同类当中挤来挤去，想办法找到上一年的伴侣。要在极其有限的时间里，在几千只穿着打扮一模一样的企鹅当中找出自己的另一半，可以想见从一而终的难度有多高。

德国不来梅港动物园里，有人发现一对结成伴侣的雄性洪氏环企鹅把石块当作蛋，
正像模像样地孵化。园方连忙从瑞典空运来雌性企鹅，"测试"它们的性取向——
同性恋右翼组织为此非常愤怒。不过，瑞典来的"坏女人"没能拆散这对情侣，它
们后来自己收养了一个孩子

　　现实中也有彼此忠诚的伴侣，有时这是一段彩虹颜色的感情。
加拿大生物学家布鲁斯·巴格米尔写了一本广泛探讨动物同性恋现
象的专著，名为《生命缤纷绽放》，其中谈到部分洪氏环企鹅维系
一生的同性关系。巴格米尔在这本书里列举了超过 450 种生物的开
放性行为，从喜欢同性的雄性大猩猩，到很随意地利用呼吸孔模拟
性爱的亚马孙河豚。他阐述的很多现象是多年来动物学家不愿公开
谈及的问题，因为他们无法用达尔文的理论做出明确的解释。比如
雄性红毛猩猩相互口交的行为，被一位迂腐的生物学家归结为"出
于营养需求，而非性欲驱使"[26]。一直到近些年，人们才开始正视
动物王国里的性行为的多样化，提出一些新的理论，认为这类行为
有利于缓和关系、养育后代，或者，纯粹只是为了享受。

　　企鹅同性相恋的案例在动物园里留下了格外详尽的记录，有几
对还因为高举彩虹旗而出了名。不久前，德国不来梅港动物园里的

雄企鹅多蒂和齐伊庆祝了携手十周年，它们甚至共同收养并抚育了一只雏鸟。企鹅性取向的多样化很难得到基督教保守派的认同，但即便是支持它们的人，有时也会对它们的行为感到失望。罗伊和西洛可以说是企鹅世界里最著名的同性伴侣，住在纽约的中央公园动物园，也领养了一只小企鹅，它们的故事被画成了儿童绘本《三口之家》，深受彩虹族群的喜爱。几年后，西洛抛弃了共同生活六年的伴侣，和一只名叫"乱乱"的雌企鹅走了，据《纽约时报》报道，这件事"震动了整个同性恋圈子"[27]。由此可见，不管对象如何，从一而终对企鹅来说真的是极大的挑战。

从南极洲一路向北，企鹅夫妇分道扬镳的比例也呈现下降的趋势，相对温和的气候条件下，繁殖的时间也变得宽裕了。这样一来，企鹅的繁殖压力没有那么大，可以多花点儿时间寻找去年相处愉快的另一半。加岛环企鹅的栖息范围向北可达赤道，它们在忠于配偶方面做得最好，有93%的企鹅夫妇年年重聚。这份忠诚不一定能帮助它们更好地携起手来防暑降温——并防止赤道烈日把它们的孩子烤焦——只能说但愿起到一点儿作用。

即使是每到繁殖季就聚在一起的企鹅夫妇，其实也可能不像表面那样专一。近三分之一的雌性洪氏环企鹅会做出对配偶不忠的事，出轨对象多半是同性。雌性阿德利企鹅也是如此，平均十只当中会有一只搞点儿婚外情。过去普遍认为雌企鹅偷情是为了强化后代的基因，但后来新西兰奥塔戈大学的劳埃德·斯潘塞·戴维斯博士发现，它们的动机可能没这么单纯。他认为，阿德利企鹅（Adélie penguins）是这个星球上极少数卖淫的动物之一。

身高仅到人类膝盖的阿德利是动画片中经典的企鹅形象。在所有筑巢鸟类当中，阿德利企鹅的繁殖地点最靠近地球南端。每当短暂的夏季来临，它们便吵吵嚷嚷地大群聚集在南极半岛的海岸一

雌性阿德利企鹅是极少数用性爱换取物品的动物之一。它们以一时之欢哄骗孤独的单身雄性，真正的目的是盗取硬通货——石块，带回去加固自己的家，免得冰雪融化淹没小窝

线。繁殖季节进入尾声时，天气转暖，企鹅用石块拼凑的窝面临着被淹的危险，融化的冰雪有可能把蛋泡在水里。于是雌企鹅出门去找石块加固小窝，保护下一代。偷窃是它们惯用的手段，打架也是常有的事。戴维斯说："你想象不到它们这时候有多凶，双方互相啄，挥着前肢不停地猛打。"

有些狡猾的雌企鹅学会了避开占有欲太强的石块主人，免得挨打。它们相中了住在栖息地边缘、没能找到配偶的雄企鹅。这些单身汉没有育儿负担，可以尽情地出去搜集石块，垒起名副其实的石头城堡。而且，它们非常迫切地渴望拥有自己的后代。滑头的雌企鹅凑到这样一只孤单的雄企鹅旁边，躬下身，风情万种地斜眼瞧着它，仿佛想要和它亲热。雄企鹅鞠躬回礼，站到一旁，让雌企鹅进到它的石头城堡里躺下，准备生育后代。交配很快就结束了，没经验的雄企鹅常常连目标都找不准。完事之后，雌企鹅摇摇摆摆地走回自己的窝，嘴里叼着一块换来的石头。

戴维斯注意到，有些格外狡诈的雌企鹅没让雄企鹅得手就偷到了石块。它们像平常一样调情，然后略过交欢这个步骤，干脆叼起一块石头转身就走。用戴维斯的说法，就是"拿了钱就跑"。以目前的观察而言，从来没有哪只雄企鹅为此打上一架——倒是有一部分眼看雌企鹅带着赃物匆匆溜走，还徒劳地想要行使夫妻权利。这些雄企鹅太好骗了，简直有些可怜。有一只效率奇高的雌企鹅创下了一小时偷走62块石头的纪录。

戴维斯告诉我，雌企鹅认识到雄性"也不是真的那么笨，但是的确有那么急迫"。它们拥有石头豪宅，不管怎样都不会有太大损失。假如有机会与雌性交配，它们觉得冒一点儿风险也值得。虽然它们看上去傻头傻脑的，但戴维斯说，"从进化角度来看，这是相当聪明的做法"。

性交易在动物世界里极其罕见——而且有很大的争议。戴维斯在脊椎动物当中找到的确凿案例，除企鹅之外只有黑猩猩（有目击证据显示它们用性爱换取肉食），还有……我们人类。如此说来，这些雌企鹅与人类多了一点出人意料的相似之处，但基督教保守派恐怕不愿意在主日学校里谈起这种事。

不过，雄性阿德利企鹅的行为其实比雌性还要恶劣。它们的性癖好实在惊世骇俗，伦敦自然历史博物馆甚至拒绝公开第一份相关的科学报告。

* * *

要不是该馆研究鸟蛋和鸟巢的专家道格拉斯·罗素在2009年获得一项意外发现，科学界大概不会去关注阿德利企鹅的私生活。

当时他正翻阅盒装的旧资料，研究斯科特第二次远赴南极的死亡之旅，偶然看到了1915年的一份科学报告。文章的标题很平常，叫作《阿德利企鹅的性习惯》，但是，他回忆说，"页面最上方用很刺眼的字写了一行'不可公开发表'"。这当然一下子引起了他的兴趣。

他的好奇心可以说得到了回报。这篇尘封多年的报告记录了雄性阿德利企鹅的惊人行为，它们基本上可以和任何移动的对象交欢，甚至有些不会动的对象也可以，比如企鹅尸体，而且不是死去不久的企鹅——是上一个繁殖季留下来的冰冻尸体。

作者详细描述了这场鸟类的纵欲狂欢，不带感情色彩的直白语言带着一种爱德华时代的恐怖气息，从纯粹人类的角度讲述了这些作恶的企鹅。它们是"结成团伙的流氓雄鸟"，它们的"情欲似乎已经失控"。[28] "持续不断的堕落"[29] 包括自渎、纵欲寻欢、同性性行为、轮奸、恋尸癖、恋童癖等等行径。雏鸟"惨遭性虐待"[30]，这些流氓有时甚至"就在雏鸟父母的眼前施虐"[31]。走失的雏鸟被虐杀，"落到这些恶棍手里多半是被羞辱之后杀死"。[32]

报告作者乔治·默里·利维克博士是著名的企鹅研究先驱。在斯科特的第二次远征中，他是随队的医生及动物学家。1911—1912年的南极夏季里，他得到极为珍贵的机会，连续12周观察阿代尔角的阿德利企鹅。迄今为止，世界上只有他一位科学家对全球最大的企鹅群进行了整整一个繁殖季的实地研究。1915年回国后，他每一天细心观察的结果由自然历史博物馆出版，书名看起来很权威：《阿德利企鹅自然史》。但是利维克的这本权威著作里，完全没有提及企鹅那些不太寻常的性癖好。

罗素想知道这是为什么。他做了大量调查，最后找到了当年自然历史博物馆的动物学负责人写给鸟类主管的一张便条，要求共同保守阿德利企鹅的性爱秘密。有意思的是字条上写着："我们删掉这一部分内容，单独印几本当作内部资料。"[33]

对于后维多利亚时代的学术圈，利维克对阿德利企鹅性行为的生动记述太超前了一点。毕竟那是一个谈性色变的时代，无论在谈话还是书面文字中，性或情感只能隐晦地借花草表达；"腿"这个词太露骨，不能在公共场合使用；暗含同性恋意味的一切都是邪恶的。如果公开企鹅的变态性行为，一个重礼仪的社会怕是没法接受。单独印制的小册子像一本非法出版的企鹅色情书刊似的，在博物馆内部流传，有学问且言行谨慎、能正确对待书中内容的人才有资格借阅。罗素对我说："我发现的这一本能保留到现在，简直是个奇迹。"

经过进一步的查找，利维克的手稿也得以重见天日，一本本野外笔记完整呈现了阿德利企鹅的日常行为，以及一位善良医生内心受到的震撼。他看着第一批到达栖息地的企鹅，初期的笔记透着一丝惊奇。然而目睹了企鹅"难以置信的堕落行为"[34]之后，他在写观察笔记时，开始改用古希腊语记录比较骇人的部分——这是旧时寄宿学校里常用的一种保密方法。

有一段加密内容讲到一只雄企鹅"竟然鸡奸"自己的同类。[35]"事情持续了整整一分钟，"利维克认真做了记录。但他并没有尝试解释这种行为。他太生气了，顾不上科学地分析原因，直接严肃地总结道："看样子这些企鹅作恶没有底线。"[36]

利维克的阿德利企鹅观察记录领先时代数十年。直到20世纪70年代，也就是60年之后，才有一位科学家在实地考察之后公开了企鹅见不得人的秘密。随后的研究认为，这些行为是企鹅生活中的正常表现，源于繁殖季过短带来的压力。

阿德利企鹅在10月里聚集到各自的栖息地。这时的它们荷尔蒙旺盛，只有短短几周的时间找到另一半。没经验的年轻雄鸟不知道该怎么做，误判是常有的事，对于构成适宜对象的几个条件，它们好像自有一套灵活的理解。"这种事并不是说一只年轻的阿德利企鹅走在栖息地上，看到一只冻得硬邦邦的雌鸟，心想：'我一直挺想知道跟冰冻的雌鸟尸体在一起是什么感觉'。"罗素解释道。实际上，在这些精力过剩的企鹅少年眼里，一只躺在地上、半合着眼的死鸟看上去非常像是一只顺从的雌鸟。"从进化角度来说，一种繁殖机会极为有限的动物做出这种事是有目的的，"罗素说，然后笑着补充了一句，"这跟谈情说爱完全没关系。"

有一个例子可以说明阿德利企鹅的繁殖欲望有多么强烈。当研究人员把一只死去的企鹅摆成这种姿势放到外面时，很多雄鸟都无法抵挡这具冰冻尸体的"魅力"[37]。尸体一次次诱惑成功，没多久便已被折腾得七零八落，只剩下"一个冰冻的头，用自黏胶贴着两个白色的 O 代表眼圈"[38]。即使到了这种地步，它还是"足以诱惑雄企鹅上前交配，在石块上留下精液"[39]——利维克看到这一幕怕是会崩溃吧。

不过，这其实不是企鹅的专利。"了解鸟类的人都知道，它们的这类行为还挺出名的。"罗素说到这里显然有点儿气哼哼的。于是我上网浏览了一个观鸟爱好者论坛，看看他们怎么说。

论坛里有专门讨论鸟类恋尸癖的话题，跟帖讲述了各种各样的古怪行为，包括"一只野鸽"去和"一只死掉的毛脚燕"交欢，目击者还好心解释说那是"一只体型小得多的鸟"[40]。更何况，那根本就是另外一种鸟。另一位观鸟爱好者说看到一只雌性家麻雀在公路上被车碾死，不巧刚好是翅膀摊开的姿势，"就像是招引雄鸟的样子"。它成了致命的诱惑。一只雄鸟飞下来求欢，"结果自己也被碾死了"[41]。还有一个帖子讲了两只雄性野鸡的一场冲突，其中一只攻击了一个被车撞伤的同类。"事情的结局是第一只野鸡把奄奄一息的那只压在身下，如愿交配。"这位观鸟人写道。(他接着兴致勃勃地说："很惨的事，有谁想看的话，我有照片。"[42])

我们对动物的理解仍有很大的局限性。"要把人类的价值判断强加给动物，一定要特别慎重，"罗素强调说，"我们总喜欢用人类的行为做类比，可是要知道，那只是一只鸟，脑子非常小。"

那么，如果是一种脑子不小，而且天生与人类有几分相似的动物，我们又能了解什么呢？这本书的最后一章要讲讲我们如何一步步走近——有时甚至近得让人不舒服——动物王国里与人类关系最近的表亲，黑猩猩。几百年来，人类一直在探究"我们"与"它们"之间的那道分隔线，也在这一过程中看到了自己内心最深处的恐惧和执念。

第十三章
黑猩猩

黑猩猩种（Specres *Pan troglodytes*）

> 一种兽，
>
> 但是一种极不寻常的兽，
>
> 人类看到它，
>
> 总会不由自主地想到自己。[1]

布封伯爵：《自然史》（1830 年）

和动物在一起，我有过太多不可思议的经历，但其中有一次让我终生难忘。当时我正在乌干达的布东戈森林为英国广播公司拍一部片子，跟我合作的科研团队在这里研究一个野生黑猩猩群已有近十年，每天从黎明到黄昏，坚持守在它们附近，久而久之，黑猩猩习惯了这些人的存在，完全无视我们了。这为我们提供了一个非常难得的机会，能像这样跟在与人类亲缘关系最近的动物身边，就可以深入观察它们的生活。

不过，首先我们得找到目标。为此我们要在黎明前动身，争取在黑猩猩起床之前赶到它们过夜的树下，迟了的话，它们可能去了森林深处，找不到了。

树懒是节能，不是懒！——出人意料的动物真相

悄悄穿行在沉睡的丛林里，好像所有感官都失效了。树冠遮蔽下，四周黑漆漆的，万籁俱寂，静得诡异，唯有我们的橡胶靴啪嗒、啪嗒有规律地响着——这是我们的标准装备，可以护住脚踝，以防某条正在睡觉的蛇被吵醒，要咬一口才能解气——脚步声像整齐单调的背景音乐般为我们的思绪伴奏。但在热带，太阳升起得很快，没过多久，第一道曙光便点亮了晨雾，泛起暖暖的黄色微光，映照出我们周围缤纷的生命。

我一直觉得雨林是我的大教堂，是让我感觉与进化——我心中的造物主——最接近的地方，而布东戈是一个令人惊叹的朝圣之所：500平方公里的浓密雨林矗立在人类进化的摇篮——东非大裂谷中的艾伯丁裂谷东侧。这是东非现存最大的一片原始雨林，虽然许多参天的桃花心木被维多利亚时代的英国人砍下，装饰皇家阿尔伯特音乐厅，但林中仍有少量古老的树木屹立至今，有的已是近500岁的年纪，足有20层楼高。

我们排成一列，在这些古树下方静静行走在雾中，仿佛穿越到了过去。这时，远处传来一声越来越响的呼啸。黑猩猩兴奋时发出的这种渐强音能在森林里传出几公里，穿透力非常强。听到这叫声的瞬间，我冒起一身鸡皮疙瘩——它的同类听到也会是差不多的反应。目标近了。我的心跳一下子快了起来。黑猩猩一向被形容得很可怕。有报道说它们的力气是人类的10倍（能轻松扯断人的手臂），我知道这么说太夸张（实际只是两倍而已），可是这样徒步走过去叫它们起床，连香蕉奶昔之类的早餐都没带，我还是忍不住心里发怵。

研究团队在一棵结满果实的参天大树下站住脚，往上指了指。起初我什么也没看见；黑猩猩黝黑的身体隐没在无边的丛林里。渐渐地，我的眼睛适应了环境，感觉像在看一幅三维立体图，黑猩猩的身影在熹微晨光中浮现出来：有十几只，正在专心地吃它们的早饭。我见过黑猩猩无数次，有的在动物园里耍宝，有的在电视节目里喝着英国红茶，可是这一次的观感完全不同。它们看上去非常熟悉，同时又非常陌生，像我们，但又不像我们。这情景让人移不开眼睛，又莫名地激动。我觉得喉咙发紧，泪水涌了上来。这是一个直击心灵的画面，或许也是一个窗口，通向人类自身的遥远过去，如今在野外越来越难见到这种濒临灭绝的动物，这一点因此格外珍贵。

一声屁响把我从沉思中拉回了现实。原来，野生黑猩猩有严重的肠胃胀气，排气声音响亮，无所顾忌，而且常年如此——一种以生涩果实为食、从不在乎礼仪的动物发出的声音。我没想到清早会听到这样一片特别的声音，感觉就像梅尔·布鲁克斯[1]电影里的场景，跟我在阿滕伯格[2]纪录片里看到的画面一点儿也不一样。不过，看样子这是很平常的事。研究人员告诉我，要在茫茫林海中找到下落不明的黑猩猩，远处传来的屁声是最好的指示标。

人类总是情不自禁地在动物王国里寻找自己的影子，可是在黑猩猩身上，我们看到了自己，却又因为这模样太过熟悉而不知所措。人们由此感到困惑、害怕，在这种情绪影响下，与我们关系最近的近亲不幸成了一种备受误解的动物。我们对二者之间的那道分隔线着了迷——它划定在哪里，要是有一方跨过了线会怎样——这份执念曾把相关研究引入科学史上少有的歧途。

---

① 梅尔·布鲁克斯（1926—   ），美国导演、编剧、制作人，1974 年执导的喜剧西部片《灼热的马鞍》中，有一段牛仔吃豆子放屁的搞笑场景被后人奉为经典。
② 戴维·阿滕伯格（1926—   ），又译大卫·爱登堡，英国广播公司自然题材纪录片主持人。

*   *   *

"猿体质强健，由于与人类有几分相似，它总在观察人类，模仿其举动，"宾根的希尔德加德在 11 世纪写道，"猿也有一些兽类的习性，但是它天性中的这两面都有缺陷，它的行为举止既非完全像人，也非完全像兽，它因而反复无常。"[2]

这位德国修女有远见卓识，但很可能从没亲眼看到所谓"反复无常"的猿。在早期博物学家的概念里，猿是一种神秘的兽类，对它们的描述基本上是由传闻和民间故事七拼八凑而来，包括小矮人的故事、萨蒂尔的故事，还有用长耳朵遮着下体的古怪野蛮人，无一不是在人与兽之间的夹缝里求生存。老普林尼在他的大百科里宣称猿会下象棋，中世纪的动物寓言着重描写了它们对蜗牛的极度恐惧。每一位作家都谈到它们模仿人类的诡异能力。就这点而言，猿是邪恶的。因为，如果说人类是上帝按照自己的形象创造出来的，那么这种可怕的、浑身是毛的冒牌货一定是人类的死敌。这些古早书籍里还有和文字很般配的离奇插图。其中有一幅画像在很多地方出现过，画中一位毛发浓密的魁梧女士傲然站立，她有一头令人过目难忘的长发，胸前垂着一对巨大的乳房，手里还拿着一根拐杖。

最初见到野生猿类的欧洲人把这种动物描述得跟书里一样离奇。安德鲁·巴特尔是一艘私掠船上的英国船员，1589 年被葡萄牙人俘房，关押在安哥拉。此后的 18 年时间，他不是待在牢里，就是陪着抓他的人到非洲各地做买卖。等他终于回到了英国的家里，这个机灵的埃塞克斯小伙子可是攒了一肚子的故事。他把自己的悲惨遭遇写成了一本历险记，出版之后卖得非常好，书里有一大段像是添油加醋的内容，后人普遍认为他讲的是大猩猩和黑猩猩。巴特尔说那是"两种怪兽，在这一带的森林里很常见，而且很危险"[3]，接着不甚清晰地描述了这些体毛很重、长得像人的动物，给它们取名叫"庞戈"和"恩奇科"[4]，说它们会建树屋，还用木棒打大象。

不单是巴特尔，其他人也搞不懂毛茸茸的人形动物。荷兰旅行家威廉·博斯曼说西非的猿攻击人类，而且它们会说人话，只是不愿意说，免得被迫去工作，"它们不太喜欢工作"[5]。他认为它们是"极其恶劣的兽类，似乎生来只会胡作非为"[6]。还有人说这种动物会掠走小孩，强暴女性，把人当宠物养。

第一只踏上英国土地的黑猩猩引起了不小的轰动。1738 年，英国商船"演讲者"号抵达伦敦，带来了"一种长相丑得吓人的动物……叫作黑猩猩"[7]。英国人不知道该怎么招待这位新来的客人，便拿出他们的看家本领，给黑猩猩泡了一杯茶。据说它挺优雅地喝了，像人一样。不过，黑猩猩的用餐习惯与乔治时代的会客室不大相称。有一篇报道指出："它在自己的排泄物里找食。"[8] 除了有食粪癖倾向，黑猩猩还被曝光对人类女性"有非分之想"[9]——这种不安全感不时笼罩着后来维多利亚时代的动物园游客。

这种动物不仅仅是行为令人困惑。第一例黑猩猩解剖实验由英国医师爱德华·泰森主持完成，揭示了猿与人的相像，人们为此感到不安，好像失去了上帝赋予的优越感。泰森特别谈到了黑猩猩的大脑："人与兽的灵魂差异如此之大，让人不由觉得，二者灵魂栖居的地方一定也是截然不同。"然而事实正相反，它与人类大脑有着"意想不到的"相似之处。[10]

那时候可供研究的样本非常稀少。几种较大的猿——黑猩猩、大猩猩和红毛猩猩——被混为一谈，给分类造成了困难。分类学之父卡尔·林奈起初把猿划分为两类：一类与人较为相像，另一类不太相像。他把前者命名为 *Homo troglodytes*，归为另一个种类的人（"穴居人"[11]），把后者命名为 *Simia satyrus*，完全是另一类动物

分类学权威卡尔·林奈编纂的《学术论文集》（Amoenitates Academicae，1763 年）中，一幅插图集中呈现了所谓的早期猿类和猿人。这种分类方式把人类与形似路西生（左二）的生物并列在一起，看上去让人很不舒服，布封伯爵为此非常生气。难得这一次我觉得他生气有道理

（"萨蒂尔猴"）。

　　这些吃排泄物，而且好色的兽类与人类的关系近得让人不舒服，身为贵族的布封伯爵很不喜欢这个结论，以他一贯的作风对林奈的分类尝试大加讥讽。布封自己提出的答案听起来更匪夷所思：他认为黑猩猩实际上是未成年的红毛猩猩。至于为什么一种动物成年后是姜黄色的大块头，少年时是黑毛的小个子，伯爵觉得这根本不是问题，他指出："人类这个物种不是也有类似的不同相貌？"[12]他举出例证说，拉普兰人和芬兰人也是生活在同样的气候环境里，而长相差异很大（这话大概也是在暗讽那位斯堪的纳维亚的分类学研究同行）。

　　布封在他的巨著里用很大的篇幅极其详细地描述了猿与人的种种惊人相似，包括它们的"肉感臀部"[13]。不过他并不介意这些身体上的相似。按照他的理解，猿与人相像，却又不具备任何"思

考和语言能力"[14]这一点恰恰是终极证据，证明人类"由更高级的法则塑造而成"[15]，无疑比这些野蛮兽类更优秀。在他看来，任何将二者归入相邻类别的分类体系都是对人类极大的羞辱。为报复伯爵的这番言论，林奈在命名石竹科一种细弱的植物（*Buffonia tenuifolia*）时嵌入布封的名字，讽刺这位法国人对分类学的理解"不堪一击"。

到了1859年达尔文出版《物种起源》时，问题变得紧迫起来，科学界急需找到能将我们和我们的猿类表亲区分开的关键特征。这项研究的推动者当中，有一位博物学史上最著名的恶人，理查德·欧文爵士。他是英国最负盛名的解剖学家，在科研领域一路努力攀上了巅峰，甚至被女王聘为王子和公主的动物学老师。但另外，他是一个嫉妒心极强的人，野心勃勃。他的外表也像是一个反派人物——猥琐的身形，凸出的眼睛，秃顶的圆脑袋，看上去酷似动画片《辛普森一家》里的伯恩斯先生。

欧文是虔诚的教徒，对达尔文的进化观点提出了激烈的反对。他绝不相信人类只是一种"蜕变"的猿猴。于是他决心从身体构造上探究根源，证明人类的独一无二。他首先研究了大脑，找出三个可能成为证据的目标，其中最重要的一个是后方角落里的一小块皮层褶皱，叫作"小海马体"。欧文宣称，只有人类有这块不起眼的小小隆起，因此这一定是孕育人类理性的地方，而人类之所以"注定成为地球以及低等生命的至高主宰"[16]，根源也在于此。有了这项发现，欧文有了信心，他把人类单独归入一个高高在上的类别，很直白地将其命名为*Archencephala*，意思是"至上大脑"。[17]

达尔文听说欧文的观点之后，在写给一位同事的信里嘲笑道："不知黑猩猩知道了会说什么。"[18]

达尔文的话虽然尖刻，但只是私下说说。有一个人却拿起了解剖刀，公开挑战欧文的理论。这个人就是平民出身、个性强硬的生物学家托马斯·亨利·赫胥黎。他自称是"达尔文的卫士"，坚定地认为科学应与宗教分离，曾说"他不会因为猴子是自己的祖先而感到羞耻，但如果和一个利用自身才华去掩盖真相的人有牵连，他会觉得丢人"[19]。

他开始系统地研究灵长动物的大脑，没多久便发现了欧文错得有多离谱——并看到了一个很让人开心的机会，可以"一举揭穿……那个撒谎的骗子……让他像钉在谷仓门上的风筝一样跑不掉"[20]。

赫胥黎通过一系列公开披露及科学论文，曝光了欧文欺骗、抄袭的行为，指出他不仅照抄其他解剖学家（他根本没提这些人）绘制的黑猩猩大脑图，编造出自己的一套理论，而且故意无视他们对黑猩猩小海马体的清晰描述。赫胥黎自己也做了细致的解剖研究，揭示了黑猩猩与人类大脑的惊人相似。他说，欧文的理论就像"立在牛粪上的科林斯式柱子"[21]，徒有华丽外表。

后来的研究显示，欧文有一点说对了，我们的与众不同很可能源自黑猩猩与人类在脑部构造上的细微差异，只不过他没能找到。面对赫胥黎坚持不懈的攻击，他不得不承认猿类的确也有小海马体。他的名声从此一落千丈。

因为黑猩猩而栽跟头的科学家绝非只有理查德·欧文一个。人与猿之间的分界线——以及彼此相通的种种——对科学界有着莫大的吸引力，致使有些人做出了不寻常的违背道德的事。

* * *

大约在 20 世纪初，一位名叫伊利亚·伊万诺维奇·伊万诺夫的苏联科学家出了名，因为他创造了一些名字古怪的动物——斑骡、半野牛和斑驹——放在那种可信度不高的中世纪动物寓言里很合适。这些是杂交动物，在基因组成和名称上都是混合体，分别是斑马和驴、野牛和家牛、斑马和马结合的产物。不过，伊万诺夫的最高理想是培育出"猩猩人"——人与黑猩猩杂交的后代。

他不是第一个梦想成为现实版莫洛博士[①]的科学家。当时有不少人对培育猩猩人产生了兴趣。1900年，德国生理学家汉斯·弗里登塔尔在实验中将人血与猿的血液混合，发现二者所含的抗体并不会相互攻击，于是猜测这两种生物也许有杂交的可能。后来的20年里，荷兰动物学家赫尔曼·默恩斯及德国性行为研究专家赫尔曼·罗勒德（著有标题意义不明的《自慰》）曾尝试验证这种说法，用人类精子为雌性黑猩猩授精。但两人的计划最终都未能实施。

伊万诺夫成功培育出斑骡和斑驹，在人工授精领域确立了自己的地位。刚好就在那个时候，在那种环境下，特殊的专业权威让他成了最合适的人选。20世纪20年代，诞生不久的苏联正努力破除宗教思想，证明技术专家治国的优越性。当局认为人猿杂交的后代能够提供"非比寻常的证据，帮助我们更好地理解人类的起源问题"[22]，并且"在我们为解放教会压迫下的劳动人民而奋斗的当下……给予宗教教义致命的一击"[23]。

伊万诺夫的工作不仅得到了不信教的布尔什维克支持。1924年，巴黎的巴斯德研究所写信向这位苏联科学家通报了一个好消息：该所新近在西非成立的黑猩猩研究站可以"提供条件"并"欢迎"伊万诺夫在那里进行他的实验。这个顶尖的研究所似乎有点儿偏爱疯狂的科学家。他们当时正在资助的谢尔盖·沃罗诺夫，也在

---

① 英国作家赫伯特·乔治·威尔斯的长篇小说《莫洛博士岛》中的人物，在一座孤岛上创造出了各种人兽混合的物种。

黑猩猩研究领域取得同样怪异的突破——他宣布找到了青春之源，就是将黑猩猩睾丸的切片移植到老年男子的阴囊上。他观察、研究了阉人，并在自己身上做了一些肯定不会有人乐意做的实验，比如将豚鼠和狗的睾丸搅碎，注射到自己的睾丸里，最后得出了这样一种创意十足的"回春疗法"。

用最细的丝线将薄薄的"猴子腺体"切片手工缝到患者身上——沃罗诺夫的昂贵手术据说可将人类寿命延长至 140 岁。[24] 他反复强调"移植绝不是壮阳手段，而是作用于整个有机体，激发其活力"[25]，但民间的传言都说移植能让那些百万富翁重振雄风，记忆力和视力也会好起来。不管怎样，总之沃罗诺夫的诊所从此生意兴隆。数百名男性报名接受治疗——西格蒙德·弗洛伊德也在其中，他没能找到鳗鱼的睾丸，倒是显然不怕用自己的做实验。

伊万诺夫此时也需要一点沃罗诺夫的猴子睾丸魔力。巴斯德研究所为他提供了设施、场地，但是没提供资金。他的黑猩猩项目陷入经费危机，眼看就要夭折。于是他在前往非洲的途中，先在巴黎停留了一阵，与沃罗诺夫展开合作。他们把女性的卵巢移植到了一只名叫诺拉的黑猩猩身上，然后用人类精子为它授精。两人为此上了报纸头条，不过诺拉一直没有怀上猩猩人。沃罗诺夫决定继续做他的赚钱生意，为富豪们修复睾丸；伊万诺夫搭上飞机去了法属几内亚，只有学医的儿子跟在他身边支持他。

1927 年 2 月 28 日，伊万诺夫尝试用人类精子为名叫"芭贝特"和"塞维特"的两只黑猩猩授精。实验要对非洲当地帮忙的人保密，所以操作起来格外困难。"精液的新鲜度稍差，但大约有 40% 的精子保持着活力，"他在日记中写道，"注射时气氛非常紧张，现场环境很让人不安。黑猩猩的威胁，在野外露天操作的风险，还有保守秘密的必要性。"[26]

这次尝试以失败告终。失望之余，伊万诺夫冒出一个更极端的想法。他决定改变策略，争取获得当地总督的同意，让他用黑猩猩的精子为住院的女性做人工授精。这样一项实验本身就是对科学伦理的挑战，而伊万诺夫不在乎，提出要在实验对象不知情的情况下进行。当局居然认真考虑了他的计划，还好最后否决了，伊万诺夫在日记中形容这个消息犹如"晴天霹雳"[27]——可见他与现实世界脱节多么严重。这样一来，他不得不带着他的计划回到祖国，自己想办法进口猿猴，并找到乐意参与实验的女性。在他不屈不挠的努力下，这两个目标竟都达成了。然而1930年夏，政治风向变了，伊万诺夫被秘密警察逮捕，罪名是从事反革命活动。他被流放到今天哈萨克斯坦的一所监狱，两年后在那里去世。

伊万诺夫的梦想有没有实现的可能呢？我请教了 J. 迈克尔·贝德福德。他是威尔·康奈尔医学研究学院的生殖科学名誉教授，20 世纪 70 年代曾深入研究受精的早期阶段，特别是精子如何附着到卵子上，希望能通过这项研究开发出一种男性避孕药。他让人类精子去接触仓鼠、松鼠猴、长臂猿（一种小猿）等等各种动物的卵细胞，结果惊讶地发现，人类的精子非常专一——只肯与一种卵子结合，就是长臂猿的卵子，而在我们的猿类亲戚里，长臂猿是亲缘关系最远的一个。我问贝德福德，如果是黑猩猩的卵子会怎么样，他估计答案是肯定的。"比起长臂猿，它和人类的关系更近，所以有可能，黑猩猩的精液能让人类的卵子受精，反过来也一样。"

不过，受精只是第一步，接下来还有一个漫长的过程，失败的风险无处不在。虽然我们与黑猩猩有 98.4% 的 DNA 是相同的，但是据贝德福德说，要想孕育出一个健康的猩猩人宝宝，成功的概率"和扔骰子赌博差不多"。他解释说，有的杂交动物，后代天生没有生育能力，但有时候却又没问题；还有的胚胎已经开始发育，却在妊娠的某个阶段夭折了。"我没法预测杂交的胚胎是不是能活下来。"

我们或许无法得知人类与黑猩猩能否杂交。但哈佛医学院和麻省理工学院进行的一项研究在人类基因组里发现了一个深藏的秘密，表明这样的结合很可能存在于我们的远古祖先当中。

研究人员当时在对比人类和黑猩猩的基因组，借助"分子钟"估算二者在何时走上各自的进化道路——两个物种分离的时间越早，DNA序列中积累的差异就越多。据他们估算，人类和黑猩猩分化的时间不会超过630万年，有可能还不到540万年。但是，他们在二者的X染色体中发现了奇怪的异常：这条染色体所含的差异明显少于其他染色体。研究人员认为最合理的解释就是，人类和黑猩猩的物种形成是一个"复杂"的过程，说得直白一点，就是曾有一段时间，两个形成中的物种之间仍有性关系，并产下了杂交后代。

X染色体的相似表明这不是夜色中的风流个案，而是一个交错混杂、持续120万年的物种形成过程。尼克·帕特森是研究团队的带头人之一，他告诉我，这项发现在主流媒体掀起了巨浪。"小报都很开心。德国的《图片报》用了一个大标题叫作《原始人曾与猿猴交配》，还配上了一张要多难看有多难看的黑猩猩照片。"他回想起当时的情况。"但那些大呼小叫的媒体都没抓住重点。这并不是一种很像我们的动物与一种很像黑猩猩的动物交配。这其实是两种猿，其中一种与我们的相似性，比它们与黑猩猩的相似性稍多了一点儿。"

我们的祖先曾与人类近亲的祖先发生关系这件事，也许有些人很不喜欢，但哈佛－麻省理工研究团队认为，二者的混血后代很可能促进了人类的进化，让我们更快地适应了离开森林、走进大草原的生活。

＊　＊　＊

20 世纪 60 年代，美国也做过一项大胆的实验，模糊了黑猩猩与人类间的界限——但实验针对的不是基因，而是行为。一只刚出生的黑猩猩被带到一个人类家庭，它将与同类隔绝，像人一样被抚养长大。想出这个古怪主意的人是莫里斯·K.特默林，他是俄克拉荷马大学的一名心理学教授，非常想知道这只被他取名叫"露西"的黑猩猩在社会行为上、在生理上会有怎样的成长发育过程。

此前曾两次有人尝试在人类家庭里养育黑猩猩，但都只是养到幼年期为止，从青春期往后的情况完全是未知领域。特默林大概做梦也没想过，自己当孩子养的黑猩猩会在青春期爱上杜松子酒，还喜欢用真空吸尘器自慰。我们知道他的"实验"就这么结束了，因为特默林在回忆录《露西：长大成人》里有点儿过分详细地与读者分享了这段经历，像一个不寻常的时光胶囊，记录了 60 年代偏离正道的伪科学。

"我是一名心理医生。我的女儿露西是一只黑猩猩。"[28] 特默林开始叙述他当黑猩猩"父亲"的十一年。

露西在一次很让人难过的争执中来到了这个家。1965 年，在它出生才两天的时候，特默林的妻子简从她的母亲——加利福尼亚的一名马戏团演员——那里把这只黑猩猩抢了过来。特默林认为这次绑架是一种"等同于分娩的象征性行为"[29]，恐怕很多做母亲的人会强烈反对他的说法。在这次家庭"探索"开始时，特默林很好奇露西会在多大程度上变得像人，而他，一个自认是"犹太妈宝男孩儿"[30] 的人，能否成为"黑猩猩的好父亲"。随着时间的流逝，结果渐渐清晰，他在心理分析笔记中写下的问题有了非常明确的答案：不能。

　　　　树懒是节能，不是懒！——出人意料的动物真相

起初一切都还正常。露西学会了自己穿衣服，使用餐具，跟特默林七岁的儿子史蒂夫（没想到后来他自己出现了心理问题）同桌吃饭。露西还学习了美式手语，最终掌握了一百多个单词，包括"口红""镜子"之类对黑猩猩很重要的词。它甚至养了一只小猫当宠物。截至此时，它一直都很可爱。然而到了接下来题为《有创意的自慰》这一章，事情变得阴暗起来。

　　大约在露西3岁的时候，有一位学者来拜访，露西从他那位有点紧张的夫人手里抢了一杯酒，从此喜欢上了这种东西。特默林在书中谈到他对当初让十几岁的儿子喝酒很自责，对于让露西喝酒却一点儿也没表露出内疚。每天吃晚饭前，他都会为露西"调一两杯鸡尾酒"[31]——夏天是金汤力，冬天是威士忌酸酒。后来露西学会了开酒柜，自己调一杯合口味的酒，然后躺到沙发上，一边用脚翻着杂志一边享用。

　　有一次这样喝酒的时候，特默林发现露西拿起家里那台蒙哥马利·沃德牌吸尘器的吸嘴，发挥了它的创造力。他在笔记中写道，这是很有创意的一个使用工具的实例——使用工具曾被认为是人类特有的技能，也是区分它们和我们的一个重要标准，直到珍·古道尔在野外观察到黑猩猩用小树棍钓白蚁吃。古道尔的导师路易斯·利基博士得知这个消息之后说："现在我们必须重新定义工具，重新定义人类，或者把黑猩猩纳入人类家族。"[32]不知利基重新定义的范围是否够广，在这位伟大的古人类学家眼里，露西独创的吸尘器使用方法能否包括在其中。

　　推崇弗洛伊德学说的特默林对黑猩猩女儿的性意识萌发，以及露西会喜欢人类还是同类产生了浓厚的兴趣。大多数家长在这种情况下都会没收吸尘器，锁进柜子里。特默林却是马上跑到商场去，为女儿买了一本《花花女郎》杂志，想知道它更喜欢这本专为女性服务的色情刊物，还是平常钟爱的《国家地理》。露西的确一眼就相中了这本杂志，目不转睛地盯着里面的裸体男性，用力抚摸照片中的重要部位，到后来把纸都磨破了。特默林对这个结果很满意，决定再推进一步，做一个不可思议的尝试：他脱掉裤子，和"女儿"一样开始了午后的自我愉悦，"看看会发生什么"[33]。

结果特默林几次尝试，露西都对他露出的鼓胀下体毫无兴趣，这让人多少松了一口气。换作是我的话，大概会把这段粗俗又无聊的内容从我的回忆录里删掉。但是，莫里斯·K. 特默林不一样。在题为《管他什么俄狄浦斯》的一章里，这位精神分析专家郑重地阐述了他的结论，认为他遭到拒绝是一个令人欣慰的结果，证明了他的父亲身份，也表明露西生来懂得乱伦禁忌（这是他很着迷的一个重点研究课题）。

渐渐地，特默林发现露西越来越不听话。它学会了开家里所有的锁，常常溜到外面去，或是把自己锁在屋里，把父母关在外面（从以上发生的种种来看，这也许并不奇怪）。据特默林说，他的"女儿"甚至开始撒谎了。被问到谁在地毯上大便时，露西伸出手来指了指苏，他的一名研究生助理。

到了 12 岁那年，露西已是一只成年黑猩猩，根本不服父母管教。"露西什么都不放过，"特默林写道，"它能在不到 5 分钟的时间里，把一间正常的客厅搞得天翻地覆。"[34] 特默林一家怀着沉重的心情认识到，他们必须停止家庭养育实验，为黑猩猩"女儿"重新找一个家。

特默林在这时犯了一个最严重的错误：他决定让露西回到故乡，重享自由。

他把露西送到了冈比亚的一个黑猩猩康复中心，陪同前往的是一位年轻的科研人员，名叫贾尼斯·卡特，也是他门下的研究生。

相比露西生活过的俄克拉荷马城郊，非洲的丛林是一个截然不同的世界。它这辈子没跟同类打过交道，完全没有融入这个新集体的意愿。其他黑猩猩都吃野生的树叶和果子，它不想吃这些东西，也不想跟它们一起睡在树上。它已经被培养出更高级的品位，现在却被困在了森林里，没有沙发，没有酒柜。贾尼斯·卡特投入了几年时间，想方设法鼓励露西重新了解身为黑猩猩的自己，然而所有的努力到头来都没有用。后来，特默林家的女儿死了，被人发现时，它的手、脚和皮都不见了。人们怀疑它遭了盗猎者的毒手，它不怕人类，大概毫无戒心地接近了那些人，而他们乐得碰上一个糊里糊涂，又热情过头的猎物。露西的一生就这样结束了。

* * *

幸好，黑猩猩研究摆脱了 20 世纪 60 年代人类以自我为中心的设定，如今的主要工作是到它们生活的地方去，在自然环境中观察这些人类的近亲。圣安德鲁斯大学的凯特·霍贝特博士正带着团队在乌干达的布东戈森林里做研究，我去拜访他们的时候发现，在野外观察黑猩猩比在人工环境里困难得多。

不说别的，野生黑猩猩为了觅食，一天能走上 10 公里到 20 公里。要想时刻紧盯着它们，就好比跟一群奥运水准的对手玩儿捉迷藏（它们在树顶的高速通道上可以尽情嘲笑在地面靠两条腿笨拙行走的表亲）。但是凯特一直顽强地跟着它们。她认为观察记录黑猩猩在大自然中的生活，不仅能增进对它们的了解，也提供了一个更好的模板，可以帮助我们探究人类行为的根源。

"我想，露西和其他受人类文化影响的猿引发了我们的思考：猿在不寻常的环境下会有什么样的表现？答案是不寻常的猿在不寻常的环境下能做出不寻常的事！"凯特告诉我。"当然从实验涉及的伦理问题来说，今天我们绝对不会再做那样的研究。但在某些方面，现在的人工喂养环境和当年是一样的。你可以检验这些猿的解题能力，或是在野外没有的可控条件下给它们做测试。不过，无论动物园或保护中心做得多好，它们所处的环境终究还是更多地偏向人类环境，而不是猿类环境。"

凯特的目标是排除一切人类影响，研究最纯粹的黑猩猩行为。为了这个目标，她和跟着她的任何人，比如我，必须变成隐形人。这意味着我们要像黑猩猩一样思考，要遵守严格的规定，最关键的一点，要避免目光接触。在黑猩猩看来，眼对眼是一种挑衅行为。对于正努力避免引起注意（或者说避免被暴打）的人，招惹研究对象可不是明智之举。

我们坐在离一个黑猩猩家族大约 1 米远的地方，它们正专心地相互梳理毛发，这时黑猩猩妈妈忽然抬起眼来，正看到我愣愣地瞪着它们。我连忙按照凯特教过的方法，把目光移开，心脏一阵狂跳。我捡起一片树叶，假装认真地查看，同时用眼角余光留意它的动向，看它是不是发现了我在瞪着它。还好，黑猩猩妈妈继续埋头为年少的儿子梳毛，抓出虱子来吃掉，我总算放下心来。

凯特的第二项野外工作要求是保持安静——即使在最佳状态下，要坚持做到这一点也很不容易。我事先没考虑到保持肢体语言的静默会有多难。黑猩猩之间有意识的交流多半都是靠微妙的手势和面部表情完成的。它们的聊天静得出奇，我非常惊讶地发现，它们的日子其实过得相当安静——当然，放屁声除外。凯特正在努力破解的黑猩猩语言，就是它们交流用的这些手势，希望能由此编写出世上第一本黑猩猩词典。像露西那样由人类喂养的黑猩猩，因掌握了 250 个美式手语单词而登上杂志封面，而野生黑猩猩在丛林里用不到"口红""镜子"之类的词，日常生活所需的词汇量要小得多。截至目前，凯特为这本前所未有的小词典收集、编译了大约70个手势。

黑猩猩的这些手势中，有许多与我们的手势惊人地相似。握手表示建立联系，与商人达成交易的时候一样。我看到黑猩猩掌心向上伸出手，请求宽恕，还看到它们用亲吻相互问候。但是，要是由此断定我们的黑毛表亲使用的交流方式和人类一样，那就太危险了。凯特一直在努力抛开人类的固有观念，向黑猩猩的思维模式靠拢。"我们往往觉得黑猩猩跟人很像，研究手势的时候很容易掉进这个误区——比如，我们会认为握握手的意思和握握胳臂不一样，因为这样解释比较合理，"她说，"但实际上黑猩猩可能不在乎具体握哪个部位，对它们来说意思都一样。"

黑猩猩的一些肢体语言表达的意思，与人类的解读几乎是相反的。英国红茶广告里的黑猩猩看上去笑得很灿烂，其实它们一点儿也不开心。"咧嘴露出牙齿的意思是我觉得紧张、烦恼或害怕，"凯特告诉我，"有些贺卡印着微笑的黑猩猩，糟就糟在这里——它们根本不是在微笑。"

近年的新发现中，最重要的一项就是黑猩猩会推测对方已经知道哪些信息，根据这一点来调整交流的内容。这种理解其他个体想法的能力被称为"心理理论"能力，是动物心理学研究领域的一个热门课题。这在过去一直被认为是人类独有的能力，是区分人与动物的一个关键特征。研究人员针对人工养育的黑猩猩做了无数实验，在它们身上寻找这种能力存在的痕迹。但凯特向我展示了她的同事们如何在野外找到了实证——这是一项非常辛苦的工作，也检验了人类解读黑猩猩心理的能力。

实验方法本身并不复杂，只是稍有点儿怪。我们把一条橡皮蛇藏在黑猩猩群的必经之路上，然后在第一只黑猩猩发现蛇的时候，观察它如何向其他黑猩猩传递这个消息，在推测同伴看到或没看到蛇的情况下有什么不同。简单而巧妙。可是，实际操作起来完全不是这么回事。我们首先要在一片广袤的森林里，预测出黑猩猩接下来要往哪里走。然后我们要抓紧时间穿过密林，赶到黑猩猩前面去，把橡皮蛇放在它们要走的路上（还不能被它们发现）。蛇要用迷彩布遮住，系上一根渔线，另一头握在一名野外助理（他也要躲起来）手里，等黑猩猩走过来就马上把布扯掉。但愿事情能按我们设想的进行，某只黑猩猩会看到那条玩具店里买回来的蛇，以为是真的蛇——然后我们要分析判断它此刻的行为是不是在向同伴发出警告。最后，观察点的位置一定要选对，要确保我们能用摄像机把黑猩猩的反应记录下来。所以说，这件事绝不简单。

单是完成这一项任务就如此艰难，我深深体会到从过去到现在，人类要想探知动物的秘密有多么不易。我们在丛林里奔波了一整天，迷路了，不知身在何处，踩过灌木丛的时候还被蚂蚁猛咬。直到天色渐暗，我们总算把该做的准备都做好了。一只黑猩猩（走在队伍最后的一只）看到了蛇，"呜"地叫了一声，声音小得几乎听不见——这是温和的提醒，表示它"知道"走在自己前面的黑猩猩都看到了这条蛇，它不用像一般发现危险时那样大吼一声示警。

为得出结论，研究团队把这个实验重复了 111 次，连续 6 个月在丛林里跑来跑去，累得筋疲力尽。可以想见到了项目结束时，他们一个个变得有多瘦，身上被咬了多少包。

对黑猩猩来说，读懂他人心思是一种极其实用的能力。它们生活在一个等级分明，又变幻不定的社交网络中，大集体中可能有多达 100 个成员。身陷这部丛林生活剧的家长里短，时时了解家族动态是生存的法宝，而这就需要它们学会辨认很多面孔——或者，以黑猩猩这种情况来说，学会辨认大家的臀部。在最近的一项研究中，工作人员给黑猩猩看同伴臀部和脸部的照片，结果发现它们对这两个部位的熟悉程度不相上下。这倒也有道理，毕竟它们一生多半时间都是在树上度过。凯特告诉我："我们一般都是要抬头往上看，看到它们的屁屁。"她甚至用黑猩猩私密部位的照片做了一套快速识别卡，帮助团队成员记住研究对象两头的特征。

凯特说，跟这些黑猩猩相处了近10年，它们已经变得像家人一样熟悉。"有些黑猩猩是我看着长大的，所以我收集了它们从小到大所有的信息。"她给我举了一个例子，一对名叫"弗兰克"和"弗雷德"的兄弟。"弗兰克现在是这个黑猩猩群里新崛起的雄性首领，我知道它小时候就是一个非常外向的孩子，仗着自己还是可以胡闹的年纪，经常在大人面前得寸进尺。而它的兄弟，虽然是同一个母亲的孩子，在同一个群体中，成长环境相同，却和它完全不一样。弗雷德非常安静，悠闲散漫，从来不吵闹，"她回忆说，"要搞清楚是什么原因造成了这种状况，为什么会有这么不一样的生存策略，这是一项非常有意思的研究。"

凯特认为，复杂的社会生活、黑猩猩的智能和较长的寿命共同促进了个性的形成，而个性是理解黑猩猩、理解其他动物的一个关键。"以西方科学界的研究方式来说，我们往往是找一个动物群，针对它们的普遍行为做研究，把所有的变化排除在外。差异被认为是不好的东西，是被否定的。但在研究人类行为的时候，个体差异却是最根本的要素。"她指出："我们在排除差异的同时，完全忽略了一个事实，就是差异其实是动物行为研究中最有意思的部分。"

凯特走访了非洲各地的研究站点，发现那些黑猩猩与她研究的这一群有很大的不同。"就好比印度人和苏格兰人有很大的不同，"她说，"以西非的雌性黑猩猩为例，它们的地位很高，而且参与家族中的权力争斗——和布东戈的这些正相反。雌性出现时，会像雄性一样受到其他黑猩猩的问候。这是一个很重要的文化差异。"

凯特解释说，黑猩猩群之间的文化差异是一个相对较新的研究方向。"过去有很多人笼统地看待黑猩猩的行为，觉得它们都是一样的。现在我们知道，以往大家对'黑猩猩行为'的理解其实很片面，因为很长时间以来，我们掌握的大部分资料都来自贡贝。"——珍·古道尔在这里完成了她的开创性研究。"但后来大家发现，一些由贡贝黑猩猩的行为总结出的规律，并不适用于所有黑猩猩。甚至就在贡贝这块地方，今天的黑猩猩群和几代以前的黑猩猩群都很不一样，由此我们可以看到个体、个体性格以及生活史对整个群体文化的影响。"

很多区域性差异的形成与工具的使用有关。最近有人观察到塞内加尔的一群黑猩猩住在山洞里，用牙齿把树枝啃成长矛的样子，用来猎捕躲在树洞里的婴猴。在几内亚，黑猩猩把树叶当海绵用，汲取发酵后酒精含量很高的棕榈汁液。乌干达的观察记录显示，未成年的雌性黑猩猩似乎把树棍当成了玩具娃娃——把它抱在怀里，还为它搭了晚上睡觉的窝。这些黑猩猩群各自制作出了独特的工具——本质上与人类非常相像。

但要说最古怪的工具使用案例，大概没有哪个比得过西非的黑猩猩。研究人员最近观察发现，它们把石块整整齐齐地码放成堆——有点儿像考古学家在人类圣地发掘的那种——然后兴奋地将石块用力扔向大树，场面颇有仪式感。关于这种奇特行为的科学报告发表后，没过几天，世界各地的小报就开始大肆报道黑猩猩在一棵"神树"前"建起了神坛"，其中一个大标题直接抛出问题：这会是"黑猩猩信奉上帝的证据"吗？[35]

劳拉·基欧博士是被这场媒体风暴"搞糊涂的科学家"之一。

"当时感觉挺荒唐。"我问起那些报刊的反应时，她叹道："我认为那是一个很好的例子，刚好是一个传说从诞生、发展，到几天之后彻底失控的全过程，甚至有虔诚的教徒写信来感谢我们所做的工作，"她说，"我收到一封信——真的很不可思议——一位爱尔兰的女士说，得知黑猩猩有了信仰，她高兴极了，她会为我祈祷。"

最初的那份报告其实只是与人类的堆石遗迹做了一个对比，随后指出，考古学家在推断这些人类遗迹为神圣场所时，或许应该更加谨慎，因为它们与黑猩猩的作品存在相似之处。报告作者认为，黑猩猩的石堆可能与雄性炫耀行为或传递信息有关。这群黑猩猩会拿树木的板根当鼓敲，往远处传消息，它们扔石块可能也是为了同样的目的。或者，石堆也有可能是一种标志性的东西，比如用来标明它们的领地。作者特别提到在西非的这一地区，原住民在"神树"前搭建的石头神坛与黑猩猩石堆有一些非常相像的地方，深入研究二者的共同点会是一个很有意思的课题。

基欧是这篇报告的作者之一，有几家网络新闻媒体联系到她，请她撰文谈谈这项发现，特别是围绕黑猩猩石堆是否有精神含义的问题做一些推测。她写了一篇文章，然后——"编辑把原来的标题《研究发现人类近亲的有趣行为》改成了《黑猩猩的神秘举动或许是敬拜仪式的证据》，"她告诉我，"有人点进这个标题，显然就是希望看到这样的内容，他们的想法已经限定在这个方向。事情发展到这一步，我们也无能为力了。"

她收到了无数邮件——有些是恶意辱骂，"写信的人很少有头脑清醒的"。这件事对科研人员也是一个警示，现在的大环境鼓励他们给研究成果加上通俗的包装，吸引更多的人来关注自己的工作，关注数量日渐减少、急需得到保护的研究对象。互联网诞生后，我们进入一个新的神话制造时代，博眼球的标题和假新闻与事实混杂在一起，大众很难辨别真假。

基欧并不认同媒体说她的黑猩猩找到了上帝，但是她认为，黑猩猩的确有可能对某种事物产生敬畏之情。其他灵长类动物学家也提出过这种可能性。珍·古道尔曾说，她观察到黑猩猩在瀑布前举止怪异，仿佛在举行仪式——它们先是亢奋地扔石块，接着坐下来，呆呆凝望着奔腾的水流。黑猩猩不会游泳，所以水是危险的。但这肯定不是恐惧的表现，而是一种很特别的行为——古道尔在一个节目中通过视频讲解这种古怪表现时说，这有可能是"由敬畏和惊奇引发的行为"[36]。"黑猩猩的大脑与我们的相像。它们的一些情绪明显近似于我们日常所说的快乐、悲伤、恐惧、绝望等等，"古道尔说，"既然这样，它们为什么不能有某种灵性的感受呢？这不过是对自身以外的事物感到惊奇而已。"

凯特在布东戈目睹过类似的现象：黑猩猩在雨里跳起了舞。"那一幕美极了，只有暴风雨格外猛的时候才会出现——那种雷雨淹没了所有的声音，这时黑猩猩们会跳起古怪的芭蕾舞——像一种水下的、慢动作的表演，完全静默无声。这跟它们平时的任何行为都不一样，只有在这种气势非凡的、宏大的自然现象面前，它们才会做出这样的回应。就好像你在听到某段音乐的时候，身体会不由自主地动起来。它们的表现似乎与信仰无关，感觉更像是出于对自然奇观的敬畏。我不知道，但它们或许有这样的情感能力。"

我也不知道。这有可能是灵性的萌芽，也有可能是我们又一次以人类的生存经验去评判动物世界。也许和此前许许多多的动物谜团一样，我们永远无法得知真相。但我知道看着布东戈的黑猩猩，我由衷地感到神奇，真心希望它们同样拥有这种美妙的情感体验。我还想到因为人类的关系，黑猩猩数量正以危险的速度减少，在这种状况下，共通的情感可以帮助我们与这些最亲的近亲更好地相处，而划清界限证明人类的优越只会把事情变得越来越糟。

千百年来，我们一点点划定边界，捍卫人类的独一无二，而现在每一项新的发现都让界限又模糊了一点儿。17世纪的动物寓言作者爱德华·托普赛尔在定义猿类时写道："它们不是人类，因为它们不会正确运用理性思考，不懂谦逊，不懂诚信，也没有公正的管理体系。它们虽能说话，但它们的语言并不完善。最关键的一点，它们不可能成为人类，因为它们没有信仰，而每一个人（柏拉图曾说）都应有信仰。"[37]

如今对黑猩猩、对人而言，他列出的这些还有哪一条依然成立？

结束语

千百年来对动物的种种误解给人类留下了许多教训。科学史研究者喜欢颂扬我们的成功，但我想，认真审视我们的失败具有同等重要的意义——有一个问题尤其值得深思：为什么真相揭晓时，我们会觉得那么意外？

失败的根本原因在于我们有种难以抗拒的欲望，总想赋予动物人性，这一点害得我们屡屡犯错，无法看清事实。人类是一个信心不足的物种，我们从醉酒的驼鹿、忙碌的河狸身上寻找佐证，肯定自己的行为。见到不符合人类道德规范的动物，比如懒散的树懒、残忍的鬣狗和脏兮兮的兀鹫，我们会毫不迟疑地大加批评。我们不愿面对有关这些动物的真相，这份抗拒很好地反映了我们的愿望以及内心的恐惧。

追溯这些偏见的源头是一件趣味无穷的工作，很多线索最终都归结到 4 世纪的一本书：《自然哲学》。今天的大众媒体和自然历史类节目，包括我自己制作的部分节目，延续了古代哲学家及中世纪动物寓言作家严格遵循的道德规范，依然在赞颂可贵的传统规范：异性恋，一夫一妻，核心家庭。这些在自然界其实极为罕见。

这并不是说有些动物不具备最基本的道德准则。目前这是一个热议的话题，备受敬重的灵长类动物学家弗兰斯·德瓦尔博士等研究者指出，同理心和公平感共同构成了道德的基础，在猴子、老鼠等等各种动物身上都有体现。这表明道德启蒙有可能是构建生命体的一个基本要素。但是，如果给动物王国硬生生染上人类伦理的色彩，我们将错过自然界原有的缤纷，无缘领略包括吸血、吞噬手足、奸尸在内的生命自身无与伦比的精彩多样。我们没必要惧怕这些行为——它们的存在并不是为了教坏人类。一只企鹅不管是同性恋、异性恋，还是喜欢跟一个冰冻的脑袋交欢，都跟人类的性取向没有任何关系。无论我们自己怎么想，生物世界并不是以人类为中心。

这就要说到写这本书给我带来的第二个感悟。对动物研究而言，如果说人格化是第一大敌，那么紧随其后的就是人类的傲慢。为了传说中的"神药蛋蛋"把河狸赶尽杀绝，用蛙类做妊娠检测……在我们眼里，世间其他动物一直是为服务人类而存在的。站在这种自私的立场上，我们做过很多后果严重的错事，而当今这个物种加速灭绝的时代已承受不起那样的伤害。

探寻真相的道路漫长而曲折，满是陷阱。我们向前迈进两步，就要被迫退后一步。相比过去的惊悚手段，如今的研究方式已没有那么残忍，但我们依然磕磕绊绊地走在黑暗中，依然有做错的时候。现在右翼极端主义势力兴起，总在想方设法诋毁科学，我们比以往任何时候都更需要真相。但另一方面，科学的进步从来不是一帆风顺的，开拓新的知识领域离不开大胆的设想，而犯错是必经的过程，只要不是因为自大或固执己见，我们继续犯些奇妙的错误也无妨，就像查尔斯·莫顿和他那些迁徙去了月亮的鸟儿。

注 释

My reading list for this book was too long to reproduce in full. So apologies if you are hunting for the source of a specific fact, there were too many to cite every one. Instead I have given references for all direct quotations and a bibliography of key books and academic papers that informed the book. Interviews with experts were conducted in the field or while I was writing the book.

序言

1 Gonzalo Fernández de Oviedo y Valdés, *The Natural History of the West Indies*, ed. by Sterling A. Stoudemire (Chapel Hill: University of North Carolina Press, 1959), p. 54.

2 Simon Wilkin (ed.), *The Works of Sir Thomas Browne, Including His Unpublished Correspondence and a Memoir*, vol. 1 (London: Henry G. Bohn, 1846), p. 326.

3 Sebastien Muenster, *Curious Creatures in Zoology* (London: J. C. Nimmo, 1890), p. 197.

4 Anne Clark, *Beasts and Bawdy* (London: Dent, 1975), p. 92.

5 Edward Topsell, *The History of Four-Footed Beasts and Serpents and Insects* (London: DaCapo, 1967; f.p. 1658).

6 ibid., p. 90.

7 ibid.

8 Stephen Jay Gould, *Leonardo's Mountain of Clams and the Diet of Worms:*

Essays on Natural History (Cambridge, MA: Harvard University Press, 2011), p. 380.

第一章　鳗鱼

1 Leopold Jacoby quoted in G. Brown Goode, "The Eel Question", *Transactions of the American Fisheries Society*, vol. 10 (New York: Johnson Reprint Corp., 1881), p. 88.

2 D'Arcy Wentworth Thomp-son (trans.), "Historia Animalium", *The Works of Aristotle* (Oxford: Clarendon, 1910), p. 288.

3 Tom Fort, *The Book of Eels* (London: HarperCollins, 2002), p. 161.

4 Albert Magnus, *De Animalibus*, quoted in M. C. Marsh, "Eels and the Eel Questions", *Popular Science Monthly* 61.25 (September 1902), p. 432.

5 Bengt Fredrik Fries, Carl Ulrik Ekström, and Carl Jacob Sundevall, *A History of Scandinavian Fishes*, vol. 2 (London: Samp-son Low, Marston, 1892), p. 1029.

6 Tom Fort, *Book of Eels*, p. 164.

7 Izaak Walton and Charles Cotton, *The Compleat Angler: Or the Contemplative Man's Recreation*, ed. by John Major, (London: D. Bogue, 1844), p. 179.

8 ibid., p. 194.

9 更多测量数据的来源是尼尔森博士。Fort, *Book of Eels*, pp. 166–167.

10 Walton and Cotton, *Compleat Angler*, p. 189.

11 Pliny the Elder, *Naturalis Historia*, book 3, trans. by H. Rackham (London: Heinemann, 1940), p. 273.

12 Marsh, "Eels and the Eel Questions", p. 427.

13 ibid.

14 Thomas Fuller, *The History of the Worthies of England* (London: Rivington, 1811), p. 152.

15 David Cairncross, *The Origin of the Silver Eel: With Remarks on Bait and Fly Fishing* (London: G. Shield, 1862), p. 2.

16 ibid., p. 6.

17 ibid.

18 ibid., pp. 14–15.

19 ibid., p. 14.

20 ibid., p. 15.

21 ibid., p. 17.

22 ibid., p. 32.

23 ibid., p. 5.

24 ibid.

25 ibid., p. 27.

26 Richard Schweid, *Eel* (London: Reaktion, 2009) p. 77.

27 ibid., p. 77.

28 Goode, "Eel Question", p. 91.

29 Marsh, "Eels and the Eel Questions", p. 430.

30 Sigmund Freud to Eduard Silberstein, 5 April 1876, *The Letters of Sigmund Freud to Eduard Silberstein, 1871–1881*, ed. by Walter Boehlich, trans. by Arnold J. Pomerans (Cambridge, MA: Harvard University Press, 1990), p. 149.

31 ibid.

32 Fort, *Book of Eels*, p. 85.

33 ibid., p. 129.

34 Bo Poulsen, *Global Marine Science and Carlsberg: The Golden Connections of Johannes Schmidt (1877–1933)* (Leiden: Brill, 2016), p. 58.

35 Johannes Schmidt, "The Breeding Places of the Eel", *Philosophical Transactions of the Royal Society of London, Series B* 211.385 (1922), p. 181.

36 ibid.

37 Fort, *Book of Eels*, p. 95.

38 Schmidt, "Breeding Places of the Eel", p. 199.

39 Johannes Schmidt, "Breeding Places and Migrations of the Eel", *Nature* 111.2776 (13 January 1923), p. 54.

40 Jacoby, "Eel Question", quoted in Schweid, *Eel*, p. 15.

第二章　河狸

1 W. B. Clark, *A Medieval Book of Beasts: The Second-Family Bestiary: Commentary, Art, Text and Translation.* (Suffolk: Boydell and Brewer, 2006), p. 130.

2 Gerald of Wales, *The Itinerary of Archbishop Baldwin through Wales*, vol. 2, ed. by Sir Richard Colt Hoare (London: William Miller, 1806), p. 51.

3 Gregory McNamee, *Aelian's on the Nature of Animals* (Dublin: Trinity University Press, 2011), p. 65.

4   Jean Paul Richter (ed.), *The Notebooks of Leonardo da Vinci: Compiled and Edited from the Original Manuscripts*, vol. 2 (Mineola, NY: Dover Publications, 1967), p. 1222.

5   John Ogilby, *America: Being an Accurate Description of the New World* (London: Printed by the Author, 1671), p. 173.

6   Thomas Browne, *Pseudodoxia Epidemica* (London: Edward Dodd, 1646), p. iv.

7   ibid., p. 147.

8   Reid Barbour and Claire Preston (eds), *Sir Thomas Browne: The World Proposed* (Oxford: Oxford University Press, 2008), p. 23.

9   Browne, quoted in *The Adventures of Thomas Browne in the Twenty-First Century*, Hugh Aldersey-Williams (London: Granta, 2015), p. 102.

10   *Pseudodoxia Epidemica*, p. 162.

11   ibid., p. 144.

12   ibid., p. 145.

13   Browne, ibid., p. 145.

14   Hugh Aldersey-Williams, *The Adventures of Sir Thomas Browne in the Twenty-First Century*, pp. 10–12.

15   Stephen A. Barney, W. J. Lewis, J. A. Beach and Oliver Berghof (eds), *The Etymologies of Isidore of Seville* (Cambridge: Cambridge University Press, 2006), p. 21.

16   Rachel Poliquin, *Beaver* (London: Reaktion, 2015), p. 58.

17   ibid., p. 57.

18   Browne, *Pseudodoxia Epidemica*, p. 146.

19   ibid.

20   John Redman Coxe, *The American Dispensatory* (Philadelphia: Carey & Lea, 1830), p. 172.

21   Edward Topsell, *The History of Four-Footed Beasts and Serpents and Insects* (London: DaCapo, 1967; f.p. 1658), p. 38.

22   Poliquin, *Beaver*, p. 70.

23   Topsell, *History of Four-Footed Beasts*, p. 39.

24   Poliquin, *Beaver*, p. 71.

25   Robert Gordon Latham (ed.), *The Works of Thomas Sydenham, MD*, vol. 2, trans. by Dr Greenhill (London: Sydenham Society, 1848), p. 85.

26   John Eberle, *A Treatise of the Materia Medica and Therapeutics*, quoted in Poliquin, *Beaver*, p. 53.

27 G. A. Burdock, "Safety Assessment of Castoreum Extract as a Food Ingredient", *International Journal of Toxicology*, 26.1 (January-February 2007), https://www.ncbi.nlm.nih.gov/pubmed/17365147, pp. 51–55.

28 Topsell, *History of Four-Footed Beasts*, p. 38.

29 Poliquin, *Beaver*, p. 67.

30 ibid., p. 67.

31 William Alexander, *Experimental Essays on the Following Subjects: I. On the External Application of Antiseptics in Putrid Diseases. II. On the Doses and Effects of Medicines. III. On Diuretics and Sudorifics*, 2nd ed (London: Edward and Charles Dilly, 1770), p. 84.

32 ibid., p. 86.

33 Frances Thurtle Jamieson, *Popular Voyages and Travels Throughout the Continents and Islands of Asia, Africa and America* (London: Whittaker, 1820), p. 419.

34 Nicolas Denys, *The Description and Natural History of the Coasts of North America (Acadia)*, vol. 2 (London: Champlain Society, 1908), p. 363.

35 ibid., pp. 363–365.

36 Poliquin, *Beaver*, p. 126.

37 Oliver Goldsmith, *History of the Earth, and Animated Nature*, vol. 2 (1774), in *The Works of Oliver Goldsmith*, vol. 6 (London: J. Johnson, 1806), pp. 160–161.

38 Pierre François Xavier de Charlevoix, *Journal of a Voyage to North America*, quoted in Horace Tassie Martin, *Castorologia: Or, the History and Traditions of the Canadian Beaver* (London: E. Stanford, 1892), p. 167.

39 Poliquin, *Beaver*, p. 137.

40 Gordon Sayre, "The Beaver as Native and a Colonist", *Canadian Review of Comparative Literature/Revue canadienne de littérature comparée* 22.3–4 (September and December 1995), pp. 670–671.

41 vicomte de Chateaubriand: Poliquin, *Beaver*, p. 137.

42 Georges-Louis Leclerc, Comte de Buffon, *Histoire Naturelle*, vol. 6, trans. by William Smellie (London: T. Cadell, 1812), p. 128.

43 ibid., p. 144.

44 ibid., p. 130.

45 ibid., p. 134.

46 ibid., p. 141.

47 ibid., p. 142.

48 ibid., p. 135.

49 ibid., p. 140.

50 Poliquin, *Beaver*, p. 148.

51 Donald R. Griffin, *Animal Minds: Beyond Cognition to Consciousness* (Chicago: University of Chicago Press, 2001), p. 112.

52 Frank Rosell, and Lixing Sun, "Use of Anal Gland Secretion to Distinguish the Two Beaver Species *Castor canadensis* and *C. fiber*", *Wildlife Biology* 5.2 (June 1999), http://digitalcommons.cwu.edu/biology/4/, p. 119.

第三章　树懒

1 Georges-Louis Leclerc, Comte de Buffon, *Natural History, General and Particular*, vol. 9, ed. by William Wood (London: T. Cadell, 1749), p. 9.

2 Gonzalo Fernández de Oviedo y Valdés, *The Natural History of the West Indies*, pp. 54–55.

3 ibid.

4 ibid.

5 William Dampier, *Two Voyages to Campeachy*, in *A Collection of Voyages*, vol. 2 (London: James and John K. Apton, 1729), p. 61.

6 Oviedo, *Natural History*, pp. 54–55.

7 Michael Goffart, *Function and Form in the Sloth* (Oxford: Pergamon Press), p. 75.

8 Oviedo, *Natural History*, pp. 54–55.

9 Edward Topsell, *The History of Four-Footed Beasts and Serpents and Insects* (London: DaCapo, 1967; f.p. 1658), p. 15.

10 Buffon, *Natural History*, vol. 9, p. 289.

11 ibid., p. 290.

12 Richard Coniff, *Every Creeping Thing* (New York: Henry Holt, 1999), p. 47.

13 John F. Eisenberg and Richard W. Thorington Jr, "A Preliminary Analysis of a Neotropical Mammal Fauna", *Biotropica* 5.3 (1973), pp. 150–161.

14 Oviedo, *Natural History*, pp. 54–55.

15 Jonathan N. Pauli et al., "Arboreal Folivores Limit their Energetic Output, All the Way to Slothfulness", *American Naturalist* 188:2 (2016), pp. 196–204.

16 Charles Waterton, *Wanderings in South America: The North-West of the United States, and the Antilles, in the Years 1812, 1816, 1820, and 1824* (London: B. Fellowes, 1828), p. 69.

17　Niels C. Rattenborg, Bryson Voirin, Alexei L. Vyssotski, Roland W. Kays, Kamiel Spoelstra, Franz Kuemmeth, Wolfgang Heidrich and Martin Wikelski, "Sleeping Outside the Box: Electroencephalographic Measures of Sleep in Sloths Inhabiting a Rainforest", *Biology Letters* 4.4 (23 August 2008), pp. 402–405, http://rsbl.royalsocietypublishing.org/content/4/4/402.

18　Buffon, *Natural History*, vol. 9, p. 290.

19　William Beebe, "Three-Toed Sloth", *Zoologica*, 7.1 (25 March 1926), p. 13.

20　ibid., p. 7.

21　ibid., p. 22.

22　ibid., p. 36.

23　Jonathan N. Pauli, Jorge E. Mendoza, Shawn A. Steffan, Cayelan C. Carey, Paul J. Weimar and M. Zachariah Peery, "A Syndrome of Mutualism Reinforces the Lifestyle of a Sloth", *Proceedings of the Royal Society B* 281.1778 (7 March 2014), http://dx.doi.org/10.1098/ rspb.2013.3006.

24　Veronique Greenwood, "The Mystery of Sloth Poop: One More Reason to Love Science", *Time*, 22 January 2014, http://science.time.com/2014/01/22/ the-mystery-of-sloth-poop-one-more-reason-to-love-science [accessed 9 July 2017].

25　Pauli, Mendoza, Steffan, Carey, Weimar and Peery, "A Syndrome of Mutualism".

26　Henry Nicholls, *The Truth About Sloths*, BBC Earth website, www.bbc.co.uk/ earth/story/20140916-the-truth-about-sloths.

第四章　鬣狗

1　Ernest Hemingway, *Green Hills of Africa* (New York: Scribner, 2015; f.p. 1935), p. 28.

2　Sir Walter Raleigh, *The Historie of the World* (London: Thomas Basset, 1687), p. 63.

3　John Bostock and H. T. Riley (eds), *The Natural History of Pliny*, vol. 2 (London: George Bell, 1900), p. 296.

4　Paul A. Racey and Jennifer D. Skinner, "Endocrine Aspects of Sexual Mimicry in Spotted Hyaenas *Crocuta crocuta*", *Journal of Zoology* 187.3 (March 1979), http://onlinelibrary. wiley.com/doi/10.1111/j.1469-7998.1979.tb03372. x/full, p. 317.

5　Christine M. Drea et al., "Androgens and Masculinization of Genitalia in the Spotted Hyaena (*Crocuta crocuta*) 2: Effects of Prenatal Anti-Androgens", *Journal of Reproduction and Fertility* 113.1 (May 1998), p. 121.

6　T. H. White (ed.), *The Book of Beasts: Being a Translation from a Latin Bestiary of the Twelfth Century* (Madison, WI: Parallel Press, 2002; f.p. 1954), p. 31.

7　ibid.

8　Mikita Brottman, *Hyena*, (London: Reaktion, 2013) p. 40.

9　Philip Henry Gosse, *The Romance of Natural History*, ed. by Loren Coleman (New York: Cosimo Classics, 2008; f.p. 1861), p. 42.

10　Brottman, *Hyena*, p. 54.

11　John Fortuné Nott, *Wild Animals Photographed and Described* (London: Sampson Low, Marston, Searle, & Rivington, 1886), p. 106.

12　Aristotle, *On the Parts of Animals*, trans. by W. Ogle (London: Kegan Paul, Trench, 1882), p. 70.

13　ibid., p. 71.

14　ibid.

15　E. P. Walker, *Mammals of the World*, quoted in Brottman, *Hyena*, p. 57.

16　Georges-Louis Leclerc, Comte de Buffon, *Natural History* (abridged), (London: printed for C. and G. Kearsley, 1791), p. 182.

第五章　兀鹫

1　Georges-Louis Leclerc, Comte de Buffon, quoted in Stephen Jay Gould, *Leonardo's Mountain of Clams and the Diet of Worms: Essays on Natural History* (Cambridge, MA: Harvard University Press, 2011), p. 382.

2　Buffon quoted in ibid., p. 382.

3　Bible, Leviticus 11:13.

4　T. H. White (ed.), *The Book of Beasts: Being a Translation from a Latin Bestiary of the Twelfth Century* (Madison, WI: Parallel Press, 2002; f.p. 1954), pp. 109–110.

5　Robert Steele (ed.), *Mediaeval Lore from Bartholomew Anglicus* (London: Chatto and Windus, 1907), p. 132.

6　Oliver Goldsmith, *A History of the Earth, and Animated Nature*, vol. 4 (London: Wingrave and Collingwood, 1816), p. 83.

7　John James Audubon, "An Account of the Habits of the Turkey Buzzard (*Vultur aura*) Particularly with the View of Exploding the Opinion Generally

Entertained of Its Extraordinary Power of Smelling", *Edinburgh New Philosophical Journal* 2 (1826), p. 173.

8 John James Audubon to John J. Jameson, ibid., p. 174.

9 Charles Waterton, "Why the Sloth is Slothful", quoted in *The World of Animals: A Treasury of Lore, Legend and Literature by Great Writers and Naturalists from the Fifth Century bc to the Present*, (New York: Simon & Schuster, 1961), p. 221.

10 Charles Waterton, *Essays on Natural History* (London: Frederick Warne, 1871), p. 244.

11 Charles Waterton, *Magazine of Natural History and Journal of Zoology, Botany, Mineralogy, Geology and Meteorology*, vol. 6 (London: Longman, Rees, Orme, Brown and Green, 1833), p. 215.

12 ibid., p. 68.

13 Charles Waterton, "Essays on Natural History, Chiefly Ornithology", *Quarterly Review* 62 (1838), p. 85.

14 John Bachman, "Experiments Made on the Habits of the Vultures", quoted in Gene Waddell (ed.), *John Bachman: Selected Writings on Science, Race, and Religion* (Athens: University of Geor-gia Press, 2011), p. 76.

15 John Bachman, "Retrospective Criticism: Remarks in Defence of [Mr Audubon] the Author of the [*Biography of the*] *Birds of America*", *Magazine of Natural History, and Journal of Zoology, Botany, Mineralogy, Geology and Meteorology*, vol. 7 (London: Longman, Rees, Orme, Brown, and Green, 1834), p. 168.

16 Bachman, "Retrospective Criticism", p. 169.

17 Waddell (ed.), *John Bachman*, p. 77.

18 ibid., p. 77.

19 Waterton, *Essays on Natural History*, p. 262.

20 Ruthven Deane and William Swainson, "William Swainson to John James Audubon (A Hitherto Unpublished Letter)", *The Auk* 22.3 (July 1905), p. 251.

21 Herbert H. Beck, "The Occult Senses in Birds", *The Auk* 37 (1920), p. 56.

22 David Crossland, "Police Train Vultures to Find Human Remains", *The National*, 8 January 2010, http://www.thenational.ae./news/ world/europe/ police-train-vultures-to-find-human-remains [accessed 12 June 2017].

23 Michael Fröhlings-dorf, "Vulture Detective Trail Hits Headwinds", *Der Spiegel*, 28 June 2011, http://www.spiegel.de/international/germany/bird-brained-idea-vulture-detective-training-hits-headwinds-a-770994.html

[accessed 9 July 2017].

24 Darryl Fears, "Birds of a Feather, Disgusting Together: Vultures are Wintering Locally", *Washington Post*, 16 January 2011, https://www. washingtonpost.com/local/birds-of-a-feather-disgusting-together-vultures-are-wintering-locally/2011/01/15/AB9oNfD_story.html? utm_term=.25c80af9dd9f [accessed 12 June 2017].

25 T. Edward Nickens, "Vultures Take Over Suburbia", *Audubon*, November–December 2008, http://www.audubon.org/magazine/november-december-2008/vultures-take-over-suburbia [accessed 12 June 2017].

26 Fears, "Birds of a Feather, Disgusting Together".

27 Georges-Louis Leclerc, Comte de Buffon, *The Natural History of Birds* (Cambridge: Cambridge University Press, 2010; f.p. 1793), p. 105.

28 Clifford B. Frith, *Charles Darwin's Life with Birds: His Complete Ornithology* (Oxford: Oxford University Press, 2016), p. 44.

29 Buffon, *Natural History of Birds*, p. 105.

30 M. J. Nicoll, *Handlist of the Birds of Egypt* (Cairo: Ministry of Public Works, 1919)

31 Jeff Rice, "Bird Plus Plane Equals Snarge", *Wired*, 23 September 2005, http://archive.wired.com/science/discoveries/news/2005/09/68937 [accessed 12 June 2017].

32 Matthew Kalman, "Meet Operative PP0277: A Secret Agent – or Just a Vulture Hungry for Dead Camel?", *Independent*, 8 December 2012, http://www.independent.co.uk/ news/world/middle-east/meet-operative-pp0277-a-secret-agent-or-just-a-vulture-hungry-for-dead-camel-8393578.html [accessed 12 June 2017].

第六章　蝙蝠

1 Captain James Cook, *Voyages of Discovery, 1768–1771* (Chicago: Chicago Review Press 2001), p. 83.

2 Charlotte-Anne Chivers, "Why Isn't Everyone Batty About Bats?" *Bat News*, winter edition (10) 2015.

3 Louis C. K., "So I Called the Batman . . .", *Live at the Comedy Store*, 17 August 2015, https://www.youtube.com/watch?v=O4Eyvd TTnWY [accessed 12 June 2017].

4   Divus Basilius, quoted in Glover M. Allen, *Bats: Biology, Behavior, and Folklore* (Mineola, NY: Dover Publi-cations, 2004)

5   Georges-Louis Leclerc, Comte de Buffon, *Barr's Buffon: Buffon's Natural History*, vol. 6 (London: Printed for the Proprietor, 1797; f. p. 1749–1778), p. 239.

6   Georges-Louis Leclerc, Comte de Buffon, *A Natural History of Quadrupeds*, 3 vols, vol. 1 (Edinburgh: Thomas Nelson, 1830), p. 368.

7   Libiao Zhang quoted in Charles Q. Choi, *Surprising Sex Behavior Found in Bats* (Live Science, 2009), http://www.livescience.com/9754-surprising-sex-behavior-bats.html [accessed May 8, 2017].

8   Jayabalan Maruthupandian and Ganapathy Marimuthu, "Cunnilingus Apparently Increases Duration of Copulation in the Indian Flying Fox (*Pteropus giganteus*)", *PLoS One* 8.3 (27 March 2013), p. e59743, https://doi.org/10.1371/journal.pone.0059743.

9   Allen, *Bats*, p. 8.

10 Gonzalo Fernández de Oviedo y Valdés, *General and Natural History of the Indies*, quoted in Michael P. Branch (ed.), *Reading the Roots: American Nature Writing Before Walden* (Athens: University of Georgia Press, 2004; f.p. 1535), pp. 23–24.

11 Juan Francisco Molina Solis, *Historia del Descubrimiento y Conquista del Yucatán*, vol. 3 (Merida de Yucatan: 1943), p. 38.

12 Gary F. McCracken, "Bats and Vampires", *Bat Conservation International* 11.3 (Fall 1993), http:// www.batcon.org /resources/media-education/bats-magazine/bat_ article/603 [accessed: 12.6.2017].

13 ibid.

14 Carl Linnaeus, *Systema Naturae*, tenth edition (Stockholm: Salvius, 1758), p. 31.

15 Johann Baptist von Spix, *Simiarum et Vespertilionum Brasiliensium Species Novae [New Species of Brazilian Monkeys and Bats]* (Munich: F. S. Hübschmann, 1823). BL General Reference Collection: 1899, p. 22.

16 *Blood Suckers Most Cruel*, Kevin Dodd.

17 Johann Baptist von Spix, *Travels in Brazil in the Years 1817–1820*, vol. 1 (London: Longman, Hurst, Rees, Orme, Brown and Green, 1827), p. 249.

18 Félix de Azara, *The Natural History of the Quadrupeds of Paraguay and the River la Plata* (Edinburgh: A. & C. Black, 1838), p. xxv.

19 J. Timbs (ed.), *The Literary World: A Journal of Popular Information and*

Entertainment 18 (27 July 1839), p. 274.

20   ibid.

21   Mary Trimmer, *Natural History of the Most Remarkable Quadrupeds, Birds, Fishes, Serpents, Reptiles and Insects*, vol. 1 (Chiswick: Whittingham, 1825), p. 120.

22   Gary McCracken, "Bats in Magic, Potions, and Medicinal Preparation", *Bat Conservation International* 10.3 (Fall 1992), http://www. batcon.org/resources/media-education/bats-magazine/bat_article/546 [accessed 8 May 2017].

23   William Shakespeare, *Macbeth*, act 6, sc 1, l. 1560.

24   Clive Harper, "The Witches' Flying-Ointment", *Folklore* 88.1 (1977), p. 105.

25   Robert Galambos, "The Avoidance of Obstacles by Flying Bats: Spallanzani's Ideas (1794) and Later Theories", *Isis* 34.2 (1942), p. 138.

26   Donald R. Griffin, *Listening in the Dark: The Acoustic Orientation of Bats and Men* (New Haven, CT: Yale University Press, 1958), p. 59.

27   Sven Dijkgraaf, "Spallanzani's Unpublished Experiments on the Sensory Basis of Object Perception in Bats", *Isis* 51.1 (1960), p. 13.

28   Galambos, "The Avoidance of Obstacles", p. 133.

29   ibid., p. 134.

30   Carter Beard, "Some South American Animals", *Frank Leslie's Popular Monthly* (1892), pp. 378–379.

31   Lazzaro Spallanzani, "Observations on the Organs of Vision in Bats", *Tillich's Philosophical Magazine* 1 (1798), p. 135.

32   Griffin, *Listening in the Dark*, p. 61.

33   Dijkgraaf, "Spallanzani's Unpublished Experiments", pp. 9–20.

34   Griffin, *Listening in the Dark*, p. 63.

35   Galambos, "Avoidance of Obstacles", p. 137.

36   "A Sixth Sense for Vessels", http://chroniclingamerica.loc.gov/lccn/sn88064176/1912-09-28/ed-1/seq-10.pdf [accessed 12 June 2017].

37   Jack Couffer, *Bat Bomb: World War II's Secret Weapon* (Austin: University of Texas Press, 1992), p. 5.

38   ibid.

39   ibid., p. 6.

40   Jared Eglan, *Beasts of War: The Militarization of Animals* (n.p.: Lulu. com, 2015), p. 14.

第七章 蛙

1　John Bostock and H. T. Riley (eds), *The Natural History of Pliny*, vol. 2 (London: Henry G. Bohn, 1855), pp. 462–463.

2　Pete Oxford and Renée Bish, "In the Land of Giant Frogs: Scientists Strive to Keep the World's Largest Aquatic Frog Off a Growing Global List of Fleeting Amphibians", 1 October 2003, https://www.nwf.org/News-and-Magazines/National-Wildlife/ Animals/Archives/2003/In-the-Land-of-Giant-Frogs.aspx [accessed 20 May 2017].

3　Aristotle, *Historia Animalium*, quoted in Jan Bondeson, *The Feejee Mermaid: And Other Essays in Natural and Unnatural History* (Ithaca, NY: Cornell University Press, 1999), p. 194.

4　Eugene S. McCartney, "Spontaneous Generation and Kindred Notions in Antiquity", *Transactions and Proceedings of the American Philological Association*, 51 (1920), p. 105.

5　*Les Oeuvres de Jean-Baptiste Van Helmont*, vol. 66, trans. by Jean Le Conte (Lyon: Chez Jean Antoine Huguetan, 1670), pp. 103–109.

6　Bondeson, *Feejee Mermaid*, p. 199.

7　quoted ibid., p. 200.

8　Francesco Redi, *Experiments on the Generation of Insects* (Chicago: Open Court Publishing Company, 1909), p. 64.

9　ibid., p. 32.

10　ibid., p. 33.

11　ibid.

12　John Waller, *Leaps in the Dark: The Making of Scientific Reputations* (Oxford: Oxford University Press, 2004), p. 42.

13　ibid., p. 42.

14　Mary Terrall, "Frogs on the Mantelpiece: The Practice of Observation in Daily Life", in Lorraine Daston and Elizabeth Lunbeck (eds), *Histories of Scientific Observation* (Chicago: University of Chicago Press, 2011), p. 189.

15　ibid.

16　ibid., p. 189.

17　ibid.

18　Waller, *Leaps in the Dark*, p. 43.

19　Lancelot Thomas Hogben, *Lancelot Hogben, Scientific Humanist: An*

Unauthorised Autobiography (London: Merlin Press, 1998), p. 101.

20 Claude Gascon, James P. Collins, Robin D. Moore, Don R. Church, Jeanne E. McKay and Joseph R. Mendelson Ⅲ (eds), *Amphibian Conservation Action Plan* (Cambridge: IUCN/SSC Amphibian Specialist Group, 2007), http:// www.amphibianark.org/pdf/ACAP.pdf [accessed 12 June 2017].

21 Bible, Exodus 8:1–4.

第八章　鹳

1   Charles Morton, "An Essay into the Probable Solution of this Question: Whence Comes the Stork", quoted in Thomas Park (ed.), *The Harleian Miscellany: A Collection of Scarce, Curious, and Entertaining Pamphlets and Tracts*, vol. 5 (London: John White and John Murray, 1810), p. 506.

2   Ragnar K. Kinzelbach, *Das Buch Vom Pfeilstorch* (Berlin: Basilisken-Presse, 2005), p. 12.

3   Gregory McNamee, *Aelian's on the Nature of Animals* (Dublin: Trinity University Press, 2011), p. 40.

4   ibid., p. 44.

5   Gerald of Wales, *Topographia Hibernica*, quoted in Patrick Armstrong, *The English Parson-Naturalist: A Companionship Between Science and Religion* (Leominster: Gracewing Publishing, 2000), p. 31.

6   John Gerard, *Lancashire Folk-Lore: Illustrative of the Superstitious Beliefs and Practices, Local Customs and Usages of the People of the County Palatine* (London: Frederick Warne, 1867), p. 118.

7   Gerald of Wales, *The Historical Works of Giraldus Cambrensis* (London: Bohn, 1863), p. 36.

8   Aristotle, *History of Animals in Ten Books*, vol. 8, trans. by Richard Cresswell (London: George Bell, 1878), p. 213.

9   "Guide to North American Birds: Common Poorwill (*Phalaenoptilus nuttallii*)", National Audubon Society, http://www.audubon.org/field-guide/ bird/common-poorwill [accessed 23 May 2017].

10 Aristotle, *History of Animals*, vol. 8, p. 213.

11 Georges Cuvier, *The Animal Kingdom*, ed. by H. M'Murtrie (New York: Carvill, 1831), p. 396.

12 Charles Caldwell, *Medical & Physical Memoirs: Containing, Among Other*

Subjects, *a Particular Enquiry Into the Origin and Nature of the Late Pestilential Epidemics of the United States* (Philadelphia: Thomas and William Bradford, 1801), p. 262–263.

13 Olaus Magnus, *The History of Northern Peoples*, quoted in *Historia de Gentibus Septentrionalibus*, trans. P. Fisher and H. Higgins (London, 1998), p. 980.

14 ibid., p. 980.

15 J. Hevelius, "Promiscuous Inquiries, Chiefly about Cold", *Philosophical Transactions* 1 (1665), p. 345.

16 ibid., p. 350.

17 佚名, ["A Person of Learning and piety"], *An Essay Towards the Probable Solution to this Question: Whence Come the Stork, and the Turtle, and the Crane, and the Swallow When They Know and Observe the Appointed Time of Their Coming* (London: E. Symon, 1739), p. 20.

18 Charles Morton, "An Enquiry into the Physical and Literal Sense of That Scripture", in Thomas Park (ed.), *The Harleian Miscellany*, p. 506.

19 ibid., p. 506.

20 Cotton Mather, *The Philosophical Transactions and Collections: Abridged and Disposed Under General Heads*, vol. 5 (London: Thomas Bennet, 1721), p. 161.

21 Morton, "An Enquiry", p. 510.

22 Nicholaas Witsen, Emily O'Gorman and Edward Mellilo (eds), *Beattie's Eco-Cultural Networks and the British Empire: New Views on Environmental History* (London: Bloomsbury, 2016), p. 95.

23 Daines Barrington, *Miscellanies* (London: Nichols, 1781), p. 199.

24 ibid., p. 219.

25 ibid., p. 176.

26 Richard Vaughan, *Wings and Rings: A History of Bird Migration Studies in Europe* (Penryn: Isabelline Books, 2009), p. 108.

27 Raf de Bont, *Stations in the Field: A History of Place-Based Animal Research, 1870– 1930* (Chicago: University of Chicago Press, 2015), p. 159.

28 Witsen et al. (eds), *Beattie's Eco-Cultural Networks and the British Empire*, p. 103.

29 Vaughan, *Wings and Rings*, p. 109.

30 Charles MacFarlane, *Constantinople in 1828: A Residence of Sixteen Months in the Turkish Capital*, vol. 1 (London: Saunders and Otley, 1829) p. 284.

31 Thomas Browne, quoted in Aldersey-Williams, *The Adventures of Sir Thomas Browne in the Twenty-First Century*, p. 104.

第九章 河马

1 Edward Topsell, *The History of Four-Footed Beasts and Serpents and Insects* (London: DaCapo, 1967; f.p. 1658), p. 61.

2 ibid., p. 61.

3 ibid., p. 61.

4 David J. A. Clines, *Job 38–42: World Bible Commentary*, vol. 18B (Thomas Nelson, 2011), p. 1196.

5 Bible, Job 40:21.

6 John Bostock and Henry T. Riley (eds), *The Natural History of Pliny*, vol. 2 (London: Henry G. Bohn, 1855), p. 291.

7 ibid.

8 Richard Dawkins, *The Ancestor's Tale: A Pilgrimage to the Dawn of Life* (London: Weidenfeld & Nicolson, 2010), p. 203.

9 Georges-Louis Leclerc, Comte de Buffon, *Barr's Buffon: Buffon's Natural History*, vol. 6 (London: Printed for the Proprietor, 1797; f.p. 1749–1788), p. 60.

10 ibid., p. 62.

11 ibid., p. 61.

12 ibid., p. 62.

13 ibid., p. 63.

14 William Kremer, "Pablo Escobar's Hippo's: A Growing Problem", BBC News, 26 June 2014, http://www.bbc.co.uk/news/ magazine-27905743 [accessed 28 May 2017].

15 Chris Walzer quoted in "Moving testicles frustrate effort to calm hippos by castration", Michael Parker, *The Conversation*, 2 January 2014, https://theconversation.com/moving-testicles-frustrate-effort-to-calm-hippos-by-castration-21710.

第十章 驼鹿

1 Edward Topsell, *The History of Four-Footed Beasts and Serpents and Insects* (London: DaCapo, 1967; f.p. 1658), p. 167.

2 ibid., p. 113.

3 ibid., p. 167.

4 ibid., p. 167.

5   Hans-Friedrich Mueller (ed.), *Caesar: Selections from His Commentarii de Bello Gallico – Texts, Notes, Vocabulary* (Mundelein, IL: Bolchazy-Carducci, 2012), p. 242.

6   "Caution Warned After Alaska Moose Attacks", Associated Press, 7 May 2011, http://www.cbsnews.com/news/ caution-warned-after-alaska-moose-attacks/ [accessed 24 June 2017].

7   Andrew Haynes, "The Animal World Has Its Junkies Too", *Pharmaceutical Journal*, 17 December 2010, http://www. pharmaceutical-journal.com/opinion/comment/the-animal-world-has-its-junkies-too/11052360.article [accessed 24 June 2017].

8   David Landes, "Swede Shocked by Backyard Elk 'Threesome'", *The Local*, 27 October 2011, https://www.thelocal. se/20111027/36994 [accessed 24 June 2017].

9   ibid.

10   T. H. White (ed.), *The Book of Beasts: Being a Translation from a Latin Bestiary of the Twelfth Century* (Madison, WI: Parallel Press, 2002; f.p. 1954), p. 18.

11   ibid., p. 19.

12   William Drummond, *The Large Game and Natural History of South and South-East Africa* (Edinburgh: Edmonston and Doug-las, 1875), p. 214.

13   Ronald K. Siegel in *Intoxication: the Universal Drive for Mind-Altering Substances* (Park Street Press, 1989), p. 13.

14   Ronald K. Siegel and Mark Brodie, "Alcohol Self-Administration by Elephants", *Bulletin of the Psychonomic Society* 22.1 (July 1984), https://link. springer.com/ article/10.3758/BF03333758, p. 50.

15   Siegel, *Intoxication*, p. 120.

16   ibid., p. 122.

17   Siegel and Brodie, "Alcohol Self-Administration by Elephants", p. 52.

18   Steve Morris, David Humphreys and Dan Reynolds, "Myth, Marula, and Elephant: An Assessment of Voluntary Ethanol Intoxication of the African Elephant (*Loxodonta africana*) Following Feeding on the Fruit of the Marula Tree (*Sclerocarya birrea*)", *Physiological and Biochemical Zoology* 79.2 (March/April 2006), https://www.ncbi.nlm. nih.gov/pubmed/16555195.

19   quoted in Nicholas Bakalar, "Elephants Drunk in the Wild? Scientists Put the Myth to the Test", *National Geographic News*, 19 December 2005, http://news.national-geographic.com/news/2005/12/1219_051219_drunk_elephant.html [accessed 25 June 2017].

20 Deer Industry Association of Australia, "Fact Sheet", https://www. deerfarming.com.au/diaa-fact-sheets [accessed 24 June 2017].

21 quoted in Adam Mosley, *Bearing the Heavens: Tycho Brahe and the Astronomical Community of the Late Sixteenth Century* (Cambridge: Cambridge University Press, 2007), p. 109.

22 Georges-Louis Leclerc, Comte de Buffon, *The Natural History of Quadrupeds*, 3 vols, vol. 2 (Edinburgh: Thomas Nelson and Peter Brown, 1830), p. 31.

23 ibid., p. 51.

24 ibid., p. 31.

25 Lee Alan Dugatkin, *Mr Jefferson and the Giant Moose: Natural History in Early America* (Chicago: University of Chicago Press, 2009), p. 35.

26 Buffon, *Natural History of Quadrupeds*, p. 43.

27 Dugatkin, *Mr Jefferson and the Giant Moose*, p. 23.

28 Buffon, *Natural History of Quadrupeds*, p. 39.

29 ibid.

30 James Madison to Thomas Jefferson, 19 June 1786, in *The Writings of James Madison*, ed. by Gaillard Hunt (New York: Putnam, 1900–1910), https://cdn. loc.gov/service/mss/mjm/02/02_0677_0679.pdf [accessed 24 June 2017].

31 ibid.

32 quoted in Paul Ford (ed.), *The Works of Thomas Jefferson; Correspondence and Papers, 1816–1826*, vol. 7, (New York: Cosimo Books, 2009), p. 393.

33 ibid., p. 393.

34 ibid., p. 393.

35 Dugatkin, *Mr Jefferson and the Giant Moose*, p. 107.

36 ibid., p. 91.

37 Thomas Jefferson to John Sullivan, 7 January 1786, Founders Archive, https://founders.archives.gov/ documents/Jefferson/01-09-02-0145 [accessed 24 June 2017].

38 ibid.

39 John Sullivan to Jefferson, 16 April 1787, Founders Archive, https:// founders.archives.gov/documents/Jefferson/01-11-02-0285 [accessed 24 June 2017].

40 ibid.

41 Thomas Jefferson to Georges-Louis Leclerc, Comte de Buffon, 1 October 1787, American History, http://www.let.rug.nl/usa/presidents/thomas-

jefferson/ letters-of-thomas-jefferson/jefl63.php [accessed 24 June 2017].

42 Ford (ed.), *Works of Thomas Jefferson*, p. 394.

第十一章　大熊猫

1 "Pandanomics", *The Economist*, 18 January 2014, http://www.economist.com/ news/united-states/21594315-costly-bumbling-washington-has-perfect-mascot-pandanomics [accessed 11 May 2017].

2 Chris Packham, "Let Pandas Die", *Radio Times*, 22 November 2009, http:// www.radiotimes.com/news/2009-09-22/chris-packham-let-pandas-die [accessed 7 July 2017].

3 Henry Nicholls, "The Truth About Giant Pandas", BBC website, www.bbc. co.uk/earth/story/20150310-the-truth-about-giant-pandas.

4 Richard Conniff, *The Species Seekers: Heroes, Fools, and the Mad Pursuit of Life on Earth* (New York: W. W. Norton, 2010), p. 317.

5 ibid., p. 307.

6 Henry Nicholls, *Way of the Panda: The Curious History of China's Political Animal* (London: Profile Books, 2011), p. 9.

7 Conniff, *Species Seekers*, p. 315.

8 George Schaller, *The Last Panda* (Chicago: University of Chicago Press, 1994), p. 266.

9 ibid., p. 262.

10 Gregory McNamee, *Aelian's on the Nature of Animals* (Dublin: Trinity University Press, 2011), p. 26.

11 ibid., p. 59.

12 ibid., p. 60.

13 Hannah Ellis-Petersen, "Boaty McBoatface Wins Poll to Name Polar Research Vessel", *Guardian*, 17 April 2016, https://www. theguardian.com/ environment/2016/apr/17/boaty-mcboatface-wins-poll-to-name-polar-research-vessel [accessed 8 July 2017].

14 Ramona Morris and Desmond Morris, *Men and Pandas* (London: Hutchinson and Co., 1966), p. 92.

15 Oliver Graham-Jones, *Zoo Doctor* (Fontana Books, 1973), p. 140.

16 ibid., p. 141.

17 George B. Schaller, Hu Jinchu, Pan Wenshi and Zhu Jing, *The Giant Pandas*

of *Wolong* (Chicago: University of Chicago Press, 1985).

18 Susie Ellis, Anju Zhang, Hemin Zhang, Jinguo Zhang, Zhihe Zhang, Mabel Lam, Mark Edwards, JoGayle Howard, Donald Janssen, Eric Miller and David Wildt, "Biomedical Survey of Captive Giant Pandas: A Catalyst for Conservation Partnerships in China", in Donald Lindburg and Karen Baragona (eds), *Giant Pandas: Biology and Conservation* (Berkeley: University of California Press, 2004), p. 258, http://www.jstor.org/stable/10.1525/ j.ctt1ppskn.

19 Angela M. White, Ronald R. Swaisgood, Hemin Zhang, "The Highs and Lows of Chemical Communication in Giant Pandas (*Ailuropoda melanoleuca*): Effect of Scent Deposition Height on Signal Discrimination", *Behavioural Ecology Sociobiology* 51.6 (May 2002), pp. 519–529, https://link. springer.com/article/10.1007/s00265-002-0473-3 [accessed 22 June 2017].

20 Henry Nicholls, *Lonesome George: The Life and Loves of a Conservation Icon* (New York: Palgrave, 2007), p. 30.

21 Lijia Zhang, "Edinburgh Zoo's Pandas Are a Big Cuddly Waste of Money", *Guardian*, 7 December 2011, https://www.theguardian.com/ commentisfree/2011/dec/07/edinburgh-zoo-pandas-big-waste-money [accessed 11 May 2017].

22 Kathleen C. Bucking-ham, Jonathan Neil, William David and Paul R. Jepson, "Diplomats and Refugees: Panda Diplomacy, Soft "Cuddly" Power, and the New Trajectory in Panda Conservation", *Environmental Practice* 15.3 (2013), pp. 262–270, https://www.researchgate.net/publication/255981642.

23 Melissa Hogenboom, "China's New Phase of Panda Diplomacy", BBC News, 25 September 2013, http://www.bbc.co.uk/news/science-environment-24161385 [accessed 22 June 2017].

24 Brynn Holland, "Panda Diplomacy: The World's Cutest Ambassadors", History Channel, 16 March 2017. www.history.com/news/ panda-diplomacy-the-worlds-cutest-ambassadors.

25 quoted in Christopher Klein, "When 'Panda-Monium' Swept America", History Channel, 9 January 2014, http://www.history.com/news/when-panda-monium-swept-america [accessed 22 June 2017].

26 Eric Ringmar, "Audience for a Giraffe: European Exceptionalism and the Quest for the Exotic", *Journal of World History* 17.4 (December 2006), http:// www.jstor.org/stable/ 20079397, p. 385.

27 Falk Hartig, "Panda Diplomacy: The Cutest Part of China's Public Diplomacy", *Hague Journal of Diplomacy* 8.1 (2013), https://eprints. qut.edu. au/59568.

28 When Pandas Attack! (blog), https://whenpandasattack.wordpress.com [accessed 11 May 2017].

29 ibid.

第十二章　企鹅

1 Apsley Cherry-Garrard, *The Worst Journey in the World: Antarctic 1910–1913*, vol. 2 (New York: George H. Doran, 1922), p. 560.

2 *Sir Francis Drake's Famous Voyage Round the World* (1577), quoted in Tui de Roy, Mark Jones and Julie Cornthwaite, *Penguins: The Ultimate Guide* (Princeton, NJ: Princeton University Press, 2014), p. 151.

3 Errol Fuller, *The Great Auk: The Extinction of the Original Penguin* (Piermont, NH: Bunker Hill, 2003), p. 34.

4 Oliver Goldsmith, *A History of the Earth, and Animated Nature*, vol. 4 (Philadelphia: T. T. Ash, 1824), p. 83.

5 Edward A. Wilson, *Report on the Mammals and Birds, National Antarctic Expedition 1901–1904*, vol. 2 (London: Aves, 1907), p. 11.

6 ibid., p. 38.

7 Edward A. Wilson and T. G. Taylor, *With Scott: The Silver Lining* (New York: Dodd, Mead and Company, 1916), p. 244.

8 Cherry-Garrard, *Worst Journey*, p. 237.

9 ibid., p. 268.

10 ibid., p. 273.

11 ibid., p. 274.

12 ibid., p. 276.

13 ibid., p. 281.

14 ibid., p. 284.

15 ibid., p. 299.

16 ibid., p. 299.

17 Sara Wheeler, *Cherry: A Life of Apsley Cherry-Garrard* (London: Vintage, 2007), p. 186.

18 C. W. Parsons, "Penguin Embryos: British Antarctic Terra Nova Expedition 1910 – Natural History Reports", *Zoology* 4.7 (1934), p. 253.

19 Cherry-Garrard, *Worst Journey*, vol. 1, p. 269.

20 ibid., p. 50.

21 William Clayton, "An Account of Falkland Islands", *Philosophical Transactions of the Royal Society of London* 66 (1 January 1776), p. 103.

22 John Narborough, Abel Tasman, John Wood and Friderich Martens, *An Account of Several Late Voyages and Discoveries to the South and North* (Cambridge: Cambridge University Press, 2014; f.p. 1711), p. 59.

23 "The Zoological Gardens Regents Park", *The Times*, 18 April 1865, p. 10.

24 Luc Jacquet and Bonne Pioche (dirs), *March of the Penguins* (National Geographic Films, 2005).

25 Jonathan Miller, "March of the Conservatives: Penguin Film as Political Fodder", *New York Times*, 13 September 2005, http://www. nytimes. com/2005/09/13/science/march-of-the-conservatives-penguin-film-as-political-fodder.html [accessed 26 June 2017].

26 Bruce Bagemihl, *Biological Exuberance: Animal Homosexuality and Natural Diversity* (New York: St Martin's Press, 1999), p. 115.

27 Andrew Sullivan quoted in Miller, "New Love Breaks Up Six-Year Relationship at Zoo", *New York Times*, 24 September 2005.

28 Douglas G. D. Russell, William J. L. Sladen and David G. Ainley, "Dr George Murray Levick (1876–1956): Unpublished Notes on the Sexual Habits of the Adélie Penguin", *Polar Record* 48.4 (October 2012), https://doi.org/10.1017/S0032247412000216, p. 388.

29 ibid., p. 392.

30 ibid.

31 ibid.

32 ibid.

33 ibid., p. 388.

34 ibid., p. 389.

35 ibid.

36 ibid.

37 ibid., p. 390.

38 ibid.

39 ibid., p. 389.

40 username Zheljko, "Avian Necrophilia" discussion board, *Birdforum*, 6 May 2014 18:43 http://www.birdforum.net/showthread.php?t=282175 [accessed

on 23 May 2017].

41 帖主 ID 是 Farnboro John, "Avian Necrophilia" discussion board, *Birdforum*, 6 May 2014 17:20, http://www.birdforum.net/showthread.php?t=282175 [accessed on 23 May 2017].

42 username Capercaillie71, "Avian Necro-philia" discussion board, *Birdforum*, 6 May 2014 21:34, http://www. birdforum.net/showthread.php?t=282175 [accessed on 23 May 2017].

第十三章 黑猩猩

1 Georges-Louis Leclerc, Comte de Buffon, *History of Quadrupeds*, vol. 3 (Edinburgh: Thomas Nelson, 1830), p. 248.

2 Hildegard of Bingen, quoted in H. W. Janson, *Apes and Ape Lore in the Middle Ages and the Renaissance* (London: Warburg Institute, 1952), p. 77.

3 Andrew Battel, *Purchas, His Pilgrimage*, quoted in Robert Yerkes and Ada Yerkes, *The Great Apes: A Study of Authropoid Life* (New Haven, CT: Yale University Press, 1929), pp. 42–43.

4 ibid., pp. 42–43.

5 Willem Bosman, *A New and Accurate Description of the Coast of Guinea* (London: Alfred Jones, 1705), p. 254.

6 ibid., p. 254.

7 Jonathan Marks, *What It Means to Be 98% Chimpanzee: Apes, People, and Their Genes* (Berkeley: University of California Press, 2002), p. 19.

8 ibid., p. 19.

9 Marks, ibid., p. 19.

10 Edward Tyson, quoted in John M. Batcherlder, "Letters to the Editor: Dr. Edward Tyson and the Doctrine of Descent", *Science* 11.270 (1888), pp. 169–170.

11 quoted by Marks, *What It Means to Be 98% Chimpanzee*, p. 21.

12 Georges-Louis Leclerc, Comte de Buffon, *Barr's Buffon: Buffon's Natural History*, vol. 9 (London: Symonds, 1797), p. 157.

13 ibid., p.175.

14 ibid., p. 138.

15 ibid., p. 167.

16 Richard Owen, "On the Characters, Principles of Division, and Primary Groups of the Class Mammalia", *Journal of the Proceedings of the Linnean*

Society I: Zoology (London: Longman, 1857); p. 34.

17   Richard Owen, quoted in Carl Zimmer, "Searching for Your Inner Chimp",
      Natural History, Dec. 2002–Jan. 2003.

18   Charles Darwin to J. D. Hooker, 5 July 1857, Darwin Correspondence Project,
      http://www.darwinproject.ac.uk/ DCP-LETT-2117 [accessed 5 May 2017].

19   J. R. Lucas, "Wilberforce and Huxley: A Legendary Encounter", Historical
      Journal 22.2 (1979), pp. 313–330.

20   Thomas Henry Huxley, quoted in Stephen Jay Gould, Leonardo's Mountain
      of Clams and the Diet of Worms (Cambridge, MA: Harvard University Press,
      2011), p. 129.

21   Thomas Henry Huxley to Joseph Dalton Hooker, 5 September 1858, in G.
      W. Beccaloni (ed.), Wallace Letters Online, http://www.nhm.ac.uk/research-
      curation/scientific-resources/ collections/library-collections/wallace-letters-
      online/3758/3670/T/details. html [accessed 25 June 2017].

22   Kirill Rossiianov, "Beyond Species: Il'ya Ivanov and His Experiments on
      Cross-Breeding Humans with Anthropoid Apes", Science in Context 15.2
      (2002), p. 279.

23   ibid.

24   Serge Voronoff, The Conquest of Life (New York: Brentano, 1928), p. 130.

25   ibid., p. 150.

26   Rossiianov, "Beyond Species", p. 289.

27   ibid., p. 289.

28   Maurice K. Temerlin, Lucy: Growing up Human – a Chimpanzee Daughter in a
      Psychotherapist's Family (Palo Alto, CA: Science & Behavior Books, 1975), p. 1.

29   ibid., p. 8.

30   ibid., p. 130.

31   ibid., p. 49.

32   Louis Leakey, quoted in David Quammen, "Fifty Years at Gombe", National
      Geographic, October 2010, http://ngm. nationalgeographic.com/print/2010/10/
      jane-goodall/quammen-text [accessed 27 May 2017].

33   Temerlin, Lucy: Growing Up Human, p. 109.

34   ibid., p. 19.

35   Simon Barnes, "Is This Proof Chimps Believe in God?", Daily Mail, 4 March
      2006, http://www.dailymail.co.uk/ sciencetech/article-3475816/Is-proof-
      chimps-believe-God-Scientists-baffled-footage-primates-throwing-rocks-

building-shrines-sacred-tree-no-reason.html [accessed 27 May 2017].

36　Jane Goodall, "Waterfall Displays", Vimeo, 3 January 2011, https://vimeo.com/18404370 [accessed 27 June 2017].

37　Edward Topsell, *The History of Four-Footed Beasts and Serpents and Insects*, vol. 1 (London: DaCapo, 1967; f.p. 1658), p. 3.

参考书目

序言

Aldersey-Williams, Hugh, *The Adventures of Sir Thomas Browne in the Twenty-First Century* (London: Granta, 2015)

Clark, Anne, *Beasts and Bawdy* (London: Dent, 1975)

Curley, Michael J. (trans.), *Physiologus: A Medieval Book of Natural Lore* (Chicago: University of Chicago Press, 1979)

Raven, Charles E., *English Naturalists from Neckam to Ray: A Study of the Making of the Modern World* (Cambridge: Cambridge University Press, 2010)

White, T. H., *The Book of Beasts: Being a Translation from a Latin Bestiary of the Twelfth Century* (Madison, WI: Parallel Press, 2002; f.p. 1954)

第一章 鳗鱼

Amilhat, Elsa, Kim Aarestrup, Elisabeth Faliex, Gaël Simon, Håkan Westerberg and David Righton, 'First Evidence of European Eels Exiting the Mediterranean Sea During Their Spawning Migration', *Nature Scientific Reports* 6.21817 (24 February 2016), https://www.nature.com/articles/srep21817

Aristotle, 'Historia Animalium', *The Works of Aristotle*, vol. 4, trans. by D'Arcy Wentworth Thompson (Oxford: Clarendon Press, 1910)

Cairncross, David, *The Origin of the Silver Eel: With Remarks on Bait and Fly Fishing* (London: G. Shield, 1862)

Fort, Tom, *The Book of Eels* (London: HarperCollins, 2002)

Goode, G. Brown, 'The Eel Question', *Transactions of the American Fisheries Society*, vol. 10 (New York: Johnson Reprint Corp., 1881), pp. 81–124

Grassi, G. B., 'The Reproduction and Metamorphosis of the Common Eel (*Anguilla vulgaris*)', *Reproduction and Metamorphosis of Fish* (1896), p. 371

Jacoby, Leopold, 'The Eel Question', in US Commission of Fish and Fisheries, *Report of the Commissioner for 1879* (Washington: US Government Printing Office, 1882), http://penbay.org/cof/COF_1879_IV.pdf

Magnus, Albert, *On Animals: A Medieval Summa Zoologica*, vol. 2, trans. by Kenneth F. Kitchell Jr and Irven Michael Resnick (Baltimore: John Hopkins University Press, 1999)

Marsh, M. C., 'Eels and the Eel Questions', *Popular Science Monthly* 61.25 (September 1902), pp. 426–433

Poulsen, Bo, *Global Marine Science and Carlsberg: The Golden Connections of Johannes Schmidt (1877–1933)* (Leiden: Brill, 2016)

Prosek, James, *Eels: An Exploration, from New Zealand to the Sargasso, of the World's Most Amazing and Mysterious Fish* (London: HarperCollins, 2010)

Righton, David, Kim Aarestrup, Don Jellyman, Phillipe Sébert, Guido van den Thillart and Katsumi Tsukamoto, 'The *Anguilla* spp. Migration Problem: 40 Million Years of Evolution and Two Millennia of Speculation', *Journal of Fish Biology* 81.2 (July 2012), pp. 365–386, https://www.ncbi.nlm.nih.gov/pubmed/22803715

Schmidt, Johannes, 'The Breeding Places of the Eel', *Philosophical Transactions of the Royal Society of London, Series B* 211.385 (1922), pp. 179–208

Schmidt, Johannes, 'Breeding Places and Migrations of the Eel', *Nature* 111.2776 (13 January 1923), pp. 51–54

Schweid, Richard, *Consider the Eel: A Natural and Gastronomic History* (Chapel Hill: University of North Carolina Press, 2002)

Schweid, Richard, *Eel* (London: Reaktion, 2009)

Schweid, Richard, 'Slippery Business: Scientists Race to Understand the Reproductive Biology of Freshwater Eels', *Natural History* 118.9 (November 2009), pp. 28–33, http://www.naturalhistorymag.com/features/291856/slippery-business

Walton, Izaak, and Charles Cotton, *The Complete Angler: Or the Contemplative Man's Recreation*, ed. by John Major (London: D. Bogue, 1844)

Browne, Thomas, *Pseudodoxia Epidemica* (London: Edward Dodd, 1646)

Buffon, Georges-Louis Leclerc, Comte de, *History of Quadrupeds*, vol. 6, trans. by William Smellie (London: T. Cadell, 1812)

Campbell-Palmer, Róisín, Derek Gow and Robert Needham, *The Eurasian Beaver* (Exeter: Pelagic Publishing, 2015)

Clark, W. B., *A Medieval Book of Beasts: The Second-Family Bestiary: Commentary, Art, Text and Translation* (Suffolk: Boydell and Brewer, 2006)

Dolin, Eric Jay, *Fur, Fortune, and Empire: The Epic History of the Fur Trade in America* (New York: W. W. Norton, 2011)

Gerald of Wales, *The Itinerary of Archbishop Baldwin Through Wales*, vol. 2, ed. by Sir Richard Colt Hoare (London: William Miller, 1806)

Gould, James L., and Carol Grant Gould, *Animal Architects: Building and the Evolution of Intelligence* (New York: Basic Books, 2012)

Gould, Stephen Jay, *The Mismeasure of Man* (New York: W. W. Norton, 1996)

Griffin, Donald R., *Animal Minds: Beyond Cognition to Consciousness* (Chicago: University of Chicago Press, 2001)

McNamee, Gregory, *Aelian's on the Nature of Animals* (Dublin: Trinity University Press, 2011)

Martin, Horace Tassie, *Castorologia: Or, the History and Traditions of the Canadian Beaver* (London: E. Stanford, 1892)

Mortimer, C., 'The Anatomy of a Female Beaver, and an Account of Castor Found in Her', *Philosophical Transactions* 38 (1733), pp. 172–183, http://rstl.royalsocietypublishing.org/content/38/427-435/172

Müller-Schwarze, Dietland, *The Beaver: Its Life and Impact*, 2nd ed. (Ithaca, NY: Cornell University Press, 2011)

Müller-Schwarze, Dietland and Lixing Sun, *The Beaver: History of a Wetlands Engineer* (Ithaca, NY: Cornell University Press, 2003)

Nolet, Bart A., and Frank Rosell, 'Comeback of the Beaver *Castor fiber*: An Overview of Old and New Conservation Problems', *Biological Conservation* 83.2 (1998), pp. 165–173, http://hdl.handle.net/20.500.11755/6cc63738-2516-44f4-b31a-f4d686b4e249

Platt, Carolyn V., *Creatures of Change: An Album of Ohio Animals* (Kent, OH: Kent State University Press, 1998)

Poliquin, Rachel, *Beaver* (London: Reaktion, 2015)

Sax, Boria, *The Mythical Zoo: An Encyclopedia of Animals in World Myth, Legend, and Literature* (Santa Barbara, CA: ABC-Clio, 2001)

Sayre, Gordon, 'The Beaver as Native and a Colonist', *Canadian Review of Comparative Literature/Revue canadienne de littérature comparée* 22.3–4

(September and December 1995), pp. 659–82

Simon, Matt, 'Fantastically Wrong: Why People Used to Think Beavers Bit Off Their Own Testicles', wired.com, 2014.

Tasca, Cecilia, Mariangela Rapetti, Mauro Giovanni Carta and Bianca Fadda, 'Women and Hysteria in the History of Mental Health', *Clinical Practice and Epidemiology in Mental Health* 8 (October 2012), pp. 110–119, https://www.ncbi.nlm.nih.gov/pmc/articles/PMC3480686

Wilsson, Lars, *Observations and Experiments on the Ethology of the European Beaver (*Castor Fiber L.*): A Study in the Development of Phylogenetically Adapted Behaviour in a Highly Specialized Mammal* (Uppsala: Almqvist & Wiksell, 1971)

第三章 树懒

Beebe, William, 'Three-Toed Sloth', *Zoologica*, 7.1 (25 March 1926)

Buffon, Georges-Louis Leclerc, Comte de, *Natural History, General and Particular*, vol. 9, ed. by William Wood, (London: T. Cadell, 1749)

Choi, Charles Q., 'Freak of Nature: Sloth Has Rib-Cage Bones in Its Neck', *Live Science*, 21 October 2010, https://www.livescience.com/10178-freak-nature-sloth-rib-cage-bones-neck.html

Cliffe, Rebecca N., Judy A. Avey-Arroyo, Francisco J. Arroyo, Mark D. Holton and Rory P. Wilson, 'Mitigating the Squash Effect: Sloths Breathe Easily Upside Down', *Biology Letters* 10.4 (April 2014), http://rsbl.royalsocietypublishing.org/content/10/4/20140172

Cliffe, Rebecca N., Ryan J. Haupt, Judy A. Avey-Arroyo and Rory P. Wilson, 'Sloths Like It Hot: Ambient Temperature Modulates Food Intake in Brown-Throated Sloth (*Bradypus variegatus*)', *PeerJ* 3 (2 April 2015), p. e875, https://www.ncbi.nlm.nih.gov/pubmed/25861559

Conniff, Richard, *Every Creeping Thing: True Tales of Faintly Repulsive Wildlife* (New York: Henry Holt, 1999)

Eisenberg, John F., and Richard W. Thorington Jr, 'A Preliminary Analysis of a Neotropical Mammal Fauna', *Biotropica* 5.3 (1973), pp. 150–161

Goffart, Michael, *Function and Form in the Sloth* (Oxford: Pergamon Press, 1971)

Gould, Carol Grant, *The Remarkable Life of William Beebe: Naturalist and Explorer* (Washington, DC: Island Press: 2004)

Gould, Stephen Jay, *Leonardo's Mountain of Clams and the Diet of Worms* (Belknap Press, 2011)

Horne, Genevieve, 'Sloth Fur Has a Symbiotic Relationship with Green Algae', *Biomed Central* blog, 14 April 2010, https://blogs.biomedcentral.

com/on-biology/2010/04/14/sloth-fur-has-symbiotic-relationship-with-green-algae [accessed 28 May 2017]

Montgomery, G. Gene, and M. E. Sunquist, 'Habitat Selection and Use by Two-Toed and Three-Toed Sloths', in *The Ecology of Arboreal Folivores* (Washington, DC: Smithsonian Institute, 1978), pp. 329–359

Oviedo y Valdés, Gonzalo Fernández de, *The Natural History of the West Indies* ed. by Sterling A. Stoudemire (Chapel Hill: University of North Carolina Press, 1959), pp. 54–55

Pauli, Jonathan N., Jorge E. Mendoza, Shawn A. Steffan, Cayelan C. Carey, Paul J. Weimar and M. Zachariah Peery, 'A Syndrome of Mutualism Reinforces the Lifestyle of a Sloth', *Proceedings of the Royal Society B* 281.1778 (7 March 2014), http://dx.doi.org/10.1098/rspb.2013.3006

Rattenborg, Niels C., Bryson Voirin, Alexei L. Vyssotski, Roland W. Kays, Kamiel Spoelstra, Franz Kuemmeth, Wolfgang Heidrich and Martin Wikelski, 'Sleeping Outside the Box: Electroencephalographic Measures of Sleep in Sloths Inhabiting a Rainforest', *Biology Letters* 4.4 (23 August 2008), pp. 402–5, http://rsbl.royalsocietypublishing.org/content/4/4/402

Voirin, Bryson, Roland Kays, Martin Wikelski and Margaret Lowman, 'Why Do Sloths Poop on the Ground?', in Margaret Lowman, T. Levy and Soubadra Ganesh (eds), *Treetops at Risk* (New York: Springer, 2013), pp. 195–9

第四章　鬣狗

Aristotle, *On the Parts of Animals*, trans. by W. Ogle (London: Kegan Paul, Trench, 1882)

Baynes-Rock, Markus, *Among the Bone Eaters: Encounters with Hyenas in Harar* (State College: Pennsylvania State University Press, 2015)

Benson-Amram, Sarah, and Kay E. Holekamp, 'Innovative Problem Solving by Wild Spotted Hyenas', *Proceedings of the Royal Society B* 279.1744 (October 2012), pp. 4087–4095, https://www.ncbi.nlm.nih.gov/pmc/articles/PMC3427591

Benson-Amram, Sarah, Virginia K. Heinen, Sean L. Dryer and Kay E. Holekamp, 'Numerical Assessment and Individual Call Discrimination by Wild Spotted Hyaenas, *Crocuta crocuta*', *Animal Behaviour* 82.4 (October 2011), pp. 743–752, https://doi.org/10.1016/j.anbehav.2011.07.004

Brottman, Mikita, *Hyena* (London: Reaktion, 2013)

Cunha, Gerald R., Yuzhuo Wang, Ned J. Place, Wenhui Liu, Larry Baskin and Stephen E. Glickman, 'Urogenital System of the Spotted Hyena (*Crocuta crocuta Erxleben*): A Functional Histological Study',

Journal of Morphology 256.2 (May 2003), pp. 205–218, http://onlineli-brary.wiley.com/doi/10.1002/jmor.10085/full

Drea, Christine M., Mary L. Weldele, Nancy G. Forger, Elizabeth M. Coscia, Laurence G. Frank, Paul Licht and Stephen E. Glickman, 'Androgens and Masculinization of Genitalia in the Spotted Hyaena (*Crocuta crocuta*) 2: Effects of Prenatal Anti-Androgens', *Journal of Reproduction and Fertility* 113.1 (May 1998), pp. 117–127, https://www.ncbi.nlm.nih.gov/pubmed/9713384

Drea, Christine M., and Allisa N. Carter, 'Cooperative Problem Solving in a Social Carnivore', *Animal Behaviour* 78.4 (October 2009), pp. 967–977, http://dx.doi.org/10.1016/j.anbehav.2009.06.030

Frank, Laurence G., Stephen E. Glickman and Irene Powch, 'Sexual Dimorphism in the Spotted Hyaena (*Crocuta crocuta*)', *Journal of Zoology* 221.2 (1990), pp. 308–313, http://onlinelibrary.wiley.com/doi/10.1111/j.1469-7998.1990.tb04001.x/full

Frank, Laurence G., 'Evolution of Genital Masculinization: Why do Female Hyaenas have such a Large "Penis"?', *Trends in Ecology & Evolution* 12.2 (February 1997), pp. 58–62, https://www.ncbi.nlm.nih.gov/pubmed/21237973

Glickman, Stephen E., 'The Spotted Hyena from Aristotle to *The Lion King*: Reputation Is Everything', *Social Research* 62.3 (Fall 1995), pp. 501–537

Glickman, Stephen E., Gerald R. Cunha, Christine M. Drea, Al J. Conley and Ned J. Place, 'Mammalian Sexual Differentiation: Lessons from the Spotted Hyena', *Trends in Endocrinology & Metabolism* 17.9 (November 2006), pp. 349–356, https://www.ncbi.nlm.nih.gov/pubmed/17010637

Gould, Stephen Jay, *Hen's Teeth and Horse's Toes: Further Reflections in Natural History* (New York: W. W. Norton, 1984)

Holekamp, Kay E., Sharleem Sakai and Barbara Lundrigan, 'Social Intelligence in the Spotted Hyena (*Crocuta crocuta*)', *Philosophical Transactions of the Royal Society of London B* 362.1480 (29 April 2007), pp. 523–538, https://www.ncbi.nlm.nih.gov/pmc/articles/PMC2346515

Hyena Specialist Group, www.hyaenas.org

Kemper, Steve, 'Who's Laughing Now?', *Smithsonian Magazine*, May 2008.

Kruuk, Hans, *The Spotted Hyena: A Study of Predation and Social Behaviour* (Chicago: University of Chicago Press, 1972)

Nicholls, Henry, 'The Truth About Spotted Hyenas', BBC Earth, 28 October 2014, http://www.bbc.co.uk/earth/story/20141028-the-truth-about-spotted-hyenas

Racey, Paul A., and Jennifer D. Skinner, 'Endocrine Aspects of Sexual Mimicry in Spotted Hyaenas *Crocuta crocuta*', *Journal of Zoology* 187.3 (March 1979), pp. 315–326, http://onlinelibrary.wiley.com/doi/10.1111/j.1469-7998.1979.tb03372.x/full

Sakai, Sharon, Bradley M. Arsznov, Barbara Lundrigan and Kay E. Holekamp, 'Brain Size and Social Complexity: A Computed Tomography Study in Hyaenidae', *Brain, Behavior and Evolution* 77.2 (2011), pp. 91–104, https://www.ncbi.nlm.nih.gov/pubmed/21335942

Sax, Boria, *The Mythical Zoo: Animals in Life, Legend and Literature* (The Overlook Press, 2013)

Smith, Jennifer E., Joseph M. Kolowski, Katharine E. Graham, Stephanie E. Dawes and Kay E. Holekamp, 'Social and Ecological Determinants of Fission–Fusion Dynamics in the Spotted Hyaena', *Animal Behaviour* 76.3 (September 2008), pp. 619–636, https://doi.org/10.1016/j.anbehav.2008.05.001

Szykman, Micaela, Russell C. Van Horn, Anne L. Engh, Erin E. Boydston and Kay E. Holekamp, 'Courtship and Mating in Free-Living Spotted Hyenas', *Behaviour* 144.7 (July 2007), pp. 815–846, http://www.jstor.org/stable/4536481

Watson, Morrison, 'On the Female Generative Organs of Hyaena *Crocuta*', *Proceedings of the Zoological Society of London* 24 (1877), pp. 369–379

Zimmer, Carl, 'Sociable and Smart', *New York Times*, 4 March 2008

第五章　兀鹫

Audubon, John James, 'An Account of the Habits of the Turkey Buzzard (*Vultur aura*) Particularly with the View of Exploding the Opinion Generally Entertained of Its Extraordinary Power of Smelling', *Edinburgh New Philosophical Journal* 2 (Edinburgh: Adam Black, 1826)

Beck, Herbert H., 'The Occult Senses in Birds', *The Auk* 37 (1920), pp. 55–59

Birkhead, Tim, *Bird Sense: What It's Like to Be a Bird* (London: Bloomsbury, 2012)

Blackburn, Julia, *Charles Waterton, 1782–1865: Traveller and Conservationist* (London: Vintage, 1989)

Buffon, Georges-Louis Leclerc, Comte de, *The Natural History of Quadrupeds by the Count of Buffon; Translated from the French. With an Account of the Life of the Author* (Edinburgh: Thomas Nelson and Peter Brown, 1830).

Darlington, P. J., 'Notes on the Senses of Vultures', *The Auk* 47.2 (1930), pp. 251–252

Dooren, Thom van, *Vulture* (London: Reaktion, 2011)

Dooren, Thom van, 'Vultures and Their People in India: Equity and Entanglement in a Time of Extinctions', *Australian Humanities Review* 50 (May 2011), pp. 130–146, http://www.australianhumanitiesreview. org/archive/Issue-May-2011/vandooren.html

Gurney, J. H., 'On the Sense of Smell Possessed by Birds', *Ibis* 4.2 (April 1922)

Henderson, Carrol L., *Birds in Flight: The Art and Science of How Birds Fly* (Minneapolis: Voyageur Press, 2008)

Houston, David C., 'Scavenging Efficiency of Turkey Vultures in Tropical Forest', *Condor* 88.3 (1986), pp. 318–323, https://sora.unm.edu/sites/ default/files/journals/condor/v088n03/p0318-p0323.pdf

Jackson, Andrew L., Graeme D. Ruxton and David C. Houston, 'The Effect of Social Facilitation on Foraging Success in Vultures: A Modelling', *Biology Letters* 4.3 (23 June 2008), p. 311, http://rsbl.royalsocietypublishing.org/content/4/3/311

Kendall, Corinne J., Munir Z. Virani, J. Grant C. Hopcraft, Keith L. Bildstein and Daniel I. Rubenstein, 'African Vultures Don't Follow Migratory Herds: Scavenger Habitat Use Is Not Mediated by Prey Abundance', *PLoS One* 9.1 (8 January 2014), https://doi.org/10.1371/ journal.pone.0083470

Markandya, Anil, Tim Taylor, Alberto Longo, M. N. Murty, Sucheta Murty and Kishore Kumar Dhavala, 'Counting the Cost of Vulture Decline: An Appraisal of the Human Health and Other Benefits of Vultures in India', *Ecological Economics* 67.2 (September 2008), pp. 194–204, http://dx.doi.org/10.1016/j.ecolecon.2008.04.020

Martin, Graham R., Steven J. Portugal and Campbell P. Murn, 'Visual Fields, Foraging and Collision Vulnerability in *Gyps* Vultures', *Ibis* 154.3 (July 2012), pp. 626–631, http://onlinelibrary.wiley.com/doi/10.1111/j.1474-919X.2012.01227.x/abstract

Rabenold, Patricia Parker, 'Recruitment to Food in Black Vultures: Evidence for Following from Communal Roosts', *Animal Behaviour* 35.6 (December 1987), pp. 1775–1785, http://www.sciencedirect.com/science/ article/pii/S0003347287800702

Smith, Steven A., and Richard A. Paselk, 'Olfactory Sensitivity of the Turkey Vulture (*Cathartes aura*) to Three Carrion-Associated Odorants', *The Auk* 103.3 (July 1986), pp. 586–592, http://mambobob-raptorsnest. blogspot.co.uk/2008/02/olfactory-capabilities-in-t-rex-and.html

Stager, Kenneth E., "The Role of Olfaction in Food Location by the Turkey Vulture (*Cathartes aura*)', PhD thesis, University of Southern California (2014), https://nhm.org/site/sites/default/files/pdf/contrib_science/CS81.pdf

'Vultures', Vulture Conservation Foundation website, http://www.4vultures.org/vultures

Waddell, Gene (ed.), *John Bachman: Selected Writings on Science, Race, and Religion* (Athens: University of Georgia Press, 2011)

Ward, Jennifer, Dominic J. McCafferty, David C. Houston and Graeme D. Ruxton, 'Why Do Vultures have Bald Heads? The Role of Postural Adjustment and Bare Skin Areas in Thermoregulation', *Journal of Thermal Biology* 33.3 (April 2008), pp. 168–173, https://www.researchgate.net/publication/223457788

Waterton, Charles, *Essays on Natural History* (London: Frederick Warne, 1871)

Wilkinson, Benjamin Joel (dir.), *Carrion Dreams 2.0: A Chronicle of the Human–Vulture Relationship* (Abominationalist Productions, 2012)

第六章　蝙蝠

Allen, Glover M., *Bats: Biology, Behavior, and Folklore* (Mineola, NY: Dover Publications, 2004)

Boyles, Justin G., Paul M. Cryan, Gary F. McCracken and Thomas H. Kunz, 'Economic Importance of Bats in Agriculture', *Science* 332.6025 (1 April 2011), pp. 41–42, http://science.sciencemag.org/content/332/6025/41

Carter, Gerald G., and Gerald S. Wilkinson, 'Food Sharing in Vampire Bats: Reciprocal Help Predicts Donations More than Relatedness or Harassment', *Proceedings of the Royal Society B* 280.1753 (22 February 2013), pp. 1–6, https://www.ncbi.nlm.nih.gov/pmc/articles/PMC3574350

Chivers, Charlotte, 'Why Isn't Everyone "Batty" About Bats?', One Poll, 19 May 2015, http://www.onepoll.com/why-isnt-everyone-batty-about-bats

Dijkgraaf, Sven, 'Spallanzani's Unpublished Experiments on the Sensory Basis of Object Perception in Bats', *Isis* 51.1 (1960), pp. 9–20

Ditmars, Raymond, 'The Vampire Bat: A Presentation of Undescribed Habits and Review of its History', *Zoologica*, vol. XIX, no.2, 1935

Dodd, Kevin, *Blood Suckers Most Cruel: The Vampire and the Bat in and before Dracula* (Kevin Dodd, Visiting Scholar, Vanderbilt University)

Galambos, Robert, 'The Avoidance of Obstacles by Flying Bats: Spallanzani's Ideas (1794) and Later Theories', *Isis* 34.2 (1942), pp. 132–140

Greenhall, Arthur, *Natural History of Vampire Bats* (CRC Press, 1988)

Griffin, Donald R., *Listening in the Dark: The Acoustic Orientation of Bats and Men* (New Haven, CT: Yale University Press, 1958)

Gröger, Udo, and Lutz Wiegrebe, 'Classification of Human Breathing Sounds by the Common Vampire Bat, *Desmodus rotundus*', *BMC Biology* 4.1 (16 June 2006), https://bmcbiol.biomedcentral.com/articles/10.1186/1741-7007-4-18

McCracken, Gary F., 'Bats and Vampires', *Bat Conservation International* 11.3 (Fall 1993), http://www.batcon.org/resources/media-education/bats-magazine/bat_article/603

McCracken, Gary F., 'Bats in Belfries and Other Places', *Bat Conservation International* 10.4 (Winter 1992), http://www.batcon.org/resources/media-education/bats-magazine

McCracken, Gary F. 'Bats in Magic, Potions, and Medicinal Preparation', *Bat Conservation International* 10.3 (Fall 1992), http://www.batcon.org/resources/media-education/bats-magazine/bat_article/546

Müller, Briggite, Martin Glösmann, Leo Peichl, Gabriel C. Knop, Cornelia Hagemann and Josef Ammermüller, 'Bat Eyes Have Ultraviolet-Sensitive Cone Photoreceptors', *PLoS One* 4.7 (28 July 2009), p. e6390, https://doi.org/10.1371/journal.pone.0006390

Pitnick, Scott, Kate E. Jones and Gerald S. Wilkinson, 'Mating System and Brain Size in Bats', *Proceedings of the Royal Society of London B* 273.1587 (22 March 2006), pp. 719–724

Riskin, Daniel K., and John W. Hermanson, 'Biomechanics: Independent Evolution of Running in Vampire Bats', *Nature* 434 (17 March 2005), p. 292, https://www.nature.com/nature/journal/v434/n7031/full/434292a.html

Schutt, Bill, *Dark Banquet: Blood and the Curious Lives of Blood-Feeding Creatures* (Broadway Books, 2009)

Schutt, William A., J. Scott Altenbach, Young Hui Chang, Dennis M. Cullinane, John W. Hermanson, Farouk Muradali and John E. A. Bertram, 'The Dynamics of Flight-Initiating Jumps in the Common Vampire Bat *Desmodus rotundus*', *Journal of Experimental Biology* 200.23 (1997), pp. 3003–3012, http://jeb.biologists.org/content/200/23/3003

Surlykke, Annemarie, and Elisabeth K. V. Kalko, 'Echolocating Bats Cry Out Loud to Detect Their Prey', *PLoS One* 3.4 (30 April 2008), https://doi.org/10.1371/journal.pone.0002036

Tan, Min, Gareth Jones, Guangjian Zhu, Jianping Ye, Tiyu Hong, Shanyi Zhou, Shuyi Zhang and Libiao Zhang, 'Fellatio by Fruit Bats Prolongs

Copulation Time', *PLoS One*, 4.10 (28 October 2009), https://doi.org/
10.1371/journal.pone.0007595

Wilkinson, Gerald S., 'Social Grooming in the Common Vampire Bat,
Desmodus rotundus', *Animal Behaviour* 34.6 (1986), pp. 1880–1889

Wilson, E. O., and Stephen R. Kellert (eds), *The Biophilia Hypothesis*
(Washington, DC: Island Press, 1993)

第七章　蛙

Berger, Lee, Richard Speare, Peter Daszak, D. Earl Green, Andrew A.
Cunningham, C. Louise Goggin, Ron Slocombe, Mark A. Ragan,
Alex D. Hyatt, Keith R. McDonald, Harry B. Hines, Karen R. Lips,
Gerry Marantelli and Helen Parkes, 'Chytridiomycosis Causes Am-
phibian Mortality Associated with Population Declines in the Rain
Forests of Australia and Central America', *Proceedings of the National
Academy of Sciences USA* 95.15 (21 July 1998), pp. 9031–9036, http://www.
pnas.org/content/95/15/9031.full

Bondeson, Jan, *The Feejee Mermaid: And Other Essays in Natural and Un-
natural History* (Ithaca, NY: Cornell University Press, 1999)

Cobb, Matthew, *The Egg and Sperm Race: the Seventeenth-Century Scien-
tists Who Unravelled the Secrets of Sex, Life, and Growth* (London: Simon
& Schuster, 2007)

Collins, James P., Martha L. Crump and Thomas E. Lovejoy III, *Extinc-
tion in Our Times: Global Amphibian Decline* (Oxford: Oxford University
Press, 2009)

Cousteau, Jacques (dir.), 'Legend of Lake Titicaca', *The Undersea World
of Jacques Cousteau* (Metromedia Productions, 1969)

Daston, Lorraine, and Elizabeth Lunbeck, *Histories of Scientific Observa-
tion* (Chicago: University of Chicago Press, 2011)

Gurdon, John B., and Nick Hopwood, 'The Introduction of *Xenopus Lae-
vis* into Developmental Biology: of Empire, Pregnancy Testing and
Ribosomal Genes', *International Journal of Developmental Biology* 44.1
(2003), pp. 43–50, http://www.ijdb.ehu.es/web/paper.php?doi=10761846

Hogben, Lancelot Thomas, *Lancelot Hogben, Scientific Humanist: An Un-
authorised Autobiography* (London: Merlin Press, 1998)

Lips, Karen R., Forrest Brem, Roberto Brenes, John D. Reeve, Ross A.
Alford, Jamie Voyles, Cynthia Carey, Lauren Livo, Allan P. Pessier
and James P. Collins, 'Emerging Infectious Disease and the Loss of
Biodiversity in a Neotropical Amphibian Community', *Proceedings of*

the National Academy of Sciences USA 103.9 (28 February 2006), pp. 3165–3170, http://www.pnas.org/content/103/9/3165

McCartney, Eugene S., 'Spontaneous Generation and Kindred Notions in Antiquity', *Transactions and Proceedings of the American Philological Association* 51 (1920), pp. 101–115, http://www.jstor.org/stable/282874

Olszynko-Gryn, Jesse, 'Pregnancy Testing in Britain, c. 1900–67: Laboratories, Animals and Demand from Doctors, Patients and Consumers', PhD thesis, University of Cambridge (2015)

Oxford, Pete, and Renée Bish, 'In the Land of Giant Frogs: Scientists Strive to Keep the World's Largest Aquatic Frog Off a Growing Global List of Fleeting Amphibians', 1 October 2003, https://www.nwf.org/News-and-Magazines/National-Wildlife/Animals/Archives/2003/In-the-Land-of-Giant-Frogs.aspx

Piper, Ross and Mike Shanahan, *Extraordinary Animals: An Encyclopedia of Curious and Unusual Animals* (Westport, CT: Greenwood, 2007)

Redi, Francesco, *Experiments on the Generation of Insects* (Chicago: Open Court Publishing Company, 1909)

Skerratt, Lee Francis, Lee Berger, Richard Speare, Scott Cashins, Keith R. McDonald, Andrea D. Phillott, Harry B. Hines and Nicole Kenyon, 'Spread of Chytridiomycosis Has Caused the Rapid Global Decline and Extinction of Frogs', *EcoHealth* 4 (2007), pp. 125–134, https://link.springer.com/article/10.1007%2Fs10393-007-0093-5

Sleigh, Charlotte, *Frog* (London: Reaktion, 2012)

Soto-Azat, Claudio, Barry T. Clarke, John C. Poynton, Matthew Charles Fisher, S. F. Walker and Andrew A. Cunningham, 'Non-Invasive Sampling Methods for the Detection of *Batrachochytrium dendrobatidis* in Archived Amphibians', *Diseases of Aquatic Organisms* 84.2 (6 April 2009), pp. 163–166, https://www.ncbi.nlm.nih.gov/pubmed/19476287

Soto-Azat, Claudio, Andés Valenzuela Sánchez, Ben Collen, J. Marcus Rowcliffe, Alberto Veloso and Andrew A. Cunningham, 'The Population Decline and Extinction of Darwin's Frogs', *PLoS One* 8.6 (12 June 2013), p. e66957, https://www.ncbi.nlm.nih.gov/pmc/articles/PMC3680453

Soto-Azat, Claudio, Alexandra Peñafiel-Ricaurte, Stephen J. Price, Nicole Sallaberry-Pincheira, María Pía García, Mario Alvarado-Rybak and Andrew A. Cunningham, '*Xenopus laevis* and Emerging Ampibian Pathogens in Chile', *EcoHealth* 13.4 (December 2016), pp. 775–783, https://link.springer.com/article/10.1007/s10393-016-1186-9

Terrall, Mary, 'Frogs on the Mantelpiece: The Practice of Observation in Daily Life', in Lorraine Daston and Elizabeth Lunbeck (eds), *Histories of Scientific Observation* (Chicago: University of Chicago Press, 2011)

van Sittert, Lance, and G. John Measey, 'Historical Perspectives on Global Exports and Research of African Clawed Frogs (*Xenopus laevis*)', *Transactions of the Royal Society of South Africa* 71.2 (2016), pp. 157–166, http://www.tandfonline.com/doi/abs/10.1080/0035919X.2016.1158747.

Waller, John, *Leaps in the Dark: The Making of Scientific Reputations* (Oxford: Oxford University Press, 2004)

第八章 鹳

Aldersey-Williams, Hugh, *The Adventures of Sir Thomas Browne in the Twenty-First Century* (London: Granta, 2015)

Aristotle, *History of Animals in Ten Books*, vols. 8–9, trans. by Richard Cresswell (London: George Bell, 1878)

Arnott, Geoffrey, *Birds in the Ancient World from A to Z* (Routledge, 2012)

Barrington, Daines, *Miscellanies* (London: Nichols, 1781)

Beattie, James, et al., *Eco-Cultural Networks of the British Empire* (Bloomsbury, 2014)

Birkhead, Tim, *Bird Sense: What It's Like to Be a Bird* (London: Bloomsbury, 2011)

Birkhead, Tim, Jo Wimpenny and Bob Montgomerie, *Ten Thousand Birds: Ornithology Since Darwin* (Princeton, NJ: Princeton University Press, 2014)

Birkhead, Tim, *The Wisdom of Birds: An Illustrated History of Ornithology* (London: Bloomsbury, 2008)

Bont, Raf de, *Stations in the Field: A History of Place-Based Animal Research, 1870–1930* (Chicago: University of Chicago Press, 2015)

Buffon, Georges-Louis Leclerc, Comte de, *The Book of Birds: Edited and Abridged from the Text of Buffon* (London: R. Tyas, 1841)

Cocker, Mark, and David Tipling, *Birds and People* (London: Jonathan Cape, 2013)

Cuvier, Georges, *The Animal Kingdom*, ed. by H. M'Murtrie (New York: Carvill, 1831)

Gerald of Wales, *Topographia Hibernica*, quoted in Patrick Armstrong, *The English Parson-Naturalist: A Companionship Between Science and Religion* (Leominster: Gracewing Publishing, 2000)

'Guide to North American Birds: Common Poorwill (*Phalaenoptilus nuttallii*)', National Audubon Society, http://www.audubon.org/fieldguide/bird/common-poorwill

Harrison, C. J. O., 'Pleistocene and Prehistoric Birds of South-west Britain', *Proceedings of the University of Bristol Spelaeological Society* 18.1 (1987), pp. 81–104, http://www.ubss.org.uk/resources/proceedings/vol18/UBSS_Proc_18_1_81-104.pdf

Haverschmidt, F., *The Life of the White Stork* (Leiden: Brill Archive, 1949)

Kinzelbach, Ragnar K., *Das Buch Vom Pfeilstorch* (Berlin: Basilisken-Presse, 2005)

Lewis, Andrew J., *A Democracy of Facts: Natural History in the Early Republic* (Philadelphia: University of Pennsylvania Press, 2011)

McCarthy, Michael J., *Say Goodbye to the Cuckoo* (London: John Murray, 2010)

McNamee, Gregory, *Aelian's on the Nature of Animals* (Dublin: Trinity University Press, 2011)

Park, Thomas (ed.), *The Harleian Miscellany: A Collection of Scarce, Curious, and Entertaining Pamphlets and Tracts*, vol. 5 (London: White and Murray, 1810)

Rennie, James, *Natural History of Birds: Their Architecture, Habits, and Faculties* (London: Harper, 1859)

Rickard, Bob, and John Michell, *The Rough Guide to Unexplained Phenomena* (London: Penguin, 2010)

Simon, Matt, 'Fantastically Wrong: The Scientist Who Thought That Birds Migrate to the Moon', *Wired*, 22 October 2014, https://www.wired.com/2014/10/fantastically-wrong-scientist-thought-birds-migrate-moon

Tate, Peter, *Flights of Fancy: Birds in Myth, Legend and Superstition* (London: Random House, 2007)

Turner, Angela, *Swallow* (London: Reaktion, 1994)

Vaughan, Richard, *Wings and Rings: A History of Bird Migration Studies in Europe* (Penryn: Isabelline Books, 2009)

Wilcove, David S., and Martin Wikelski, 'Going, Going, Gone: Is Animal Migration Disappearing', *PLoS Biology* 6.7 (29 July 2008), http://journals.plos.org/plosbiology/article?id=10.1371/journal.pbio.0060188

Wilkins, John, *The Discovery of a World in the Moone* (London: Sparke and Forrest, 1638)

Witsen, Nicholaas, Emily O'Gorman and Edward Mellilo (eds), *Beattie's Eco-Cultural Networks and the British Empire: New Views on Environmental History* (London: Bloomsbury, 2016)

第九章 河马

Barklow, William E., 'Amphibious Communication with Sound in Hippos, *Hippopotamus amphibius*', *Animal Behaviour* 68.5 (2004), pp. 1125–1132, doi:10.1016/j.anbehav.2003.10.034

Bostock, John, and Henry T. Riley (eds), *The Natural History of Pliny* (London: Henry G. Bohn, 1855)

Dawkins, Richard, *The Ancestor's Tale: A Pilgrimage to the Dawn of Life* (London: Weidenfeld & Nicolson, 2010)

Gatesy, John, 'More DNA Support for a Cetacea/Hippopotamidae Clade: The Blood-Clotting Protein Gene Gamma-Fibrinogen', *Molecular Biology and Evolution* 14.5 (May 1997), pp. 537–543, https://www.ncbi.nlm.nih.gov/pubmed/9159931

Grice, Gordon, *Book of Deadly Animals* (London: Penguin, 2012)

Kremer, William, 'Pablo Escobar's Hippos: A Growing Problem', BBC News, 26 June 2014, http://www.bbc.com/news/magazine-27905743

Lihoreau, Fabrice, Jean-Renaud Boisserie, Frederick Kyalo Manthi and Stéphane Ducrocq, 'Hippos Stem from the Longest Sequence of Terrestrial Cetartiodactyl Evolution in Africa', *Nature Communications* 6.6264 (24 February 2015), https://www.nature.com/articles/ncomms7264

Saikawa, Yoko, Kimiko Hashimoto, Masaya Nakata, Masato Yoshihara, Kiyoshi Nagai, Motoyasu Ida and Teruyuki Komiya, 'Pigment Chemistry: The Red Sweat of the Hippopotamus', *Nature* 429 (27 May 2004), p. 363, https://www.nature.com/nature/journal/v429/n6990/full/429363a.html

Sax, Boria, *The Mythical Zoo: An Encyclopedia of Animals in World Myth, Legend, and Literature* (Santa Barbara, CA: ABC-Clio, 2001)

Thewissen, J. G. M. 'Hans', *The Walking Whales: From Land to Water in Eight Million Years* (Berkeley: University of California Press, 2014)

Thompson, Ken, *Where Do Camels Belong?: The Story and Science of Invasive Species* (London: Profile, 2014)

第十章 驼鹿

Ceaser, James W., *Reconstructing America: The Symbol of America in Modern Thought* (London: Yale University Press, 2000)

Dudley, Theodore Robert, *The Drunken Monkey: Why We Drink and Abuse Alcohol* (Berkeley: University of California Press, 2014)

Dugatkin, Lee Alan, *Mr Jefferson and the Giant Moose: Natural History in Early America* (Chicago: University of Chicago Press, 2009)

Ford, Paul (ed.), *The Works of Thomas Jefferson; Correspondence and Papers, 1816–1826*, vol. 7 (New York: Cosimo Books, 2009)

Griggs, Walter S., and Frances P. Griggs, *A Moose's History of North America* (Richmond, VA: Brandylane Publishers, 2009)

Jackson, Kevin, *Moose* (London: Reaktion, 2008)

Jefferson, Thomas, *Notes on the State of Virginia* (Boston, MA: H. Sprague, 1802)

Merrill, Samuel, *The Moose Book: Facts and Stories from Northern Forests* (New York: Dutton, 1920)

Mooallem, Jon, *Wild Ones: A Sometimes Dismaying, Weirdly Reassuring Story About Looking at People Looking at Animals in America* (London: Penguin Books, 2014)

Morris, Steve, David Humphreys and Dan Reynolds, 'Myth, Marula, and Elephant: An Assessment of Voluntary Ethanol Intoxication of the African Elephant (*Loxodonta africana*) Following Feeding on the Fruit of the Marula Tree (*Sclerocarya birrea*)', *Physiological and Biochemical Zoology* 79.2 (March/April 2006), pp. 363–369, http://www.journals.uchicago.edu/doi/abs/10.1086/499983

Mosley, Adam, *Bearing the Heavens: Tycho Brahe and the Astronomical Community of the Late Sixteenth Century* (Cambridge: Cambridge University Press, 2007)

Siegel, Ronald K., and Mark Brodie, 'Alcohol Self-Administration by Elephants', *Bulletin of the Psychonomic Society* 22.1 (July 1984), https://link.springer.com/article/10.3758/BF03333758

Siegel, Ronald K., *Intoxication: the Universal Drive for Mind-Altering Substances* (Park Street Press, 1989).

第十一章　大熊猫

Becker, Elizabeth, *Overbooked: The Exploding Business of Travel and Tourism* (New York: Simon & Schuster, 2016)

Buckingham, Kathleen C., Jonathan Neil, William David and Paul R. Jepson, 'Diplomats and Refugees: Panda Diplomacy, Soft "Cuddly" Power, and the New Trajectory in Panda Conservation', *Environmental Practice* 15.3 (2013), pp. 262–270, https://www.researchgate.net/publication/255981642.

Christiansen, Per, and Stephen Wroe, 'Bite Forces and Evolutionary Adaptations to Feeding Ecology in Carnivores', *Ecology* 88.2 (February 2007), pp. 347–358, https://www.jstor.org/stable/27651108

Conniff, Richard, *The Species Seekers: Heroes, Fools, and the Mad Pursuit of Life on Earth* (New York: W. W. Norton, 2010)

Cooke, Lucy, 'The Power of Cute', BBC Radio4, http://www.bbc.co.uk/programmes/p03w3sxn

Croke, Vicky, *The Lady and the Panda: The True Adventures of the First American Explorer to Bring Back China's Most Exotic Animal* (New York: Random House, 2006)

Davis, D. Dwight, *The Giant Panda: A Morphological Study of Evolutionary Mechanisms* (Chicago: Natural History Museum, 1964)

Ellis, Susie, Anju Zhang, Hemin Zhang, Jinguo Zhang, Zhihe Zhang, Mabel Lam, Mark Edwards, JoGayle Howard, Donald Janssen, Eric Miller and David Wildt, 'Biomedical Survey of Captive Giant Pandas: A Catalyst for Conservation Partnerships in China', in Donald Lindburg and Karen Baragona (eds), *Giant Pandas: Biology and Conservation* (Berkeley: University of California Press, 2004), pp. 250–263, http://www.jstor.org/stable/10.1525/j.ctt1ppskn

'Giant Panda Feeding on Carrion', BBC Natural History Unit, http://www.arkive.org/giant-panda/ailuropoda-melanoleuca/video-08b.html [accessed 7 July 2017]

Graham-Jones, Oliver, *Zoo Doctor* (Fontana Books, 1973)

Hagey, Lee R. and Edith A. MacDonald, 'Chemical Composition of Giant Panda Scent and Its Use in Communication', in Donald Lindburg and Karen Baragona (eds), *Giant Pandas: Biology and Conservation* (Berkeley: University of California Press, 2004), pp. 121–124.

Hartig, Falk, 'Panda Diplomacy: The Cutest Part of China's Public Diplomacy', *Hague Journal of Diplomacy* 8.1 (2013), pp. 49–78, https://eprints.qut.edu.au/59568

Hull, Vanessa, Jindong Zhang, Shiqiang Zhou, Jinuyan Huang, Rengui Li, Dian Liu, Weihua Xu, Yan Huang, Zhiyun Ouyang, Hemin Zhang and Jianguo Liu, 'Space Use by Endangered Giant Pandas', *Journal of Mammalogy* 96.1 (2015), pp. 230–236, https://doi.org/10.1093/jmammal/gyu031

Lindburg, Donald, and K. Baragona (eds), *Giant Pandas: Biology and Conservation* (Berkeley: University of California Press, 2004)

Morris, Ramona, and Desmond Morris, *Men and Pandas* (London: Hutchinson, 1966)

Nicholls, Henry, *Lonesome George: The Life and Loves of a Conservation Icon* (New York: Palgrave, 2007)

Nicholls, Henry, *Way of the Panda: The Curious History of China's Political Animal* (London: Profile, 2011)

Ringmar, Erik, 'Audience for a Giraffe: European Exceptionalism and the Quest for the Exotic', *Journal of World History* 17.4 (December 2006), pp. 375–397

Schaller, George, *The Last Panda* (Chicago: University of Chicago Press, 1994)

Schaller, George, Hu Jinchu, Pan Wenshi and Zhu Jing, *The Giant Pandas of Wolong* (Chicago: University of Chicago Press, 1985)

White, Angela M., Ronald R. Swaisgood, Hemin Zhang, 'The Highs and Lows of Chemical Communication in Giant Pandas (*Ailuropoda melanoleuca*): Effect of Scent Deposition Height on Signal Discrimination', *Behavioural Ecology Sociobiology* 51.6 (May 2002), pp. 519–529

Zhang, Peixun, Tianbing Wang, Jian Xiong, Feng Xue, Hailin Xu, Jianhai Chen, Dianying Zhang, Zhongguo Fu and Baoguo Jiang, 'Three Cases of Giant Panda Attaching on Human at Beijing Zoo', *International Journal of Clinical and Experimental Medicine* 7.11 (2014), pp. 4515–4518, https://www.ncbi.nlm.nih.gov/pmc/articles/PMC4276236

Zhao, Shancen, Pingping Zheng, Shanshan Dong, Xiangjiang Zhan, Qi Wu, Xiaosen Guo, Yibo Hu, Weiming He, Shanning Zhang, Wei Fan, Lifeng Zhu, Dong Li, Xuemei Zhang, Quan Chen, Hemin Zhang, Zhihe Zhang, Xuelin Jin, Jinguo Zhang, Huanming Yang, Jian Wang, Jun Wang and Fuwen Wei, 'Whole-Genome Sequencing of Giant Pandas Provides Insights into Demographic History and Local Adaptation', *Nature Genetics* 45.1 (January 2013), pp. 67–71, http://www.nature.com/ng/journal/v45/n1/full/ng.2494.html

第十二章　企鹅

Bagemihl, Bruce, *Biological Exuberance: Animal Homosexuality and Natural Diversity* (New York: St Martin's Press, 1999)

Bried, Joël, Frédéric Jiguet and Pierre Jouventin, 'Why Do *Aptenodytes* Penguins Have High Divorce Rates?', *The Auk* 116.2 (1999), pp. 504–512, https://sora.unm.edu/sites/default/files/journals/auk/v116n02/p0504-p0512.pdf

Cherry-Garrard, Apsley, *The Worst Journey in the World: Antarctic, 1910–1913*, vol. 2 (New York: George H. Doran, 1922)

Clayton, William, 'An Account of Falkland Islands', *Philosophical Transactions of the Royal Society of London* 66 (1 January 1776), pp. 99–108, http://rstl.royalsocietypublishing.org/content/66/99.full.pdf+html

Davis, Lloyd S., and Martin Renner, *The Penguins* (London: Bloomsbury, 2010)

Davis, Lloyd S., Fiona M. Hunter, Robert G. Harcourt and Sue Michelsen Heath, 'Short Communication: Reciprocal Homosexual Mounting, Adélie Penguins *Pygoscelis adeliae*', *Emu* 98.2 (2001), pp. 136–137, http://www.publish.csiro.au/mu/MU98015

Fuller, Errol, *The Great Auk: The Extinction of the Original Penguin* (Piermont, NH: Bunker Hill Publishing, 2003)

Gurney, Alan, *Below the Convergence: Voyages Toward Antarctica, 1699–1839* (New York: W. W. Norton, 2007)

Haeckel, Ernst, *The Riddle of the Universe at the Close of the Nineteenth Century* (New York: Harper, 1905)

Hunter, Fiona M., and Lloyd S. Davis, 'Female Adélie Penguins Acquire Nest Material from Extrapair Males After Engaging, Extrapair Copulations', *The Auk* 115.2 (April 1998), pp. 526–528, http://www.jstor.org/stable/4089218

Jacquet, Luc, and Bonne Pioche (dirs), *March of the Penguins* (National Geographic Films, 2005)

Larson, E. J., *An Empire of Ice: Scott, Shackleton, and the Heroic Age of Antarctic Science* (London: Yale University Press, 2011)

Martin, Stephen, *Penguin* (London: Reaktion, 2009)

Narborough, John, Abel Tasman, John Wood and Friderich Martens, *An Account of Several Late Voyages and Discoveries to the South and North* (Cambridge: Cambridge University Press, 2014; f.p. 1711)

Roy, Tui de, Mark Jones and Julie Cornthwaite, *Penguins: The Ultimate Guide* (Princeton, NJ: Princeton University Press, 2014)

Russell, Douglas G. D., William J. L. Sladen and David G. Ainley, 'Dr George Murray Levick (1876–1956): Unpublished Notes on the Sexual Habits of the Adélie Penguin', *Polar Record* 48.4 (October 2012), pp. 387–393, https://doi.org/10.1017/S0032247412000216

Wheeler, Sara, *Cherry: A Life of Apsley Cherry-Garrard* (London: Vintage, 2007)

Williams, T. D., 'Mate Fidelity, Penguins', *Oxford Ornithology Series* 6.1, pp. 268–285

Wilson, Edward A., and T. G. Taylor, *With Scott: The Silver Lining* (New York: Dodd, Mead and Company, 1916)

Wilson, Edward A., *Report on the Mammals and Birds, National Antarctic Expedition 1901–1904*, vol. 2 (London: Aves, 1907)

第十三章 黑猩猩

Bedford, J. M., 'Sperm/Egg Interaction: The Specificity of Human Spermatozoa', *Anatomical Record*, 188 (1977), pp. 477–487. doi:10.1002/ar.1091880407

Buffon, Georges-Louis Leclerc, Comte de, *History of Quadrupeds*, vol. 3 (Edinburgh: Thomas Nelson, 1830)

Cohen, Jon, 'Almost Chimpanzee: Redrawing the Lines that Separate Us from Them' (London: St Martin's Press, 2002)

Crockford, Catherine, Roman M. Wittig, Roger Mundry and Klaus Zuberbühler, 'Wild Chimpanzees Inform Ignorant Group Members of Danger', *Current Biology* 22.2 (24 January 2012), pp. 142–146, https:// www.ncbi.nlm.nih.gov/pubmed/22209531

Cuperschmid, E. M. and T. P. R. D. Campos, 'Dr. Voronoff's Curious Glandular Xeno-Implants', *História, Ciências, Saúde-Manguinhos* 14.3 (2007), pp. 737–760

de Waal, Frans, and Jennifer J. Pokorny, 'Faces and Behinds: Chimpanzee Sex Perception', *Advanced Science Letters* 1.1 (June 2008), pp. 99–103, https://doi.org/10.1166/asl.2008.006

Gould, Stephen Jay, *Leonardo's Mountain of Clams and the Diet of Worms* (Cambridge, MA: Harvard University Press, 2011)

Gross, Charles, 'Hippocampus Minor and Man's Place in Nature: A Case Study in the Social Construction of Neuroanatomy', *Hippocampus* 3.4 (1993), pp. 403–416

Hawks, John, 'How Strong Is a Chimpanzee, Really?', *Slate*, http://www. slate.com/articles/health_and_science/science/2009/02/how_strong_ is_a_chimpanzee.html

Hobaiter, Cat, and Richard W. Byrne, 'The Meanings of Chimpanzee Gestures', *Current Biology* 24.14 (21 July 2014), pp. 1596–1600, https:// www.ncbi.nlm.nih.gov/pubmed/24998524

Hockings, Kimberley J., Nicola Bryson-Morrison, Susana Carvalho, Michiko Fujisawa, Tatyana Humle, William C. McGrew, Miho Nakamura, Gaku Ohashi, Yumi Yamanashi, Gen Yamakoshi and Tetsuro Matsuzawa, 'Tools to Tipple: Ethanol Ingestion by Wild Chimpanzees Using Leaf-Sponges', *Royal Society: Open Science* 2.6 (9 June 2015), http://rsos.royalsocietypublishing.org/content/2/6/150150

IUCN, 'Four Out of Six Great Apes One Step Away from Extinction – IUCN Red List', 2016, https://www.iucn.org/news/species/201609/four-out-six-great-apes-one-step-away-extinction-%E2%80%93-iucn-red-list [accessed 6 May 2017]

Janson, H. W., *Apes and Ape Lore in the Middle Ages and the Renaissance* (London: Warburg Institute, 1952)

Kahlenberg, Sonya M., and Richard W. Wrangham, 'Sex Differences in Chimpanzees' Use of Sticks as Play Objects Resemble Those of Children', *Current Biology* 20.24 (21 December 2010), pp. R1067–1068, http://dx.doi.org/10.1016/j.cub.2010.11.024

Kühl, Hjalmar S., Ammie S. Kalan, Mimi Arandjelovic, Floris Aubert, et al., 'Chimpanzee Accumulative Stone Throwing', *Scientific Reports* 6 (29 February 2016), https://www.nature.com/articles/srep22219

Lucas, J. R., 'Wilberforce and Huxley: A Legendary Encounter', *Historical Journal* 22.2 (1979)

Marks, Jonathan, *What It Means to Be 98% Chimpanzee: Apes, People, and Their Genes* (Berkeley: University of California Press, 2002)

Owen, Richard, 'On the Characters, Principles of Division, and Primary Groups of the Class Mammalia', *Journal of the Proceedings of the Linnean Society I: Zoology* (London: Longman, 1857)

Pain, Stephanie, 'Blasts from the Past: The Soviet Ape-Man Scandal', *New Scientist*, 2008, https://www.newscientist.com/article/mg19926701-000-blasts-from-the-past-the-soviet-ape-man-scandal [accessed 5 May 2017]

Patterson, Nick, Daniel J. Richter, Sante Gnerre, Eric S. Lander and David Reich, 'Genetic Evidence for Complex Speciation of Humans and Chimpanzees', *Nature* 441 (29 June 2006), pp. 1103–1108, https://www.nature.com/nature/journal/v441/n7097/full/nature04789.html

Pliny the Elder, *The Natural History*, trans. by H. Rackham (London: William Heinemann, 1940)

Pruetz, Jill D., Paco Bertolani, Kelly Boyer Ontl, Stacy Lindshield, Mack Shelley and Erin G. Wessling, 'New Evidence on the Tool-Assisted Hunting Exhibited by Chimpanzees (*Pan troglodytes verus*) in a Savannah Habitat at Fongoli, Sénégal', *Royal Society: Open Science* 2.4 (15 April 2015), http://rsos.royalsocietypublishing.org/content/2/4/140507

Rossiianov, Kirill, 'Beyond Species: Il'ya Ivanov and His Experiments on Cross-Breeding Humans with Anthropoid Apes', *Science in Context* 15.2 (2002), pp. 277–316, https://www.cambridge.org/core/journals/science-in-context/article/div-classtitlebeyond-species-ilya-ivanov-and-his-experiments-on-cross-breeding-humans-with-anthropoid-apesdiv/D3E0E117E953A0038D63984AD92F4B80

Sax, Boria, *The Mythical Zoo: An Encyclopedia of Animals in World Myth, Legend, and Literature* (Santa Barbara, CA: ABC-Clio, 2001)

Schwartz, Jeffrey H., *Orang-utan Biology* (Oxford: Oxford University Press, 1988)

Sorenson, John, *Ape* (Reaktion, 2009)

Temerlin, Maurice K., *Lucy: Growing Up Human – A Chimpanzee Daughter in a Psychotherapist's Family* (Palo Alto, CA: Science & Behavior Books, 1975)

Topsell, Edward, *The History of Four-Footed Beasts and Serpents and In-*

sects, vol. 1 (New York: DaCapo, 1967; f.p. 1658)

Yerkes, Robert, and Ada Yerkes, *The Great Apes: A Study of Anthropoid Life* (New Haven, CT: Yale University Press, 1929)

Zimmer, Carl, 'Searching for Your Inner Chimp', *Natural History*, December 2002–January 2003, http://www.carlzimmer.com/articles/PDF/02.ChimpDNA.pdf

结束语

de Waal, Frans, http://www.npr.org/2014/08/15/338936897/do-animals-have-morals

Mills, Brett, 'The Animals Went in Two by Two: Heteronormativity in Television Wildlife Documentaries', *European Journal of Cultural Studies* 16(1), pp. 100–114. © The Author(s) 2012, reprints and permission: sagepub.co.uk/journalsPermissions.nav DOI: 10.1177/1367549412 457477